建 筑 美 学（第二版）

——跨时空的再对话

汪正章 著

东南大学出版社
SOUTHEAST UNIVERSITY PRESS
南京·2014

内 容 提 要

建筑艺术的至高境界在美，美也是建筑的更高学问。全书紧扣"建筑美"的中心论题，就建筑美的产生、意义、特性、进展、原则、形态、机制及建筑作为"美的艺术"等，共分 8 章 24 节，展开全面、系统论述。书中结合众多中外建筑史料、实例和图片，既阐明了建筑美学的一般知识和原理，又对建筑的美感、审美和建筑艺术等敏感话题进行深层剖析，以期引起读者共鸣，探寻建筑美的奥秘，揭示建筑美的规律。而遵循现代建筑原则，高扬时代精神，坚持传统和现代相结合，进行跨越历史、跨越中西、跨越时空、跨越现实的美学对话，则体现了本书"融中外古今建筑审美文化于一炉"的学术理论特色。

本书可供建筑学学生、建筑师、建筑教师学习，也可供规划、景观及美学、艺术等相关人员阅读。

图书在版编目（CIP）数据

建筑美学：跨时空的再对话 / 汪正章著 . —2 版 . —南京：
东南大学出版社，2014.6
ISBN 978-7-5641-4830-0

Ⅰ . ①建… Ⅱ . ①汪… Ⅲ . ①建筑美学 Ⅳ . ① TU-80

中国版本图书馆 CIP 数据核字（2014）第 070048 号

书　　名：建筑美学（第二版）——跨时空的再对话
著　　者：汪正章
责任编辑：徐步政　孙惠玉　　　　编辑邮箱：894456253@qq.com
文字编辑：李　倩

出版发行：东南大学出版社
社　　址：南京市四牌楼 2 号　　　邮　　编：210096
网　　址：http://www.seupress.com
出 版 人：江建中

印　　刷：南京玉河印刷厂
排　　版：南京新洲制版有限公司
开　　本：787mm×1092mm　1/16　印张：15.25　字数：274 千
版　　次：2014 年 6 月第 2 版　2014 年 6 月第 1 次印刷
书　　号：ISBN 978-7-5641-4830-0
定　　价：49.00 元

经　　销：全国各地新华书店
发行热线：025-83790519　83791830

再版前言：美是建筑艺术的至高境界

建筑艺术的至高境界在美。

美也是建筑的更高学问。

美是一门大学问。建筑的美，也大有学问。住新房，家家户户忙装修；谋建设，座座城市绘新图，这里边都大有学问——"美"的学问。有的建筑，甫一走近它或走进去，让人觉着舒坦雅致、神清气爽，有的则不然以至望而生厌——为什么？有的城市，虽无多少高楼大厦却风景如画，有的虽高楼林立却千篇一律——为什么？有的建筑简朴大方，有的却杂乱无章，如此等等，都可以归结到建筑境界的差异：有的建筑挺美，使人产生愉悦、好感、美感；有的建筑则不美乃至丑陋，令人厌恶、不悦。这些都关乎到建筑之美——美的欣赏，美的品评，美的创造，"美"的学问。

建筑的至高境界在美，而要创造这种美的境界，则除了学建筑，还要学点美学，懂点建筑美学知识，乃至有志于去攻克和攀登建筑的更高学问——"美"的学问。所谓"更高"，这是否意味着在贬抑建筑学的其他学问呢？否！建筑学从来就是一个大系统，其中，"美"的学问和其他相关学问之间，本来就是一个浑然的整体。"美"有赖于其他学问而存在、而发展，离开了其他学问，建筑的美及其美感学问也就不存在了，但"美"在其中无疑具有相对独立性。

同学们为什么有兴致学建筑？因为建筑不但是工程，而且是艺术，这几乎是建筑人都知道的事。这"艺术"中就蕴含着美、美感和有关美的学问。学建筑就是旨在学习如何设计、建造和保护"美"的城镇、"美"的乡村、"美"的房屋、"美"的景观、"美"的环境、美的生态、美的自然，直到建设我们960万平方公里的"美丽中国"。"艺术"和"美"，由此常成为我们选择建筑学专业、跨入建筑学门槛的一个重要原动力，尽管开始还有些不甚了了、懵懵懂懂。

在此，我想起李政道、杨振宁这两位曾荣获诺贝尔奖的自然科学家。他们最擅长物理、数学领域的科学思维和公式运算，但却出人意料地常常有浓兴谈"美"，谈"艺术"，谈"美"、"艺术"和科学发明创造之间的亲缘关系。诸如"物理学和美学"、"科学和艺术"等，常成为其著作和演讲中最精彩而又吸引人的学术主题，这也是他们展现科学成就和学术个性的最好机会。他石之山，可以攻玉。纯科学尚且如此，况乎科学和艺术"合成体"的建筑？！

我还想起另一位杰出的自然科学家钱学森。他毕生致力于航天等高端技术研究，但却极富美学情怀和艺术素养，心系如何建造美丽城市和美好建筑。他有感于中国某些城市"兴起的一座座长方形高楼，外表如积木块，进去到房间则外望一片灰黄，见不到绿色，连一点蓝天也淡淡无光"，从而语重心长地考问我们："难道这是中国 21 世纪的城市吗？"（参见《新建筑》1992 年第 4 期：《钱学森谈中国城市未来与特色》）。这就是上世纪 90 年代建筑界所熟知的钱学森之问！同其著名的关于拔尖人才培养的"钱学森之问"相比，这是另一种心境和语境下的钱学森"之问"——一种发自内心、发人深省的现实和未来"城市之问"、"建筑之问"、城市与建筑的"美学之问"。他提出和构想的如何打造园林化的"山水城市"的美好梦想，也在建筑界和文化界产生了热烈反响。科学家们尚且如此关心城市和建筑之美，关心建筑及其环境艺术，那么，建筑学人对此则更应当心有灵犀、走在前面、责无旁贷。

再看看一些高水平的建筑师，特别是某些久负盛名、卓有成就及国际公认的建筑大师，他们为什么能设计出一些脍炙人口的让人"悦耳悦目、悦心悦意、悦情悦志"（李泽厚：《美学四讲》）的建筑作品？重要的一点是他们心中不但有科学之梦、技术之梦，而且有"美"的梦、"艺术"的梦、建筑美和建筑艺术之梦。正是这一点，在很大程度上吸引和引导他们从事并完成一项又一项建筑设计和创作，也在吸引和引导别人欣赏和阅读他们那种个性鲜明并广受称赞的一个又一个美好建筑作品。其中的秘诀在哪里？他们的过人之处又在哪里？说白了，就在于他们集科学睿智和艺术创造、工程技术与审美能力于一身，既擅长解决建筑中种种复杂的功能技术问题，又擅长解决建筑中种种趣味盎然的审美和艺术创造问题，尤其是"技术和艺术如何巧妙结合"、"工程技术如何升华为建筑艺术"的独特美学难题。建筑艺术是什么？建筑艺术是"人的想象力驾驭材料和技术的凯歌"，"凡是技术达到最充分发挥的地方，它必然就达到建筑艺术的境界"（密斯名言，参见本书第八章第二节"建筑美的艺术品格"）。是的！一切优秀建筑作品得以见证，它们既是"技术的凯歌"，又是"艺术的凯歌"、"美的凯歌"，从而也达到或臻于建筑的高尚境界——"美"的境界、"艺术"的境界。"美"，铸就了建筑创作者的作品，也成就了其中的学问——"美"的学问、建筑艺术的学问。这有大量古今中外，特别是现代建筑的经典例证可考，拙著只是梳理发掘，做些参照性的列举和表述罢了。

德国 18 世纪的伟大诗人歌德说过："古人的最高原则是意蕴，而成功的艺术处理的最高成就就是美"（参见本书第一章第二节"居必常安，而后求乐"）。美是一切艺术门类的"最高原则"和"最高成就",从而也造就了各类艺术形式的"更高境界"和"更高学问"。音乐诗歌如此,绘画雕刻如此,建筑艺术也不例外。那么,何以解释建筑"美"的对立物——建筑"丑"——的出现呢?必须承认,当下现代建筑的美学成就不但表现为所谓"技术的艺术升华",而且还表现为建筑美丑之间的"艺术转换",即由建筑外形的"丑"转换为建筑艺术的"美"。美国建筑师弗兰克·盖里和中国的年轻建筑师王澍,他们先后同为普利兹克建筑奖获得者,其作品中的"美丑转换"是显而易见的。人们常常从其各自不同的裂解、解构、离散、变形、奇特、反常、歪斜、扭曲等异类的"丑"形作品中,读出和品出了某种人文情怀、美学情趣和独特意趣,从而也获得了另类美感享受。在实际生活中,人们需要建筑"美"的"悦耳悦目",也需要建筑"丑"的"悦心悦意"、"悦情悦志"——这就是建筑美的辩证法。问题在于我们要用怎样一种包容心态和科学美学理念去承认它、阅读它乃至欣赏它、品评它。这在本书的第七、八两章已有所提及和例证增补,冀望读者明鉴。

建筑的"技术升华"也好,艺术的"美丑转换"也罢,说来容易,做来不易,如古希腊谚语(苏格拉底)所云:"美是难的!"建筑的美,"难"在哪里?难就难在这种"升华"的不易、"转换"的艰难。功能实用"升华"、"转换"为审美文化,不易!工程技术"升华"、"转换"为建筑艺术,不易!物质利害"升华"、"转换"为精神、情感,不易!一般的规划设计"升华"、"转换"为建筑艺术创作,不易!而外形丑"升华"、"转换"为艺术美,更是谈何容易?!这也是为什么以奇特异类"丑"形把玩建筑及其创作,其真正获得成功者极为不易、寥寥无几,相反却常导致"弄巧成拙"、"画虎类犬"的真实原因。重要的是我们要从其某些成功者的创作经验及其设计作品中,去学习、借鉴其创造精神,敢于挑战自我,勇于善于创新,做出更多又好、又美、又新的建筑作品,而不是形式上的"照猫画虎"和亦步亦趋。

值得注意的是,就怎样把握功能和审美、技术和艺术关系而言,我们不能不承认,这常常是区分建筑创作者水平高低的一块试金石,是建筑领域中陈陈相因和艺术创新的一道分水岭。细究起来,这也是中外建筑师整体实力差距的一个重要方面,对此我们既不能形而上学、简单盲从,也不能置若罔闻、消极回避,更不应当讳疾忌医、止步不前。建设美丽中国,建设中国广大美丽的城市乡村,建设我们美丽、美好的家园,需要我们通晓一般层次的建筑学问,也需要我们掌握更高层次、更高水平、更高境界的建筑学问——"美"的学问,并能将其转化为一股强劲的、实实在在的、鼓舞人心的建筑与城市之"美"的规划设计创作和艺术创造力量。

那么，又怎么理解国际建筑界曾提出过的"多一点伦理，少一点美学"的问题呢？必须承认，这里提出的"伦理"与"美学"关系问题，主要着眼于建筑本体、建筑与人的关系，强调建筑"服务于人"、"关怀于人"的基本伦理宗旨，这是有其积极意义和较强的现实针对性的。但是，强调建筑"伦理"，为什么非要把它和建筑"美学"对立起来、割裂开来呢？子曰："里仁为美。"在中国传统文化和哲学观念中，"仁"与"人"意义相通，"仁"即美、"真"即美、"善"即美的观念一直延续至今。"真、善、美"的对立面是"假、丑、恶"，但其自身意义则相通、相融，不容简单分割。就建筑领域而言，不要一讲到美，一讲到艺术，就把它和建筑的物质功利和技术属性对立起来、分割开来。在这方面，我们既要反对那种片面的"美学至上"的唯美主义，也要反对某种狭隘的"物质至上"的功利主义。针对当下中国城镇化的快速发展和某种无序化的建筑状况，乃至物质和精神文明方面某些所谓"城市病"的蔓延，我们需要的不是什么"多一点伦理，少一点美学"，而是既要"多一点伦理"，也要"多一点美学"。"爱美之心，人皆有之"。人如此，建筑亦如此；过去如此，今人、今日建筑更如此。

美，作为建筑艺术的至高境界和更高学问，虽然艰难却并不神秘。美和美学早已从神圣殿堂走入普罗民间，走向社会实际生活，走向广大的人们生活居住的城市和乡村。建筑的美，既是理论学问更是实践学问，既是书本学问更是生活学问，既是历史学问更是现实学问，既是专家学问更是公众学问，既是个人学问更是社会学问，如此等等。中国建筑的美好愿景，在于不断提高建筑师、工程师、艺术家等从业人员的专业学术水平，更在于全民族、全社会建筑文化知识和审美素养的普及和提升。建筑之美，美在其"真"，美在其"善"，也美在其"乐"，美在其"悦"，美在其"变"，美在其"新"，美在其"异"，美在其"同"，美在其"和"，美在其"人"，美在其"表"，美在其"里"……所有这些，都是我们所要面对的美学难题——"美是难的"！唯其"难"，而致其"高"。拙著《建筑美学（第二版）——跨时空的再对话》如能在此继续发挥点发人思考、引路石子和抛砖引玉作用，那就是作者最大的欣慰了。而此时此刻，作者最想和读者交流的，还是本书前言开门见山所说的那两句话："建筑艺术的至高境界在美"，"美也是建筑的更高学问"。——这是拙著原版《建筑美学》所提出和讨论的中心议题，也是拙著再版所笃信、所坚持的理论观点和所得出的主要结论。

作者于 2013 年 6 月

目录

第一章　建筑美的产生

① 在西方一些城市中，高层建筑林立，使人想起"石林"，故得名。
② 普列汉诺夫.普列汉诺夫美学论文集[M].曹葆华,译.北京：人民出版社,1983：431

人们无时无处不在感受着建筑的美。

漫步街头，你会为仪态万千、新颖别致的现代化高厦广宇所吸引；游览名胜，你会被绚丽多姿、名闻遐迩的古代建筑艺术所陶醉。故宫长城，雅典遗迹，东方的精美园艺，西方的"人工石林"①，还有世界各地那繁华的都市景观，宁静的乡野村落，无不凝聚着古人和今人的匠心、智慧，成为人类文化和文明的结晶（图1.1—图1.4）。

建筑，你这座"美"的丰碑，曾倾倒了多少文人雅士，又和普通的人们如此贴近，你的"美"的源头在哪里？且让我们首先上溯到一个没有历史记载的历史年代……

一、历史的跨越

史学家们总是以"实用先于审美"②的观点去解释美和艺术的起源。且不说那些因实用而获得美学加工的石斧、石球和石磲，就是远古洞穴中的壁画和岩雕，最初也是出自于某种原始的功利性动机（图1.5、图1.6）。考古学家曾在法国一个岩洞中发现了三幅"刺牛图"的远古壁画，画面上绘有两根锋利的箭头穿刺牛身——它表达了原始人对狩猎获物的喜悦和祈求；在另一

图1.1

图1.2

图1.1 "东方的精美园艺"：苏州网师园
图1.2 "西方的人工石林"：美国芝加哥市中心高层建筑群
图1.3 "繁华的都市景观"：北京市三里屯商贸街一角
图1.4 "宁静的乡野村落"：英伦考茨沃兹乡间小屋

图1.3

图1.4

① 邓福星.艺术前的艺术[M].济南：山东文艺出版社，1986：12
② 王世德.美学辞典[M].北京：知识出版社，1986：570

图1.5　　　　　　　　　　　　图1.6

个洞穴中，人们发现了一些裸体女人的原始雕像，那乳房和下身被塑造得特别发达——它表达了原始人对生命繁衍的喜悦和祈求①。诸如此类的遗迹发现，证明实用动机是美和艺术的先导。

　　然而，在艺术及审美起源于实用方面，最普遍、最古老而又最有代表性的历史见证，大概莫过于建筑了。车尔尼雪夫斯基说过："艺术的序列通常从建筑开始，因为在人类所有各种多少带有实际目的的活动中，只有建筑活动有权力被提高到艺术的地位。"②建筑，这一被黑格尔称之为"最早诞生的艺术"，它一出现就与"实用"结下难解之缘。自从世界上有了第一幢刚具雏形的"房屋"，建筑就表现出实用和审美的双重价值，而且这一观念一直延续到今天。

　　据我国3000年前的历史文献《易经·系辞》记载："上古穴居而野处，后世圣人易之以宫室，上栋下宇，以待风雨。"此处"圣人"之说姑且勿论；但由"穴居"、"野处"而过渡到"上栋下宇"的房屋，乃确证无疑。前者虽是原始人按实用要求为自己选择的藏身处所，在一定程度上反映了"寻求"居住环境的自主意识，但它毕竟为自然所恩赐，还不是人类亲身劳动和亲手创造的产物（图1.7、图1.8）。只有到了"上栋下宇"的房屋出现之后，才

图1.5　西安半坡出土石器
图1.6　法国史前洞穴壁画"刺牛"图
图1.7　北京周口店旧石器时代的原始人洞穴
图1.8　法国封德哥姆的天然洞居平面（左）和阿尔塞斯穴居剖面（右）

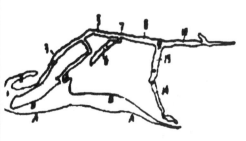

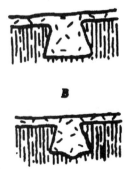

图1.7　　　　　　　　　　　　　图1.8

① 黑格尔. 美学
（第三卷上册）
[M].朱光潜,
译.北京：商务印
书馆, 1979：31

标志着人类建筑活动的真正开始，才有了如恩格斯所说的"作为艺术的建筑术的萌芽"（马克思，恩格斯：《马克思恩格斯论文艺和美学》下册）。

何谓"栋宇"？"栋"者，"构"也；"宇"者，"场"也。通俗地说，就是立柱筑墙，架铺屋顶，以便形成一个"避寒暑、抵风雨、御虫害"的室内使用空间。当然，人类最初的所谓"栋宇"，就其实用和审美价值而言，还不能等同于文明时代的雍容华贵的府邸、住宅，也不能等同于富丽堂皇的宫殿、庙堂，更不能等同于今日的现代化高楼大厦。那只是一些由树干、树枝、树叶、野草、兽皮和泥土等架构覆盖而成的极其简陋的窝棚草舍、巢槽风篱（图1.9）。它与黑格尔所说的"凭精神本身通过艺术来造成的具有美的形象的遮蔽物"①还相差很远很远。但是，另一方面，就建筑及其审美发生学的意义而言，这类原始茅屋的出现，真不亚于人类历史上那第一座拔地而起的摩天大厦，不容人们忽视。如果说，原始人用双手制造粗陋的手头工具是人类进化征途中的一次历史性跳跃，那么，人类从天然洞穴转向地面，第一次"住"进自己亲手建成的"房屋"，又该是何等惊人的历史性跨越啊！

大地是建筑的母亲。作为一种固定的巨大人工物质形态，建筑和大地须臾不能离开。在那"茹毛饮血"、"斯文不作"的遥远年代，人类只有两种"居住"（严格地说，只是"栖息"）形式：一为"穴居"，一为"巢居"。穴居在"下"，巢居在"上"，就是说，一个偌大的地层表面，最初却并无原始人的"归宿"处所。正是那仅有咫尺空间的茅屋，才使他们走出洞穴，离开树巢，在茫茫大地上安顿下来，进行生息繁衍。由此可见，早期人类对自身生存环境的开拓，乃经历了一个"地下→地上"、"空中→地上"的演化过程。可以设想，当原始人类第一次面对茅棚式的小屋，在那草木榛莽、荆棘丛生的荒原上突兀而起的时候，那该是怎样的一种喜悦！这种喜悦之情，正是人类对建筑美感的朦胧表现。原始茅屋的诞生，不仅意味着人类生存居住方式的第一次变革——由天然巢穴转向人工环境，也不仅意味着"居住"空间位置的变化——由地"下"、树"上"转移到阳光普照、广袤无垠的地面，而是标志着人类在认识和解决"住"、"居"的问题上，真正开始走向那"出于土地，入于阳光"的漫长征程，发生了一次"质"的飞跃。

"蜘蛛也会织网，蜜蜂也会营巢，蚂蚁也会掘穴，且蜂房蚁穴的'精工巧细'程度并不逊于人类的原始茅屋"。——事实的确如此。但是，问题的实质恰恰在于蜜蜂只会嗡嗡"营

图1.9 原始树枝窝棚和印第安人帐篷(右)

图1.9

巢"，燕子只会唧唧"筑窝"，老虎只会"蜷缩"山洞，它们只会年复一年地按照动物的本能行事。而人呢？他是在"自主意识"的驱使下，根据客观条件的差异和变化，有目的地设"计"、建造和造型，并且一开始就具有从建造对象中直观自身的本领。北方土地干燥，我们的祖先就因地制宜，挖掘洞穴，并由穴居、半穴居逐渐过渡到能在地面上建造茅棚小屋；南方地面潮湿，他们便就地取材，构木为巢，并逐步过渡到建造木构式的"干阑"（图1.10、图1.11）。所以，马克思说："即使最庸劣的建筑师也比最灵巧的蜜蜂要高明，因为建筑师在着手用蜡来造蜂房以前，就已经在他的头脑中把蜂房构成了。"[①] 就是说，人类具有动物所无法比拟的自主意识、形象思维和抽象思维能力，他们在建造活动开始及建造过程之中，已经预见到建造的结果。这一点，即使在建筑艺术的"萌芽"时期，也得到了充分证明。

"茅屋何足美？"——人们也许会提出这样的疑问。的确，"最美丽的猴子与人类比起来也是丑陋的"。同样，最"美"的原始茅屋与今日最整脚的建筑也无法相媲美。但正是这些茅棚泥舍，开拓了建筑艺术的先河，成了显现建筑美感的起点。滔滔江河，一泻千里，你能指望截断其源流而见到那川流不息、汹涌澎湃的壮观景象吗？万川归海，万水有源。从原始茅屋的形成和形态中，我们不难看出建筑"美"的源头，它虽稚拙、模糊，犹如点点星火，然而文明时代建筑美的光华，不正是由此发扬光大的吗！

威廉·奈德指出："事实上，只要洞穴一旦换上茅屋或像北美印第安人那样的小屋，建筑作为一种艺术也就开始了。与此同时，美的观念也就牵涉其中了。"（朱狄：《艺术的起源》）根据考古证实，类似印第安人那样的"小屋"（图1.12），在世界各地均有发现。在我国新石器时代的仰韶文化时期，西安半坡村有一处氏族聚落，仅这类草泥木构的小屋就有四五十座之多。距今7000年前，浙江河姆渡也开始出现了多处地板架空的木结构"干阑"房屋。此外，新石

① 朱光潜.西方美学史（下卷）[M]. 北京：人民文学出版社，1963：638

图1.10

图1.11

图1.10 西安半坡半穴居窝棚剖视图
图1.11 南方原始木构式"干阑"

器时代的瑞士"湖居"，苏格兰的圆锥形"石屋"，以及南亚、非洲的原始村落等等，它们都和"印第安人那样的小屋"处在同一建筑艺术的萌芽状态和建筑美的起跑线上（图1.13—图1.17）。

原始房屋的出现，标志着建筑形式美的发生。为适合居住使用要求及营造的便利，这些房屋已初具几何形态，平面呈方形、圆形、圆角方形、椭圆形，屋顶形式有圆锥顶、方锥顶、两面坡及四面坡等。我国西安半坡原始村落，其布局井然有序，中间有一处被建筑学家称作"大房子"的活动中心，平面呈12.5米×12.5米的正方形，它的四周环绕着氏族村民们的圆形小屋。长安县客省庄在龙山文化时期还开始出现"两室相套"的双间房屋，其中有"圆、方"相套和"方、方"相套两种组合形式，并在前后室之间用狭窄的室内通

图1.12

图1.13

图1.14

图1.15

图1.12　印第安原始茅棚小屋
图1.13　西安半坡史前遗址博物馆
图1.14　西安半坡原始村落实景复原
图1.15　半坡原始村落房屋复原
图1.16　浙江河姆渡干阑房屋复原
图1.17　瑞士纳泰尔湖居

图1.16

图1.17

道相联系^①。这类建筑活动表明，人们当时已经有了总体布局、群体构图和平面组合的概念。随之而来的对称均衡、整齐一律等建筑形式美的概念，也都多少在这一时期的房屋平面、立面及结构构成的形态中得以体现（图1.18—图1.22）。

① 刘敦桢.中国古代建筑史[M].北京：中国建筑工业出版社，1980：24-27

此外，原始房屋的美感形态还通过建筑技术上的实用性加工而表现出来。诸如地面及墙壁上的涂抹技术、木架杆件的支承技术以及土坯制作技术等，不仅发挥了建筑材料的性能特点，满足了实用功能，而且其形体、色彩、肌理和质感也同时符合审美要求。原始社会末期彩陶技术的出现，更是对建筑艺术的发展起着重大的促进作用（图1.23、图1.24）。人类建筑活动的最初实践表明，技术是建筑艺术及其美感形态的催化剂。从这一意义上看，与其说建筑是由实用走向审美，毋宁说它是直接通过技术走向审美的。

至此，可以将我们的讨论归纳为以下两点认识：

其一，建筑艺术起源于实用，建筑实用先于建筑审美；

其二，建筑艺术起源于实用，而建筑和其"美"的观念几乎同时产生。

图1.18

图1.19

图1.20

图1.21

图1.22

图1.23

图1.24

图1.18　西安半坡仰韶文化时期的村落遗址复原图
图1.19　西安半坡1号大房子遗址
图1.20　半坡1号大房子复原图
图1.21　半坡41号方形房子复原图
图1.22　半坡圆形房子复原图
图1.23　半坡彩陶器皿复原图
图1.24　仰韶文化时期半坡彩陶器皿及纹饰

① 普列汉诺夫.普列汉诺夫美学论文集[M].曹葆华,译.北京:人民出版社,1983:395
② В·П·金斯塔科夫.美学史纲[M].樊莘森,等,译.上海:上海译文出版社,1986:98

显然,由分析原始茅屋的实用和审美关系而引出的"先后说"和"同步说"在这里构成了某种悖论。我们不妨扼要地延续一下我们的讨论。

众所周知,"实用先于审美",这是普列汉诺夫的基本观点。他指出:"如果我们不把握下面这个意思,那么我们将一点也不懂得原始艺术的历史:劳动先于审美","人们最初是从功利观点来观察事物和现象,只是后来才站到审美的观点来看待它们"。①他列举了原始人使用的石器,妇女佩带的铁环、兽牙饰、首饰,青年人的文身,以及生产者运动的节拍等事例,以说明上述观点。普列汉诺夫虽然没有提到建筑,但这一论断完全适用于建筑。显而易见,人类祖先建造第一幢房屋,其念头绝不是为着投其"美丽"、取悦眼睛,而是为了觅得一方庇身、歇脚和贮物的处所。垫地坪、凿户牖、封屋盖,都各有其功利动机,接着才引出"美"的观念。平直的木柱不仅适于支撑,而且展现了挺拔有力的"线条美";墙壁上涂抹泥灰不仅加强了围护,而且显露了平整光洁的"立面美";坡屋顶不仅适宜于排除雨雪,而且形成了饶有变化的建筑"轮廓线"。各种符合功利和材料结构性能的建筑形象,作为一种"信息"贮存在人们的脑际中,久而久之,便产生了对"美观"房屋的意象,这就必然导致人们对建筑美的一种自觉追求。所以,古罗马哲学家西塞罗认为,有时即使在干旱少雨的地方建筑房屋,为适合"美"的目的,也会把它做成三角形山墙的②。不过,西塞罗说的只是一个方面,其实生活在沙漠干旱地区的人们,往往看惯了因雨水稀少而做成的缓坡屋顶乃至"平屋顶"的房子,经过耳濡目染,他们也几乎无不以此为"美"而乐于接受、欣赏和建造(图1.25、图1.26)。人造就了环境,造就了建筑;环境和建筑也造就了人,造就了人们的美学观念。

那么,我们又怎样看待建筑和其美的观念是"同时产生"的呢?当我们说"实用先于审美",这是从动机和需要的角度出发的,实用动机在前,审美动机在后。但是,就建筑及其美的产生过程而言,我们便很难将建筑实用功能和审美功能分出"先后"来了,相反二者却是同步发生的。就是说,这种

图1.25 新疆喀什高台民居
图1.26 喀什维吾尔古村落平顶房屋

图1.25

图1.26

美感意识和实用观念是交织在一起的。近年来，我国学者邓福星在《艺术前的艺术》一书中所阐述的"人类起源与艺术同步"的观点，非常有助于我们揭开这一建筑美的现象之谜。我国著名美学家王朝闻先生在为该书所作的序中说："人类早期的物质生产和精神生产是交织在一起的，没有可以分割开来的确定界限，因而他们的物质产品和精神产品在当时是混沌同一的。"建筑，特别是人类起始阶段的建筑，不正是这样一种物质和精神、实用和审美相"混沌同一"的生产现象吗？从这一点看来，建筑简直就是艺术起源的"活化石"。

从"巢穴"之居到原始"茅屋"，时间跨越不下百万年之久，从原始茅屋到文明社会的高楼广厦又经历近万年。穴居与茅屋无法媲美，茅屋与"广厦"同样不能媲美。诚如法国18世纪哲学家狄德罗所说："邋苦的人对茅屋、草舍、谷仓都滥用美、瑰丽等名词，今天的人却把这些称谓限制在人的才能的最高努力上。"①然而，一个不容否定的历史事实：广厦之美正是由茅屋之"美"一步一步发展而来（图1.27、图1.28）。

图1.27

图1.28

二、"居必常安，而后求乐"

建筑及其美的产生，需要一定的社会物质条件为基础。在人类带有审美功能的物质产品中，惟有建筑，其体积最为庞大，留存最为久远，人力、物力和财力的花费也最为浩大。因此，尽管原始社会末期出现了"作为艺术的建筑术的萌芽"，但真正精美的建筑艺术不可能出现在生产力极其低下的原始社会，而只能出现在尔后生产力较为发达的文明社会中。

我们不妨从墨子的两段话谈起。

早在两千多年前，墨子（图1.29）就曾指出："为宫室之法，曰室高足以辟润湿，边足以围风寒，上足以待雪霜雨露，宫墙之高，足以别男女之礼，

① 狄德罗.美之根源及性质的哲学的研究[J].文艺理论译丛，1958（1）

图1.27 山西五台山唐代南禅寺大殿组图
图1.28 人类最年轻的文化遗产——巴西利亚新建筑集锦

① 李允鉌. 华夏意匠：中国古典建筑设计原理分析[M]. 北京：中国建筑工业出版社，1985：35-36

图1.29

谨此则止。凡费财劳力，不加利者，不为也。……是故圣王作为宫室，便于生，不以为观乐也。"（墨子：《墨子·辞过》）

据此，有人便认为墨子是在"完全否定建筑是一种艺术，是绝对的'功能主义者'"①。

然而，墨子又说："诚然，则恶在事夫奢也。长无用，好末淫，非圣人之所急也。故食必常饱，然后求美；衣必常暖，然后求丽；居必常安，然后求乐。为可长，行可久，先质而后文。此圣人之务。"（墨子：《墨子·佚文》）

据此，说明墨子又并非是绝对否定建筑艺术的"功能主义者"。他承认建筑的审美功能——"求乐"，只是先求其"常安"，而后求其快乐，求其美观，即所谓"先质而后文"。

我们这里不是专门探讨墨家学说，而只想从中引出一个与建筑相关的基本美学思想。这就是：自古以来，建筑艺术及其美的产生，总是离不开由材料结构等条件所构成的物质技术基础。除墨子外，《管子》也有篇云："非高其台榭，美其宫室，则群材不散。"又说："不饰宫室，则材木不可胜用。"（管仲：《管子·侈靡篇》）建造"高榭美室"，必须备有大量能"饰宫室"的优质材料，如若不然则宁可弃之而不用。这里说的是"材木"，其实可理解为创造建筑"美"的整个物质技术条件。在我国早期建筑历史上，那美轮美奂、富丽堂皇的高"台"广"榭"，只能出现在生产力蓬勃发展、技术迅速进步的春秋战国时代；那"东西五百步，南北五十丈，上可坐万人，下可建五丈旗"（司马迁：《史记·秦始皇本纪》），"五步一楼，十步一阁；廊腰缦回，檐牙高啄"（杜牧：《阿房宫赋》），"覆压三百余里"的阿房宫，只能出现在生产力更为发达的秦代。而有史可查、有据可考、建成于西汉年间的陕西建章宫，更以其楼台殿阁的壮丽图景和恢宏气势载于建筑史册。它不仅展现了中国早期"一池三山"的瑶池圣境和园林图式，而且以其崇尚自然、亲和大地、体量水平铺展、空间层层推进和疏密得体的建筑群体画卷，开启了中国古老建筑艺术及其审美文化的先河（图1.30）。我国盛唐年间及尔后的辽代，以木结构为特征的建筑艺术之所以发展到一个新的高峰，也是与当时的经济繁荣和物资丰裕分不开的。那气势恢宏的唐长安大明宫含元殿，那雄浑阔大的五台山佛光寺大殿，还有应县佛宫寺那高达67.3米的木结构"释迦塔"，都是这个时期的建筑艺术力作（图1.31—图1.33）。

人们注意到，在中国古代漫长的历史岁月中，建筑艺术的精华几乎都集

图1.29 墨子（前468—前376年），中国战国时期的思想家和教育家

图1.30

图1.31

图1.32

中在宫殿建筑和宗教建筑等门类中。至于居住建筑，除少数统治阶级及上层人士的离宫、别院和府第外，一般的民间住宅大都是些简庐陋室，乃至停留在"篷牖茅椽，绳床瓦灶"的水平上。唐代大诗人杜甫在那首脍炙人口的著名诗篇《茅屋为秋风所破歌》中吟道："八月秋高风怒号，卷我屋上三重茅"，"安得广厦千万间，大庇天下寒士俱欢颜"。大风一来，屋顶上的茅草漫天飘洒，连风寒都难以抵御，这样的房屋何"美"之有，何"美"之"求"！惯受寒霜之苦的人们，如能得到一间"庇寒"斗室，心已足矣！然而，庇寒之屋只是第一步要求，舒适高敞的"广厦"才是他们梦寐以求的美好憧憬。倘寒士们有了广厦之后，他们的"欢颜"还会停留在"庇寒"上吗？当然不会。在"茅屋"与"广厦"、现实与理想的对比中，不仅包含着诗人的辛酸叹息，而且倾注着他对建筑"美"的渴望和追求（图1.34—图1.36）。联系墨子的所谓"便于生，不以为观乐也"及"先质而后文"，显然，这只是就建筑的物质功能和审美要求之间的轻重缓急而言，一旦条件许可，人们的建筑活动还是要从求"安"、求"庇"而走向求"乐"的。

可以看出，人们对房屋建筑的需求并不是一种脱离社会历史条件的孤立现象，而是表现为某种相互联系的多层次需求系统。一般说来，坚固实用和遮风避雨，这是第一位的需求，我们可以把它称之为"原发性"需求。

图1.33

图1.30 西汉建章宫复原示意图
图1.31 唐代长安大明宫含元殿复原图
图1.32 五台山佛光寺大殿近观
图1.33 应县佛宫寺木塔

图1.34

而建筑形象的优美动人、赏心悦目,则是第二位的需求,可称之为"继发性"需求。前者偏于物质,后者偏于精神,从建筑的本体及其重要性来说,后者一般远逊于前者。可是,世界上的许多事物说明,"最重要"和"最有价值"的东西之间不一定能划上"等号"。举中外建筑历史上的一些建筑杰作为例,其经久不衰的魅力往往恰恰不是表现在它们的功能价值上,而是表现在它们的艺术审美价值上。我们赞美长城,不仅因为它是防御工事和它的坚固耐久,还有它那山舞银蛇、逶迤万里的勃勃雄姿;我们观赏故宫,不仅因为它能触发我们对昔日君临朝政、帝制威仪和"三宫六院"的功能联想,还有它那雄伟壮丽、金碧辉煌的建筑形象,那一气呵成、纵横开阖和层层变化的空间艺术(图1.37)。苏州大小园林的使用功能早已今非昔比,乃至被人淡忘,可是它那曲径通幽、步移景异、咫尺山林、小中见大、玲珑剔透、诗情画意的园林建筑艺术之美,至今仍令游人叹为观止(图1.38)。在西方古典建筑宝库中,有两颗璀璨无比的艺术明珠,那就是雅典卫城上的帕提农神庙和奥林匹亚的宙斯神庙。在2500余年前的古希腊,与其宗教功能、结构形式大同小异的神庙不计其数,它们大都被浩瀚的历史岁月所湮没,而唯有这两座建筑却尤其为后人所瞩目、所赞叹。这是为什么呢?还不是因为它们有着无与伦

图1.35

图1.36

图1.34 杜甫(712—770)画像(蒋兆和作)

图1.35 成都杜甫草堂

图1.36 南京甘府大院

图1.37 北京故宫后宫一角

图1.38 苏州拙政园一角

图1.37

图1.38

图1.39

图1.40

① 黑格尔.美学（第一卷）[M].朱光潜，译.北京：商务印书馆，1979：22
② V.C.奥尔德里奇.艺术哲学[M].程孟辉，译.北京：中国社会科学出版社，1986：11

比的审美价值么！正是那超群美妙的建筑艺术形象才使其成为希腊建筑的最高典范，堪为后世建筑的楷模（图1.39、图1.40）。所以说，就建筑艺术的历史价值而言，"功能"带有暂时性，而"美"则具有长久性，建筑的艺术魅力正在于建筑"美"的创造。难怪18世纪德国的伟大诗人歌德宣称"古人的最高原则是意蕴，而成功艺术处理的最高成就就是美"①呢！

　　建筑艺术及其美的起源在于它的物质实用性，而"美"的最后成"形"，还有赖于人的意匠、加工和创造。作为精神范畴的建筑"美"，与其物质功能既有联系又有区别。一定的社会物质技术水平构成了建筑美的坚实基础，它是重要条件，但不是唯一条件，更不是决定条件。墨子关于"居必常安，然后求乐"一句中的"求乐"二字，为我们做了最好的注解。"求"者欲求，就是说，建筑美的产生，一方面反映了人的精神欲望和心理动机，另一方面则必须依靠人们主动地去追求、去创造，才有可能获得。你不能指望那"无生命的物质堆"会自然而然地把建筑的"美"奉献到你的面前。历史上常有这种情形：一些建筑美的衰变，倒不是由于物质条件不丰厚，甚至也不是由于技术条件不具备，而是在建筑艺术和美的追求中走向了某种滑坡。中国晚清时期某些古典建筑中的繁文缛饰和故作扭捏，欧洲18世纪某些洛可可建筑的装饰堆砌和珠光宝气，便常常是以金钱、物质乃至技术换来的"败笔"，从而表现出建筑艺术及其审美观念上的某种倒退。相反，有时在十分有限乃至较为刻薄的物质手段和技术条件下，由于设计者的刻意追求和匠心独运，也会创造出具有较高审美价值的建筑。英国的柏拉图主义者夏夫兹博里说："美的、漂亮的、好看的都不在物质（材料）上面，而在艺术和构图设计上面；决不在物体本身，而在形式或赋予形式的力量。"②真正美的建筑艺术、美的建筑形式和构图，都不是凭空产生的，而是智慧人类孜孜以求的结果（图1.41）。

　　大量的历史事实表明，建筑美的产生不但具有客观性的一面，而且有着主观性的一面。人们对建筑在物质功能上的"原发性"需求，关乎着材料、结构和构造等物理方面的问题，属于美的客观范畴，表现为建筑活动的较低

图1.39　帕提农神庙
图1.40　宙斯神庙遗迹

图1.41

层次；人们对建筑审美方面的"继发性"需求，关乎着人的心理机能和智慧创造，属于美的主观范畴，表现为建筑活动的较高层次。前者是产生建筑美的实际契机，而后者则是产生建筑美的真正动因。中国古代木结构体系建筑的优点在于：它不但能按照科学规律去处理功能、材料和结构，而且能按照美学规律，利用材料结构的客观特性去塑造美的艺术形象。就当时的建造水平来说，这类建筑在技术手段上是如此合理乃至完善，在艺术加工上是如此精美又如此质朴，从而使建筑的"原发性"和"继发性"需求得以有机地、完美地结合和统一。那密密麻麻富有装饰意味的斗栱，是出自大屋顶挑檐的结构承托；那色调鲜明、五彩缤纷的彩画髹漆，是出于木材的耐久防腐；那密纹图案、花样纷呈的透空隔扇，是便于纸绢的粘贴裱糊；还有太和殿下那伸出基座栏板外口的石雕螭首，为的是使地面雨水得以顺利排除。即使是屋顶上那众多的仙人走兽、鸱尾兽吻的一类细部雕饰以及山花上的"博风"、"悬鱼"等，也都起于"护脊"、"盖缝"等实际功用（图1.42、图1.43）。最能说明中国建筑审美发生现象的，要算是那飘卷翻翘的"大屋顶"了。它的"如跂斯翼，如矢斯棘，如鸟斯革，如翚斯飞"（《诗经•小雅》）（图1.44），号称"反宇"的优美曲线，几乎成为中国古代建筑艺术形象的最显著特征。这一被日本建筑家伊东忠太称颂为"盖世无比的奇异现象"（李允钚：《华夏意匠》），是如何产生的呢？一说利于雨雪之排除；又说为了"采光"之需要；亦说构造施工上"内坡大、外坡小"之缘故；还说是"汉民族的美学趣味"，

图1.41 德国法兰克福老城中心罗马贝格广场一角
图1.42 佛光寺大殿檐部斗栱
图1.43 北京故宫太和殿前望柱和螭首
图1.44 "如翚斯飞"的中国古代大屋顶一角

图1.42

图1.43

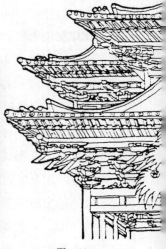

图1.44

得形于中国书法的曲直有致、刚柔相济及龙飞凤舞的线条神韵；甚而可以追溯到远古"游牧民族的帐篷"、"喜马拉雅山的杉树"。不管如何众说纷纭乃至离奇古怪，一个被建筑学家公认的历史事实是：中国的"大屋顶"既是功能结构的产物，又是艺术加工的结果。在这里，大屋顶的优美曲线的产生，为建筑美的"原发性"和"继发性"的两层次需求之说提供了一个生动有力的历史见证。

① 列·谢·维戈茨基.艺术心理学[M].周新，译.上海：上海文艺出版社，1985：317

　　在西方建筑中，也同样存在着结合"原发性"物质需求而进行"继发性"艺术加工的美学现象。一样的砖石结构，因"继发性"加工的不同，便出现迥然相异的建筑形式美，如古希腊的柱式美、古罗马的拱券美、伊斯兰的尖券美，等等。一样的古典柱式结构，既有"陶立克"的刚劲美，又有"爱奥尼克"的柔曲美，还有"科林斯"的纤丽美（图1.45）。我们看到，关系着"原发性"需求的材料结构等物质技术条件，在一定情况下会成为产生建筑美的顺从媒介，但有时它们又和建筑艺术及其审美要求之间产生尖锐的对立。一个显明生动的事例表现在中世纪哥特建筑艺术中。石头粗重无比，在地球引力作用下，它具有一种天然"向下"的重力，但出于表达宗教的狂迷，匠师们却欲使粗石建筑在外形上产生"上升"、"升腾"的气势。如何解决材料和形式之间的这一矛盾呢？"尖拱券"、"十字拱"、"多心券"、"扶壁"和"飞扶壁"等结构技术的运用和艺术处理，完满地解决了这一难题。正如20世纪的苏联学者维戈茨基所指出：一方面，"材料的粗重感发挥到了最大限度"；另一方面，"艺术家却创造出气势非凡的垂直线，达到了使整个教堂向上挺拔，表现出热情奔放和耸立升腾的效果"，也表现出"建筑艺术从沉重、惰性和石头中取得轻盈、飘缈和清澈的美学特性"①。这种"利用"引力又"摆脱"引力，明明是静态向下却又造成动感"向上"的矛盾转化，正是中世纪艺术匠师们娴熟地驾驭材料特性，在"原发性"技术基础上进行"继发性"艺术加工的结果。这是一种强烈的表现欲望、艺术意志和美学追求，没有这种追求，

图1.45

哥特建筑欲从"求安"（安全、坚固、耐用、经久）而达于"求乐"（因"上升感"、"飞动感"而使人联想到神秘的所谓"上天世界"），也是不可能实现的。为此，维戈茨基把克服物质对象和建筑形式的这种矛盾对立而获得的审美效果，称之为建筑艺术的"转化"或"净化"，这是颇有道理的。在这方面，哥

图1.45　西方古典五柱式

图1.46

图1.47　　　　　　　图1.48

特教堂的"升腾向上"和中国大屋顶的"如翚斯飞",显然有异曲同工之妙。只不过前者是"指向苍穹",暗示着精神的崇高,而后者则是"拥抱大地",表现出对自然的亲和罢了(图1.46—图1.48)。

　　建筑美的产生总是起于物质上的"常安"而显于精神上的"求乐",起于功能技术方面的"原发"而显于艺术造型方面的"继发"。一般来说,建筑活动中没有不求"常安"而求其"常乐"的,也没有只求"常安"而不求"常乐"的,只是"求"的方式不同,"乐"的形式不同。纵观历史,古代人和现代人对建筑"乐感"即"美感"的重大差异之一似乎在于装饰观念的变化。格塞罗认为"装饰是人类最早也是最强烈的欲求,也许在部落之前,它已流行很久了","而装饰的最大、最有力的动机是想取得别人的喜悦"(邓福星:《艺术前的艺术》)。拉斐尔也认为"快乐是装饰的基础,正如过剩力量的积聚是游戏的基础一样"(普列汉诺夫:《普列汉诺夫美学论文集》)。自原始社会末期开始,人们就懂得用"装饰物"去美化生活,美化建筑。进入文明时期后,装饰的总趋势是由粗野到精致、由低级到高级,并始终注意把"有用的东西"和"装饰的东西"结合在一起。西方人爱用雕塑和嵌饰去美化建筑,中国人爱用绘画和色彩去美化建筑;西方的石头建筑表现出"雕塑性"的装饰美,中国的木头建筑表现了"绘画性"的装饰美(图1.49、图1.50)。古代人热衷于复杂细腻的装饰美,现代人倾向于简洁明快的装饰美;有的民族爱好素净雅淡的装饰美,有的民族则爱好浓抹艳丽的装饰美。总之,人类进入文明社会的几千年间,大凡是美的建筑,就必然伴随着美的

图1.46　追求"升腾向上"的哥特建筑
图1.47　德国科隆大教堂
图1.48　科隆大教堂中厅

图1.49　　　　　　图1.50　　　　　　　　图1.51

图1.52　　　　　　　　　　图1.53

装饰，"没有装饰就没有美"的建筑观念一直支配着建筑艺术的广阔领域。这种以装饰为"求乐"方式的古老审美意识，直到近百年来才起了一个根本变化，从而使那种认为建筑不是依靠装饰而是以自身形体之美为美的现代审美观念得以确立（图1.51—图1.53）。尽管对此还有纷争，还有反复；尽管围绕装饰问题的"风风雨雨"，在建筑这块园地上从未消失。

三、图腾、崇拜与建筑

图腾是原始宗教中用以顶礼膜拜的物象，它反映了人类初始阶段某种蒙昧的崇拜意识。那么，你听说过图腾吗？你见过图腾吗？也许你难以回答，但埃及的"狮身人首"，中国的"龙凤麒麟"，还有天安门前那对刻着盘龙云纹的"华表"，故宫和北海公园里那色彩斑斓的"九龙壁"（图1.54），你怕是早已熟知或亲眼见过了。这些，就是自古流传下来的图腾标记或是多少与图腾观念有关的造物。我们这里研究的便是那些与建筑艺术相关的"图腾"，或可称之为"建筑图腾"。这有助于我们从另一渠道，即观念意识形态方面，去揭示建筑艺术及其"美"的起源。

为此，我们想起了黑格尔关于建筑艺术起源的学说。他从自己的"理念

图1.49　巴黎圣母院门龛雕饰
图1.50　北京恭王府建筑彩画
图1.51　意大利都灵市劳动宫柱顶的伞状结构形式
图1.52　卢浮宫玻璃金字塔的材料质感表现
图1.53　北京奥林匹克主体育场（"鸟巢"）的钢架原型表现

① 黑格尔.美学（第三卷上册）[M].朱光潜，译.北京：商务印书馆，1979：29
② 黑格尔.美学（第三卷上册）[M].朱光潜，译.北京：商务印书馆，1979：31
③ 黑格尔.美学，（第三卷上册）[M].朱光潜，译.北京：商务印书馆，1979：30
④ 同济大学，等.外国近现代建筑史[M].北京：中国建筑工业出版社，1982：281

论"、"象征论"出发，曾经就建筑美的产生问题展开过系统论述。他说："建筑首先要适应一种需要，而且是一种与艺术无关的需要。"① 在黑格尔看来，这种需要就是建筑作为一种"掩蔽体"的功能性需要，但从这里还找不到建筑艺术及其美的起源。

图1.54

接着，黑格尔又指出，在为满足需要而建造时，"还出现另一种动机，要求艺术形象和美时，这种建筑就要显出一种分化"，于是就出现了那种有着"美的形象的遮蔽物"②。不过，他认为从这里也同样找不到建筑艺术及其美的起源。

那么，建筑艺术及其美的起源在哪里呢？

在黑格尔看来，关键是要找出"像雕刻那样的本身独立的，不是满足另一目的和需要才有意义，而是本身自有意义的一种建筑物"③。但是，这样一种建筑艺术也和雕刻有所不同，它具有自身的独立性、精神性和主体性，一种以外在形状"去暗示意义"的作品。他认为建筑起源于"石头还是木头"、"树巢还是洞穴"，这都无关紧要，只有那种能抽象地暗示意义的作品，才能真正揭示出建筑艺术及其"美"的起源。

在这里，黑格尔把建筑"艺术"和"美"混为一谈，又把建筑的象征意义作为建筑艺术的唯一契机，因而表现出唯心主义的主观偏见。但是，黑格尔却独树一帜，不同凡响地从另一途径即观念、意识、精神方面提示了建筑艺术的起源，这对我们不无启迪。

著名的挪威现代建筑理论家诺伯格·舒尔茨也曾经指出："建筑首先是精神的庇所，其次才是身躯的蔽所。"④ 这同黑格尔的观点十分近似。是的，在原始时代，人类对自然奥秘的认识还处于混沌未开的状态，诸如一年四季、太阳月亮、宇宙星辰、风霜雨雪、雷鸣闪电、动物植物、蓝天白云乃至人的生老病死、旦夕祸福等自然现象，原始人类均无法理解，只能把它们归结为

图1.55

图1.54 北京北海九龙壁
图1.55 渥太华加拿大国家历史博物馆中的印第安图腾柱

某种神灵的主宰。甚至兽吼鸟鸣、风吹草动都能在他们心中激起波澜，造成心理威慑，或唤起某种象征吉祥的喜悦情绪。"图腾"就是现实世界在原始人心中产生的某种意象，他们借此寻觅"亲族"、"先祖"的踪迹，求得心灵上

的庇护（图 1.55）。在这方面，和建筑有关的原始图腾有两类：

一类是作为建筑附属物的图腾，常以雕刻、绘画或祭物形式出现在建筑中，如史前旧石器时期绘有犀牛、猛犸象和熊的岩洞壁画，某些用石、牙、骨做成的室内雕像，它们均具有明显的图腾意义。其中，有的出于某种宗教巫术动机，有的用来祈祷神灵保佑，使这些图腾信物成为"房屋坚固"、"人身安全"的庇护物。

另一类具有独立意义的建筑图腾，是距今 7000—5000 年前在北欧、西欧、北非、印度、日本等地出现的"巨石建筑"，如崇拜天空及太阳的"整石柱"（Monolith），用作宗教道场的"列石"（Alignment）、"石环"（Stonehenge），以及埋葬死者的"石台"（Dolmen），等等。法国一些地方，还发现了由千余块巨石组成的列阵，它们横向十几排，绵延达三千英尺，可谓整齐有序、浩浩荡荡、蔚为壮观[①]。尤其引人注目的是，有的巨石上还刻有同心圆、螺旋纹、斧纹和菱形纹的符号图案。这些巨石及其图案实际上就是反映图腾观念的抽象标志，它们表达了某种强烈的原始宗教意识。人们看到，"石环"和"列石"已不同于单个的实体图腾，而是一个相当巨大的空间纪念"场"。从这些巨石的总体排列、群体格局和空间构成上，我们可以窥见原始人类的建筑空间艺术观念，说明他们不但已经懂得运用石头的"实体"去造型，而且还能通过整体的空间组织去造就某种环境艺术氛围，表达崇拜意识，从而使之展现巨大的精神力量（图 1.56、图 1.57）。可以看出，由巨石群体所组成的建筑图腾，其实就是某种空间性的"精神庇所"。

如果说，由崇拜而产生的"建筑图腾"是由于人类初始阶段的蒙昧无知而诞生，那么，它并没有随着人类跨入文明社会而消失。恰恰相反，"巨石"之类的建筑图腾现象又以新的形式出现，并凝聚着某种"美"的观念而反映在几千年的建筑文化中。起始于古埃及的方尖碑，古罗马的纪念柱，中国古建筑中雕龙画凤的木柱和寺庙里的经幢、府第前的石狮、陵墓甬道上的龟碑以及宫门前的华表，等等，都可以使我们直接或间接地追溯到远古时代的图

① 邓福星. 艺术前的艺术[M]. 济南：山东文艺出版社，1986：91-92

图1.56

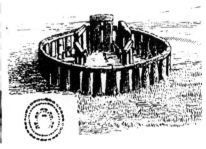

图1.57

图1.56 英国西南部的史前巨石阵
图1.57 史前环形巨石阵复原图

① 黑格尔.美学
（第三卷上册）
[M].朱光潜，
译.北京：商务印
书馆，1979：39

腾观念（图1.58—图1.60）。不过，与远古图腾不同的是，人类越是向前发展，建筑图腾的宗教崇拜意义就越是减弱，而它的审美意义就越是增强，甚至纯粹变成为一种审美装饰的符号。20世纪60年代在美国华盛顿湖畔建造的一座旅馆建筑中，就以一根巨大的饰满印第安人粗犷原始图案的"图腾柱"作为室内大厅的"装饰主题"，它与大厅内的景物形成强烈对比，收到了奇妙的艺术效果（图1.61）。

应当说，原始图腾在建筑艺术及其美的产生中所起的作用，还不在于那些图腾物象，更重要的是促使和图腾密切相关的"崇拜意识"得以产生、发展和世代相传，并被后人广泛地运用于建筑艺术及其美的创造中，从印度的"窣堵坡"（石塔）到埃及的金字塔，从希腊神殿到中国皇宫，从哥特教堂到遍布东亚的佛寺，无不在建筑中掺和着各种名目的所谓崇拜意识。只是在阶级社会里，这种崇拜意识已不似原始人那样混沌朦胧，那样迷茫神秘，那样依附自然，而是"把原来只涉及自然界的意义转化为伦理的意义"①。就是说，崇拜的对象和重心已经由单一的自然转向了"神"与"人"，或是"神化"了的人、"人化"了的神，并常常在其中注入人间世俗的观念、理想和情感。

以今天在各地还能经常见到的"塔"来说，追根溯源，它起始于东方古代一种"象征男性生殖器的石柱"，有着"崇拜生殖能力，崇拜生命力"的含

图1.58   图1.59

图1.60   图1.61   图1.62   图1.63

义。佛教诞生以后，这种"石柱"在印度演变成放置佛祖"舍利"的塔，即"窣堵坡"（Stupa），其外形类似一个大坟堆。从此，塔便成了佛教崇拜的象征。西汉末年，当佛教传入中国之后，塔——这一起于崇拜意识的建筑艺术形式，才在全国各地广为流传。它历经千载，几度更容，以"密檐式"砖塔、"楼阁式"木塔、"金刚宝座式"簇塔等建筑艺术形式出现的中国塔，已经不同于它的前身——原来的印度"塔"了。它不但是宗教崇拜的象征，而且成了中国传统建筑中最有代表性的审美对象之一，为我国城乡人民所熟悉、所喜爱（图1.62、图1.63）。

又如，古埃及的金字塔，它有着四四方方的平面，高高向上的锥体，最大的吉萨金字塔竟高达149米，边长230米（图1.64）。金字塔起始于埋葬最大的奴隶主——法老，然而仅仅掩埋一个死人需要如此硕大宏伟的石砌坟锥吗？显然，

图1.64

金字塔是奴隶主为自身树立起来的巨大的崇拜偶像，并以其精神力量惊天动地、威慑臣民百姓。埃及"古王国时期，奴隶制刚从氏族社会脱胎出来，皇帝还是自然神，它的神性由金字塔来象征"[①]。这就是金字塔的真实涵义。它产生于对"神化"了的人的崇拜，但一经冒出地平线，便同样成为具有独立意义的、令人瞩目的审美对象。黑格尔对金字塔的造型美给以这样的高度评价："在金字塔上首次出现特宜于建筑的基本线条，即直线，以及形式方面的整齐一律和抽象性。"[②]

帝王宫殿是阶级社会另一类具有崇拜意义的建筑。几乎每一代封建皇帝，为了树立和强化所谓"天之骄子"的形象，只要一登上宝座就不惜奢靡修建、改建或扩建宫殿，以便使这些本来仅供御理朝政的处所具有至高无上的崇拜意义，达到维护自身统治的目的。战国时代，苏秦就游说齐湣王："高宫室，大苑囿，以鸣得意。"[③]萧何为汉高祖刘邦筹建壮丽的未央宫，借口"天子以四海为家，非壮丽无以重威"。法国17世纪下半叶，路易十四的权臣高尔拜上书皇帝："如陛下所知，除赫赫武功而外，唯建筑物最是表现君王之伟大与气概。"[④]千百年来，在所谓"重威"的崇拜意识作用下，皇宫建筑越盖越宏大，越建越精美。我国明清时代的北京皇宫，已经达到建筑艺术及其美的极高成就，成为迄今为止世界上规模及气势最为宏大的宫殿建筑之一。除故宫外，天坛、地坛、日坛、月坛也都在对自然崇拜的名义下，表达了帝王意志或渗进了封建伦理观念，并创造了许多美的建筑艺术形象。

① 陈志华.外国建筑史[M].北京：中国建筑工业出版社，1979：4
② 黑格尔.美学（第三卷上册）[M].北京：商务印书馆，1979：51
③ 梁思成.梁思成文集[M].北京：中国建筑工业出版社，1986：236
④ 陈志华.外国建筑史.北京：中国建筑工业出版社，1979：145

图1.64　埃及吉萨金字塔

① 李允鉌. 华夏意匠：中国古典建筑设计原理分析[M]. 北京：中国建筑工业出版社，1985：91

图1.65　　　　　　　　　　　　　　　图1.66

人们注意到，世界上的封建统治者同样通过宫殿建筑表达崇拜意志，但是具体的表达方式和建筑艺术效果却是大相径庭的。就以差不多相同年代建造、扩建的北京故宫和巴黎卢浮宫相比较，前者是由数以千计的单个房屋组成波澜壮阔、气势恢宏的建筑群体，围绕轴线形成一系列院落，平面铺展异常庞大；后者则采用"体量"的向上扩展和垂直叠加，由巨大而富于变化的形体形成巍然耸立、雄伟壮观的整体形象（图1.65—图1.67）。如果说故宫是以"空间"格局见长，反映了"天人合一"、"天地同和"及"亲近自然"的世俗精神，那么卢浮宫则以相对集中的"实体"造型取胜，表达了"天人对峙"、"主宰天地"和"超脱自然"的理想观念。精神在物质的重量面前感到压抑，而压抑之感正是崇拜的开始。这种崇拜意识的表现，在西方建筑中是偏重于巨大的物质造型；而在中国，除了物质造型的"压抑"之外，乃是更加注意气势磅礴的群体空间对人们的视觉冲击和心理感应。其实，不仅宫殿建筑如此，中国的僧侣寺庙建筑亦是惯于通过平面的铺展而达到渲染某种崇拜气氛的效果。"南朝四百八十寺，多少楼台烟雨中"。唐代最大的寺院"章敬寺"凡48院，殿堂屋舍总数达4130余间，其平面之复杂简直犹如一座城市。正如英国学者李约瑟所评述的那样："中国建筑这种伟大的总体布局早已达到它的最高水平，将深沉的对自然的谦恭的情怀与崇高的诗意组合起来，形成任何文化都未能超越的有机图案。"①

图1.65　北京故宫鸟瞰
图1.66　故宫太和殿
图1.67　巴黎卢浮宫一角
图1.68　罗马君士坦丁凯旋门与斗兽场

图1.67　　　　　　　　　　　　　　　图1.68

总体来说，各个时代由崇拜意识而产生的建筑艺术，都深深地打上了那个时代的烙印。原始时代因崇拜自然而有法国"巨石建筑"的神秘美，奴隶制时代因崇拜法老而有埃及金字塔的宏大美，封建时代因崇拜帝王而有中国天坛、故宫的壮阔美，欧洲中世纪因宗教崇拜而有哥特式建筑的超脱美，如此等等。各种体现着崇拜意识的建筑空间和实体，必然导致一种独特的建筑美学风范的产生——这就是建筑的"崇高美"。它往往以巨大的体量，夸张的尺度，严峻的风格，威壮的气势，以及堂而皇之的艺术处理，诉诸建筑形式，从而给人以某种建筑美的独特感受。由崇拜而引发出来的建筑"崇高美"，实际上已经摆脱了狭义崇拜意识的羁绊，变成了一种独立存在的美学风范和艺术格调。长期以来，它集中体现在诸如方尖碑、凯旋门、陵墓、牌坊及教堂等纪念性建筑和宗教建筑中。就近代和现代的建筑而言，某些纪念碑、纪念馆、纪念标志以至某些隆重的公共建筑，也常常采用"崇高美"的艺术主题去塑

图1.69

造形象，表达意义（图1.68—图1.71）。不过，现代建筑的"崇高美"却往往是通过新材料、新结构的运用，以新颖、简练和抽象的艺术形象及其新的人文内涵而区别于古代建筑。美国圣路易斯城的杰弗逊纪念拱门，就是一个横跨在密西西比河畔公园上空的一个高度和跨度均达到192米的巨大不锈钢抛物线拱，人们可乘高速电梯登上拱顶，居高临下地饱览市容和沿河的美丽风光（图1.72、图1.73）。巴黎德方斯终端的"人类凯旋门"则是一个高达几十层楼的立方体空框，它的下部是一个宏伟的活动广场（图1.74、图1.75）。这说明由于时代的不同，建筑崇拜的内涵已经改变，建筑"崇高美"的形式也大为改观了。

讲到建筑的"崇高美"，一个不能回避的问题是：如何看待当代和当下高层、超高层建筑的兴起？作为20世纪以来最高、最重要的建筑成就之一，作为古代"塔"的现代"化身"，高层尤其是超高层摩天楼建筑，无疑它也是建筑"崇高美"的最典型、最热门的表现形式。它积淀了经济、政治、社会、文化、科学、技术、人情、心理等诸多复杂的审美动因及自然和人文要素，反映和延续了文明人类向往"崇高美"的美好愿望，造就了现代城市的美好图景（图1.76—图1.79）。但是，立足于科学审美文化视角，它不应成为人们盲目崇拜的追逐对象，不应化成被人顶礼膜拜的"现代图腾"。重要的问题在于如何把握建筑"崇高美"的科学本质，增强建筑"崇高美"的文化自觉——是"崇高"，而不是"从高"；是"崇高"的真善美，而不是"从高"的假丑恶。人们不是常常厌恶"城

图1.69 罗马君士坦丁凯旋门近景

图1.70

图1.71

图1.72

图1.73

图1.74

图1.70 西班牙巴塞罗那圣家族教堂
图1.71 伦敦英国议会大厦
图1.72 美国圣路易城"大拱门"纪念标志
图1.73 圣路易城"大拱门"之巅
图1.74 巴黎德方斯"巨门"远眺
图1.75 巴黎德方斯"巨门"近景

图1.75

市病"的发生吗？建筑领域里那种不切实际的盲目"从高"、竞相"攀高"，是不是反映了人们对城市发展及其建筑形象的某种"病态"心理呢？显然，"崇高"是美好的，但如果不问客观条件、不管需求与否、不看时间地点、不论城市大小、不管乡村城市、不顾环境文脉，一味"从高"、唯"高"是从，直至使其一轰而起，那该是怎样一种建筑心态和建筑景象呢？实践表明，高层特别是超高层建筑的恣意和无序化发展，往往会给城市添乱，甚而加大城市危机，恶化城市环境，加剧"城市病"的蔓延——这是历史和现实的教训，应当深切记取。说到这里，建筑上的所谓"崇高"还是"从高"，已经超出一般美学话题，但它又如此牵动着当代人的审美心理和审美文化，关系到对建筑"崇高美"的如何认知，关系到中国广大城镇美丽新图的如何绘制，乃至关系到城市化、城市现代化及亿万城乡居民"人居环境"建设的进程和方向，因此需要我们加以清醒看待和科学决策。

　　综上所述，建筑美的产生，不但关系到实用和物质功能，而且也可以追溯到精神崇拜。今天，人类需要情感的愉悦，也需要心灵的震撼。即使世界上不存在任何主宰一切的崇拜偶像，"崇高"作为一种美感范畴也会依然存在，"崇高美"也必然还会在人类建筑活动中表现出来。而未来世界的崇拜对象不是别的，正是人类自身在向自然、社会和宇宙进军中所显示出来的强大力量。

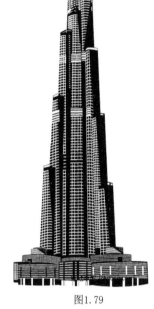

图1.79

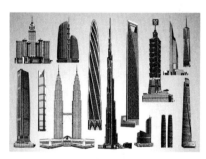

图1.76

图1.77

图1.78

图1.76 各类摩天楼——当代建筑"崇高美"的典型表现形式
图1.77 上海黄浦江两岸的高楼群
图1.78 上海浦东金茂大厦（右）和环球中心
图1.79 世界"第一"高楼——阿联酋首都"迪拜塔"

第二章　建筑美的意义

"美是难的"！

这是古希腊哲学家苏格拉底与希庇阿斯对话中一语双关地所使用的一句谚语。

是的，建筑的美也是"难"的！它虽然和人们如此朝夕相近，但是谁又能道出建筑美的奥秘呢？对于什么是建筑之"美"，似乎艺术家有艺术家的看法，建筑家有建筑家的看法，公众又有公众的看法。有时，即使对同一件建筑作品的是"美"是"丑"，也都众说纷纭、莫衷一是。而建筑的美又不同于雕塑、绘画等其他艺术门类的美，在建筑美中蕴含着不可分割的社会功利性、生活实用性和物质技术性，这就使建筑美的本体罩上了一层扑朔迷离、影影绰绰的外衣。怎样揭示建筑美的奥妙呢？让我们从以下两种含义的建筑美谈起。

一、狭义和广义

建筑的美，有狭义和广义之分。通常来说，狭义建筑美是指单体的建筑美，它涉及美的房屋、美的造型、美的装饰。而广义建筑美则把建筑放到广阔的特定时空背景中去研究：它跨越单体，走向群体；跨越房屋自身，走向整体环境；跨越建筑，走向城市。前者旨在揭示单个建筑造型美的规律和艺术特性，而后者则侧重于从建筑美的边界条件，从建筑物与其周围人工环境、文脉环境及其所在自然环境的相互关系，从建筑、街道、广场、区域乃至城市的宏观角度去把握建筑美的特性，研究建筑美的问题。

对狭义建筑美的研究，可以追溯到古罗马奥古斯都时期的建筑理论家维特鲁威。他在 2000 多年前的著名理论著作《建筑十书》中写道："当建筑物的外貌优美悦人，细部的比例符合于正确的均衡时，就会保持美观的原则。"[①]他总结了古希腊建筑的美学经验，对爱奥尼克、科林斯、陶立克、塔斯干等古典柱式的艺术性格及其造型特点进行了精心细致的分析描绘。《建筑十书》虽然也涉及城市规划、建筑选址和广场设计这类问题，不过它所论及的建筑美学命题大多只限于单个建筑物的形式美、造型美。该书对建筑艺术及其美学的最大贡献在于提出了关于"适用、坚固、美观"这一经典性的建筑三要素观点。它一直被后人奉为圭臬，世代相传。文艺复兴时期著名的建筑及艺术大师阿尔伯蒂追随维特鲁威，写下了《建筑十书》的姊妹篇《论建筑》。在该书"卷十"中，阿尔伯蒂对建筑"三要素"做了精辟的阐发："所有建筑物，如果你们认为它很好的话，都产生于'需要'，受'适用'的调养，被'功效'润色，'赏心悦目'在最后考虑。"[②]这里的所谓"赏心悦目"，就是指建筑外在或内在形式的愉悦性，即美观。直到 20 世纪 60 年代，美国著名现代建筑师埃罗·萨里宁（又译名：伊罗·沙里宁）仍以类似"三要素"的语言表述

① 维特鲁威.建筑十书[M].高履泰，译.北京：中国建筑工业出版社，1986：14
② 陈志华.外国建筑史[M].北京：中国建筑工业出版社，1979：121

① 埃罗·萨里宁.功能、结构与美[J].建筑师, 1980（7）：169

② 彼得·柯林斯.现代建筑设计思想的演变（1750—1950）[M].英若聪, 译.北京：中国建筑工业出版社, 1987：2

③④ 陈志华.外国建筑史[M].北京：中国建筑工业出版社, 1979：121

自己的建筑观点："不论古代建筑还是现代建筑，都必须满足'功能、结构和美'这三个条件"，"每一个时代、时期或每种风格，都用不同方式满足了这三个条件"（图2.1）。①以上说法不一，其源头出于维特鲁威的《建筑十书》。围绕"三要素"观念而展开的建筑美学探索是狭义建筑美学思想的核心，它们始终没有离开过具有审美功能的建筑本体。因此，从某种意义上说，狭义建筑美就是建筑的本体美。英国建筑理论家彼得·柯林斯高度评价维特鲁威的建筑"三要素"的理论意义和影响所及，指出"适用、坚固、美观"的提法很全面，不能去掉其中的任何一项。"革命性的建筑"总是从对这三点的态度上表现出来。可能有这三种情况：

——越出这三点以外，增加点什么；

——强调其中一两个方面，削弱甚至牺牲第三方面；

——大量的"革命性立论"乃是基于给建筑"美观"的概念以新的解释②。

这里暂且不去讨论"三要素"的相互关系，也不去追踪关于建筑美的所谓"革命立论"，而是旨在说明，历史上各种对建筑"美观"要素的"新解释"大都是把"建筑物"的美和"建筑"的美混同起来了。无论是山花、柱式、穹顶、拱券、线条、图案、装饰、色彩、质地等建筑美的形态构成因素，还是对称、均衡、比例、尺度、节奏、韵律等建筑形式美的法规原则，一般而言都是针对单个的建筑物来说的，它们均属于狭义建筑美的范畴。阿尔伯蒂下面一段话说得更加明白：

"任何一个建筑物上所感觉到的赏心悦目，都是美和装饰引起来的……如果说任何事物都需要美，那么建筑物尤其需要，建筑物不能没有它。"③

这里所说的"美"，就是"建筑物"的个体美。建筑物需要什么样的美呢？于是，一个与之相关联的建筑美学观念产生了，即建筑美的所谓"完善论"。它起始于古希腊的"人体美"思想，发展于文艺复兴的人文主义，并一直影响到近现代；它主张建筑好比人的躯体，人体因头部、身部和四肢的协调完善而美，建筑也必须以屋顶、墙身、柱式及台基的完善构成为美。文艺复兴时期的另一位著名建筑家帕拉底奥也指出：建筑的美主要在于"完整"，"在于部分和整体之间的协调"，"建筑因而像个完整的、完全的躯体"（图2.2）。④甚至18世纪法国一位富有革新精神的建筑家索恩，在他走上"新奇和颠倒常规"之前，也认为一座建筑物只有符合下面这点才是美丽的，那

图2.1

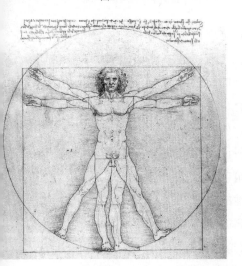

图2.2

图2.1 埃罗·萨里宁设计的美国耶鲁大学冰球馆（1958年）

图2.2 达·芬奇所作的人体解析图

图2.3

图2.4

① 彼得·柯林斯.现代建筑设计思想的演变（1750—1950）[M].英若聪,译.北京:中国建筑工业出版社,1987:3
② 勒·柯布西耶.走向新建筑[M].吴景祥,译.北京:中国建筑工业出版社,1981:134

就是它形成了"无论从什么角度去看,都是一个完全的整体,像一组雕刻群"①。在狭义建筑美及其个体"完善论"的美学思想支配下,欧洲的古典建筑匠师们以旺盛的精力和高度的热情,创造了许多美的宫殿、美的庙宇、美的教堂、美的府邸,为建筑艺术史册增添了许多动人的篇章（图2.3、图2.4）。这些建筑物的艺术创作严格遵守古典美学法则,表现出协调的体量、对称的构图、华丽而庄重的气魄、精美而细巧的装饰,从而成为城市建筑的主要审美对象。对"完善美"的追求,直到十七八世纪的巴洛克建筑才有所突破。它热衷于展现运动感的"曲线美"和变化多端的"断裂美",其外形"奇诞诡谲"、突破常规,在很多方面超越了传统古典建筑艺术的樊篱。然而,总的来说,巴洛克匠师们的建筑美学观念也还是狭义的,其探索途径仍然局限于角逐单个建筑物的新奇变幻美,而并不注重其与环境背景的整体关联。著名的罗马圣彼得大教堂广场上的椭圆形柱廊就是一例,它是贝尼尼按巴洛克风格进行设计的杰作,然而正如勒·柯布西耶所评述的那样:"贝尼尼的柱廊本身还是美的,立面本身也是美的,但与棋顶（指教堂的中央穹隆顶——笔者注）毫无关系。"②（图2.5—图2.7）对此类古典建筑的欣赏品评虽见仁见智,但却反映了这位现代建筑大家敏锐而独到的建筑整体意念。

图2.6

图2.7

近半个多世纪以来,现代建筑的旋风席卷全球。现代建筑师们把建筑艺

图2.5

术及其美的创造重心从前辈建筑师笔下的宫殿、陵寝、庙宇、教堂、修道院、府邸等,移到了包括车站、码头、货仓、商店、学校及普通住宅在内的生活实用性建筑。各种新的建筑类型以及新功能、新材料、新技术的出现,迫使建筑师们改变传统的静态美学观念,并开始打开

图2.3 罗马法尔尼斯府邸
图2.4 罗马耶稣会教堂
图2.5 罗马圣彼得大教堂
图2.6 罗马圣彼得广场
图2.7 圣彼得大教堂穹顶与广场柱廊

① 罗歇·奥雅姆.理解勒·柯布西耶[J].建筑学报,1987(2)
② 芦原义信.街道的美学（续五）[J].尹培桐,译.新建筑,1985(3)：53-58

一扇扇面向城市环境的美学之窗。不仅如此，有的人甚至还兴致勃勃地规划设计过一两座城市。勒·柯布西耶在1935年出版的《光明城市》一书中也曾形象地描述了有关环境要素和城市建筑的美好蓝图：正确的外观，合理地分隔，光影与日常景色，还有阳光、空气、植物，等等①。但从根本上说，现代建筑师中许多人的美学意识依然是专注于单体的建筑美，而并未真正超脱狭义建筑美的界限。

事实上，常有这样的情况出现：在一个城市中不难发现美的建筑，但有时城市的总体面貌却很糟糕。这或许可以叫做"'美丽'的建筑，'丑陋'的城市"吧！世界闻名的西方现代建筑大师们所设计的众多建筑作品如群星荟萃、光彩夺目，但他们规划设计出来的城市比起其建筑作品，却往往相形见绌。勒·柯布西耶不是批评过贝尼尼设计的圣彼得教堂前的椭圆形柱廊吗，然而人们也同样批评过他设计的印度昌迪加尔新城的市中心："各幢建筑都是相隔老远、孤零零地耸立着。例如政府大厦与高等法院的间距约700米……空间虽然明快了，但换来的却是缺乏人情味。我不否认这些建筑美观超群，但我无论如何也不能不产生郁郁不快的心情。"②勒·柯布西耶的单幢建筑是不朽的，而他规划设计的城市环境却空空荡荡，令人迷惘不解。这也许可以叫做"雄壮的建筑、冷峻的城市"吧（图2.8—图2.11）！

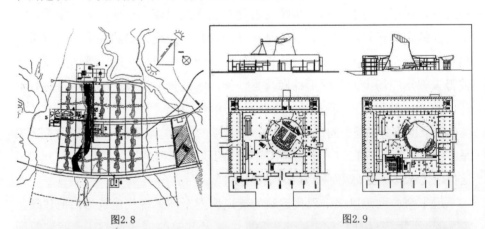

图2.8　　　　　　　　　　　　　　　　　　图2.9

图2.8　印度昌迪加尔市规划总平面图
图2.9　昌迪加尔市政府大厦平、立、剖面图
图2.10　昌迪加尔政府大厦外观
图2.11　昌迪加尔高等法院近观

图2.10　　　　　　　　　　　　　　　　　　图2.11

下面的这段描述，很能反映勒·柯布西耶的狭义美学观念：

"人们用石头、木头、水泥来建造房子和宫殿；这就是建筑活动，机巧在起着作用。但，突然间你触动了我的心，你对我做了好事，我感到愉快，我说：'这多么美啊。'这就是建筑，艺术就在这里。"①

勒·柯布西耶心目中的"房子"是多么美妙啊！但是他创造了美的建筑物，却忽视了美的城市、美的环境。

美国费城普林斯顿 GBQC 建筑事务所的一位名叫罗伯特·格迪斯的建筑师，20 世纪 80 年代在"美国建筑向何处去"的笔谈会中辛辣地指出："我们的问题不在于单幢建筑的质量，设计得很出色的建筑不在少数。然而分散开来散布于城市和乡村，给我留下的印象却是'泽西城的火车大车祸'，一堆傲慢武断的、过于隐秘的和异常混乱的大杂烩。"②

20 世纪的许多城市，尤其是一些大城市、特大城市，人口集中，房屋密集，交通拥塞，加上种种社会弊端的困扰，城市的建筑环境艺术质量急遽地下降。现实已越来越要求人们把美学的眼光从建筑转向环境，从单体转向群体，从房屋自身转向整个城市，从而也使建筑观念及其美的"外延"大大地伸展了。著名美籍芬兰建筑师伊利尔·沙里宁指出："应当明确地把建筑理解为一种有机的、社会的艺术形式，它的任务就是通过比例、韵律、材料和色彩等，为人类创造一种健康文明的环境。这样，人类物质设施的整个形式世界，从私人居室，直到错综复杂的大都市，都包括在建筑的范围之内了"，"最终把城市中形式多样的有机体，合成一个和谐的统一体"。③除沙里宁外，还有一些建筑学家也都倾向于"广义的建筑应包括城市，它的市容和自然风光"④。英国的吉伯特认为，城市的美"这不仅仅意味着应该有一些美好的公园、高级的公共建筑，而是说城市的整个环境乃至最琐碎的细部都应该是美的"⑤（图 2.12、图 2.13）。

① 勒·柯布西耶. 走向新建筑 [M]. 吴景祥，译. 北京：中国建筑工业出版社，1981：177
② 张钦哲. 美国建筑向何处去（下）[J]. 建筑学报，1986（9）：70-75
③ 伊利尔·沙里宁. 城市：它的发展、衰败与未来 [M]. 顾启源，译. 北京：中国建筑工业出版社，1986：16
④ 陈志华. 艰难的探索——读《理性与浪漫的交织》[J]. 新建筑，1988(4)：44-46
⑤ F. 吉伯德. 市镇设计 [M]. 程里尧，译. 北京：中国建筑工业出版社，1983：1

图2.12

图2.13

图2.12　巴黎塞纳河畔环境风光
图2.13　伦敦泰晤士河沿岸新建筑

① 伊利尔·沙里宁.城市：它的发展、衰败与未来[M].顾启源，译.北京：中国建筑工业出版社，1986：44

② 《建筑师》编辑部.建筑师（4）[M].北京：中国建筑工业出版社，1980

③ 肯尼思·弗兰姆普敦.现代建筑：一部批判的历史[M].原山，等，译.北京：中国建筑工业出版社，1988：11

④ 伊利尔·沙里宁.城市：它的发展、衰败与未来[M].顾启源，译.北京：中国建筑工业出版社，1986：44

⑤ 芦原义信.街道的美学（续五）[J].尹培桐，译.新建筑，1985（3）：53-58

　　概括起来，广义的建筑美的本质在于它是"城市"的，又是"建筑"的；是"群体"的，又是"个体"的；是"整体"的，又是"局部"的。在强调城市整体环境美的同时，并不是要取消单个建筑物的美或是让建筑消极地、被动地服从外界环境，而是把个体的建筑美有机地纳入整体环境之中。正如吉伯特所说，这好比"ABC"是由 A、B、C 所组成，但 ABC ≠ A+B+C。房屋在城市环境中的作用，如同"镶嵌在画中的石子一样，正好配合它所在的位置"①，又犹如织补衣物那样做到虽"千针万线"但"天衣无缝"。现代建筑师的神圣职责不但要创造美丽的建筑，而且要创造美丽的城市，美丽的环境。就建筑美的广义性而言，城市就是一个大建筑，建筑只是城市环境的一分子。

　　对广义建筑美的揭示，促进着建筑美学理论的研究和发展。今天，建筑美学的领域已不再囿于"房屋—建筑"的小天地了。诸如城市美学、街道美学、广场美学、环境艺术、风景园林和生态美学等都是这块园地中开出的新花朵。其中，美国凯文·林奇所著《城市意象》，挪威的诺伯格·舒尔茨的《存在、空间与建筑》，日本芦原义信的《街道的美学》、《外部的空间设计》，意大利阿尔多·罗西的《城市建筑》等著作，分别从社会学、心理学、城市学、生态学等不同角度，多侧面地论述了广义建筑美的问题。各类环境学科和环境艺术美学的兴起，推动着传统建筑美学观念的变革，然而，这丝毫不意味着古老的建筑美学注定要被各类新兴的环境美学所代替。广义建筑美的目标仅仅是：环境中的建筑美，建筑美中的环境；城市中的建筑美，建筑美中的城市。就像 1977 年国际建筑师协会起草的《马丘比丘宪章》所指出：现代建筑要强调的"不再是孤立的建筑（不管它有多美、多讲究），而是城市组织结构的连续性"②。

　　值得注意的是，广义建筑美的概念并非始自今日，而是自古有之。肯尼思·弗兰姆普敦曾指出："希腊人决不会脱离建筑地点以及它周围的其他建筑物去构思一幢建筑……每个建筑主题本身是对称的，但每一组都处理成一景，而各组建筑的体量却组成了相互的平衡。"③这说明早在古希腊时代，匠师们在处理建筑形式美时，已经超越建筑单体而跨向建筑群体了（图 2.14—图 2.16）。至于欧洲中世纪城市那种亲切近人的有机性和整体感，丰富多变和尺度宜人的广场、街道和建筑群（图 2.17—图 2.19），至今仍为人们所依依眷恋和津津乐道。伊利尔·沙里宁把这归结为"中世纪的建筑匠师们——他们没有受到过美学家错误空间的毒害"④。日本的芦原义信则赞赏某些"中世纪城市就像是一幢大建筑"，"意大利人有着世界上最广阔的起居室"⑤。这是指著名的水城威尼斯的圣马可广场，它曾被拿破仑誉为"欧洲最漂亮的客厅"（图 2.20）。

图2.16

① 埃德蒙·N.培根.城市设计[M].黄富厢，朱琪，译.北京：中国建筑工业出版社，1989：207

图2.14

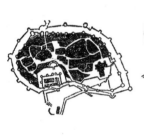

图2.17

图2.18

图2.15

图2.19

图2.20

图2.14　希腊雅典卫城平面图示
图2.15　雅典卫城俯视
图2.16　依山就势的雅典卫城雄姿
图2.17　伊利尔·沙里宁为之称道的欧洲小城（左为法国的卡尔卡松城，右为意大利的乌迪内城）
图2.18　意大利佛罗伦萨市西尼奥里亚广场
图2.19　佛罗伦萨老城街道
图2.20　威尼斯圣马可广场图

　　我国古代城市的整体环境美，在世界上也是独树一帜。且不说历代古都的独特风貌和协调整洁，也不说被埃德蒙·N.培根称颂为"人类在地球上最伟大的单一作品"①的北京，也不说那紫禁城的宏伟气势和气魄，君不见，就是一些中小城市，也都因地制宜地把建筑和环境之美巧妙地交织在一起。"君到姑苏见，人家尽枕河。古宫闲地少，水港小桥多”（杜荀鹤:《送人游吴》）。人家、枕河、古宫、闲地、水港、小桥，姑苏之美已不囿于单个的房屋建筑，而是把建筑之美融汇于城市环境美的整体画面之中了（图 2.21—图 2.24）。俱往矣，在人类跨入新纪元的今天，人们将会运用建筑科学和艺术的新观念、新思维、新手段，把建筑和城市打扮得更加美好——“把美还原给社会”[①]，还原给城市，也还原给建筑。

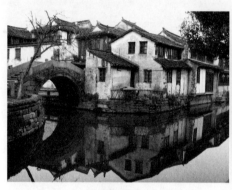

图2.21

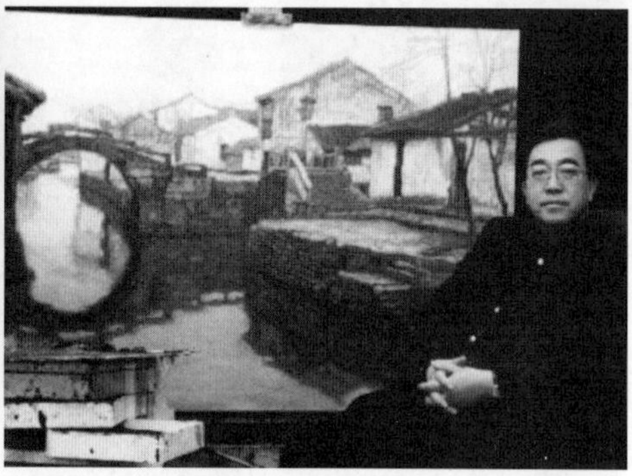

图2.22

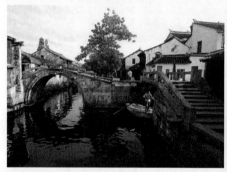

图2.23

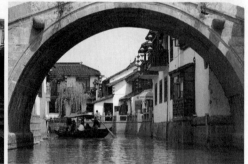

图2.24

图2.21 姑苏水港人家
图2.22 已故著名画家陈逸飞和他的写生油画《双桥》
图2.23 苏州周庄双桥之美
图2.24 苏州水乡“桥”之趣

二、三种诠释

美，从来就是建筑师们在创作中追求的崇高目标，“美的创作是建筑师的最高准则”[②]。除了凡夫俗子，不要“美”的建筑师是绝无仅有的，然而人们心目中的“建筑美”却不尽相同。这里概略介绍一下建筑美的三种诠释：

第一是“益美”说。

有用即美，这是一个古老的美学命题。“美是恰当的”、“美是有用的”、“美是有益的”。这类“益美”之说，自古有之。器皿美，因为它能盛物；车舟美，因为它能运行；房屋美，因为它能居住。正如鲁迅先生所做的精辟概括：“一

① 芦原义信.街道的美学（续五）[J].尹培桐，译.新建筑，1985(3)：53-58
② 托伯特·哈姆林.建筑形式美的原则[M].邹德侬，译.北京：中国建筑工业出版社，1982：5

切人类所以为美的东西，就是于他有用"，"倘不伏着功用，那事物也就不见得美了"（鲁迅：《鲁迅全集》）。

然而，奇怪的是作为与实用关系最为密切的建筑，它的"实用性"却曾经受到它的"美"的特性的冷落。在相当漫长的历史时期，建筑的美一度被"凝固"了——凝固成"音乐"，凝固成"风格"，凝固成"式样"，凝固成一种又一种僵化的模式。谈"美"必谈"式"，什么希腊式、罗马式、哥特式，什么英国式、法国式、意大利式、西班牙式，什么中国式、日本式……总之，各种固定的"格式"成了建筑美的化身。在复古主义盛行的历史时期，建筑艺术披上了各种古典的盛装，人们记住了结果，却忘记了原因——实用是万美之源。

难怪"实用"在一定的社会气候和土壤条件下要跑出来大声说话了。

于是，一个与实用、功利和效益相关联的建筑美学思想，像古老树根上的新芽，终于破土而出。这就是将近一个世纪以来流行于世界各地的"功能主义"。可以说，功能主义的建筑美学思想是近代"益美"说的最典型、最具权威性的代表之一。它主要有两种表现形态[①]：

首先是"比拟于生物"的美。建筑之所以见出美，在于它像生物那样有机构成、功能完善、内外协调，从而具有强大的生命力。一方面，"从有机躯体来看，一目了然，自然界是有意对称的；同理，建筑也应该是有意对称"[②]。——这是说明"对称"这种形式的建筑美与有机生命的比拟关系。另一方面，生物是"动的生命"，骨骼虽然对称，但是内脏器官并不对称；静止状态对称，运动状态并不对称；动物对称，植物并不对称。——这是说明"非对称"这种形式的建筑美与有机生命的比拟关系。在现代建筑的发展过程中，对"比拟生物"的功能主义建筑美学做出较大贡献的两个代表人物是美国建筑家路易斯·沙利文和弗兰克·劳埃德·赖特。早在 19 世纪末，沙利文就指出，既然功能"被看作是生命所必需的"，那么，建筑形式与其功能的关系自然应"被看作是美观所必需的"。为此，他提出了一个意味深长的划时

图2.25

代口号，叫做"形式追随功能"。就是说，建筑外在的形式美应当服从建筑内部功能的需要，建筑形式应当由内部功能自然形成，而不应当套用现成的历史式样，或是随心所欲地任意塑造（图2.25）。在沙利文功能美学思想的基础上，他的门徒赖特进一步提出了所谓"有机建筑"美论。什么是"有机建筑"呢？赖特解释说：

"现代建筑，让我们现在称它为有机建筑，即自然的建筑，为自然所拥有，

① 彼得·柯林斯.现代建筑设计思想的演变（1750—1950）[M].英若聪，译.北京：中国建筑工业出版社，1987：174-196
② 彼得·柯林斯.现代建筑设计思想的演变.（1750-1950）[M].英若聪，译.北京：中国建筑工业出版社，1987：175
③④ 弗兰克·劳埃德·赖特.论建筑艺术[J].张良君，译.世界建筑导报，1987（11）：20

图2.25 沙利文设计芝加哥百货公司首创的"芝加哥窗"

服务于自然的建筑。"③

这里包含两层意思：一是就建筑内部而言，建筑应像生物那样从内部功能"生长"出来，即"外型要和功能目的密切关联，各部分造型要互相吻合，这种种吻合互相构成一个整体"④。二是就建筑外部而言，建筑应像生物那样从山林中"生长"出来，像藤蔓那样匍匐在大地上（图2.26）。"建筑是自然的点缀，自然是建筑的陪衬。离开了自然环境，你欣赏不到建筑的美；离开了建筑，环境又缺少了一点精灵"①。比拟于生物的"有机建筑"美论，虽然从建筑内部机能和外部自然条件两方面深刻地揭示了建筑美的涵义，但是它的缺点是忽视了建筑的时代特征和社会功能，也抛开了城镇的历史文脉和人文环境。根据杰弗里·斯科特的看法，它是以"生物进化论"的准则代替了美学评价的准则②。

其次是"比拟于机械"的美。在认识上将美与简单的工具效用联系起来的想法可以追溯到遥远的上古时代，但真正作为一种美学思想和理论将建筑与机械相比拟则起始于19世纪中叶，发展于20世纪二三十年代。当人们对充满历史装饰、有着古典式样的新建筑感到厌恶的时候，建筑艺术及其美的出路何在？一些人联想到"生物"，而另一些人则联想到了"机械"。特别是由于面对以全新面貌出现的轮船、汽车、飞机和各式各样的现代化机械、器具乃至日用品，建筑家们清醒了。古代没有轮船，没有汽车，也没有飞机，工程师无法因袭旧式样，让它们"穿靴戴帽"地加以"美化"，也拒绝模仿古代的帆船和马车。怎么办呢？现代机械产品的外貌是工程师们从"其内部关系"及"科学和工业的数据推断出来"的；同理，"我们的工程师创作了建筑，因为他们使用一种从自然法则导出的数学计算"③，这便是受到勒·柯布西耶称赞的所谓"工程师的美学"。其实，早在这之前就有人提出："假如我们能使我们的民用建筑担负起像我们的造船业那样的任务的话，我们不久就一定会得到胜过帕提农神庙的大厦。"④到了20世纪20年代末，勒·柯布西耶以"住宅是居住的机器"的著名论点把"比拟于机械"的功能主义建筑美学思想推向了一个新的阶段。他极力主张将机械的实用性、精确性"移植"到建筑中，并和建筑造型的艺术性结合起来；他反对古典主义的虚假装饰，以便在功能合理的基础上去为建筑创造简洁明快的"机械美"。在法国的萨伏依别墅、马赛公寓及瑞士日内瓦国际联盟总部竞赛方案等一批著名作品中，他的机械美学思想得到了鲜明的体现（图2.27、图2.28）。用机械美的观点去解释建筑，表现了科学的时代意识；但也有人认为，作为特

① 弗兰克·劳埃德·赖特.论建筑艺术[J].张良君，译.世界建筑导报，1987（11）：20

② 彼得·柯林斯.现代建筑设计思想的演变（1750—1950）[M].英若聪，译.北京：中国建筑工业出版社，1987：184

③ 彼得·柯林斯.现代建筑设计思想的演变（1750—1950）[M].英若聪，译.北京：中国建筑工业出版社，1987：194

④ 彼得·柯林斯.现代建筑设计思想的演变（1750—1950）[M].英若聪，译.北京：中国建筑工业出版社，1987：187

图2.26

图2.26　建筑拥抱自然：赖特设计的芝加哥罗比住宅

图2.27

图2.28

① 彼得·柯林斯.现代建筑设计思想的演变（1750—1950）[M].英若聪,译.北京：中国建筑工业出版社,1987：191
② 黑格尔.美学（第一卷）[M].朱光潜,译.北京：商务印书馆,1972：161
③ 黑格尔.美学（第三卷上册）[M].朱光潜,译.北京：商务印书馆,1979：10

定环境下的建筑形象，毕竟不同于一般的机器，它具有机器所不可比拟的空间性、人文性和艺术性。彼得·柯林斯曾质疑道："一台机车仅仅有属性，帕提农则既有属性又有风格。过几年，今天最美的机车将会变成一堆废铁，帕提农则永远被歌颂。"①

第二是"愉悦"说。

黑格尔有一句名言："美只能在形象中见出。"②美在形式，美在形象，美在形象的完整、和谐、生动和鲜明，从而激起人的"愉悦性"美感。他以轻松愉快的笔调这样描述被称之为"愉快风格"的建筑、雕刻与绘画：

"在建筑、雕刻和绘画里，这种愉快的风格使得简单而雄伟的体积消失了，到处出现的是些单独的小型造像，装饰，珍宝，腮帮上的酒窝，珍贵的首饰，微笑，服装的形形色色的褶纹，动人的颜色和形状，奇特的难能可贵的然而并不显得勉强的姿势，如此等等。例如所谓高惕式或德意志式的建筑在追求愉快效果时，我们就看到无穷的精雕细刻的可爱的小玩意，使得建筑整体仿佛是一层又一层的无数的小柱，再加上一些塔楼和小尖顶之类装饰所堆砌成的，这些组成部分单凭本身就使人愉快，却也不至于破坏全体大轮廓和庞大体积所产生的总的印象。"③（图2.29）

黑格尔对包括建筑在内的艺术作品的"愉悦美"的描写可谓情真意切、酣畅淋漓。他描述了建筑形式美的一些表象，这和阿尔伯蒂关于建筑还要"打扮得漂亮"、"看起来快活"、"赏心悦目都是美和装饰引起来的"①等说法同出一辙。若问为什么某些建筑形式和形象能使人产生愉快呢？这

图2.27　建筑的机械之美：巴黎近郊萨伏依别墅
图2.28　建筑的功能之美：巴黎马赛公寓
图2.29　意大利米兰大教堂上部小柱及柱饰

图2.29

① 陈志华. 外国建筑史[M]. 北京：中国建筑工业出版社，1979：121

就涉及建筑外在美的规律和本质了。一种带倾向性的客观论解释是认为建筑的美在于其自身形象的优美，即从建筑审美客体的形体、结构、材料、色彩、装饰、质地、肌理等构图要素及其所构成的相互关系上，去寻找建筑美的原因。诸如建筑比例关系的协调，建筑各部分的和谐，建筑造型及空间构图的秩序，建筑色泽的鲜明等等。由于受毕达哥拉斯和欧几里德的美学思想的影响，长期以来建筑家们特别热衷于从几何和数字关系上去揭示建筑形式美的奥秘。他们运用正方形、正三角形、$\sqrt{5}$矩形、黄金分割比、圆形等几何原理去测定某些历史上的优秀建筑实例，从而惊人地发现这些建筑之所以使人感到赏心悦目、优美动人，原来大都是建筑形体本身所构成的几何数字关系在起着支配作用。其中尤以"黄金分割比"（1：1.618）对建筑美的形体比例影响最大。从古希腊的帕提农神庙到文艺复兴的圣彼得大教堂，从威尼斯的富人府邸到巴黎的雄狮凯旋门，无一不是显示了几何法则在建筑上所取得的奇妙的美学效应（图 2.30—图 2.35）。

因比例谐调而使人产生愉悦感的建筑美学思想，在新建筑中也同样得到了广泛的应用和发展。一些激进的现代建筑家，他们虽然反对照搬古典形式和繁琐装饰，但并没有否定以数学和几何比例为理性内涵的"和谐美"原则；相反，他们当中有的人还对此进行了更加深入、系统的研究和阐发。勒·柯布西耶在《走向新建筑》一书中，专辟一章论述新老建筑中的几何"控制线"问题。例如阿基米德穹顶的形式贯穿了直角三角形"3、4、5"的比例；米开

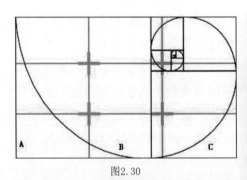

图2.30

图2.31

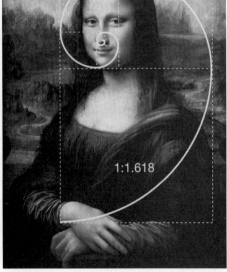

图2.32

图2.30　黄金分割曲线
图2.31　人体中的黄金分割比
图2.32　蒙娜丽莎：绘画作品中的黄金分割

图2.33

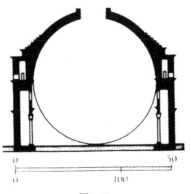

图2.34

① 勒·柯布西耶.走向新建筑[M].吴景祥,译.北京:中国建筑工业出版社,1981:54

朗琪罗设计的罗马议会大厦也是按照直角三角形来做控制线的,他还运用"黄金分割比"去分析人体比例,得出"理想模度",并用以指导自己的建筑创作,收到了预期的美学效果(图2.36)。勒·柯布西耶的结论是:"控制线是一种精神境界的满足,它引导我们去追求巧妙的协调关系,它赋予一个作品以韵律感","这就是在其帮助下设计出非常美丽的东西的控制线,也就是这些东西为什么这样美的原因所在"。①的确,古典的理性主义几何美学法则在现代建筑中仍然有着广泛的"用武"之地,当它与现代建筑的功能内容及技术条件相结合的时候,就有可能创造出以往时代所不可比拟的既新又美的建筑。

图2.33　罗马万圣庙立面的几何分析
图2.34　罗马万神庙剖面分析图示
图2.35　巴黎凯旋门
图2.36　勒·柯布西耶的人体模度

图2.35

第三是"表现"说。

在西方国家和日本,近年来曾出现一些逼近"真形实象"的建筑外观。比如日本建筑师山下和正设计的京都"人脸房屋",立面上出现了类似"嘴"、"眼"、"鼻"的形象;此外,如仿"人体"形象的生物陈列馆,仿"家禽"形象的食品店,仿"汉堡包"形象的售货厅等。这是一种近乎滑稽性的"广告建筑"或"玩笑建筑"。它们是模拟式的再现,而不是建筑美的真实表现,我们这里所要论及的"表现"美,并不包括这种特殊含义的建筑"艺术"。

如前所述,建筑因"功利关联"而显露其美,因"形式愉悦"而显露其美;不但如此,建筑还因其"意蕴或情感表现"而显露其美。希腊建筑

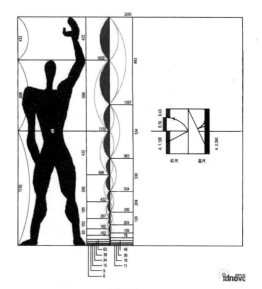

图2.36

①② 黑格尔.美学（第三卷上册）[M].朱光潜，译.北京：商务印书馆，1972：106

的明晰美，在于表现奴隶民主制的社会繁荣；罗马建筑的雄壮美，在于表现奴隶主专制帝国的显赫霸业；哥特建筑的崇高美，在于表现宗教的意识迷狂；伊斯兰建筑的深邃美，在于表现教徒们的忧郁虔诚（图2.37—图2.39）。这些都说明"建筑可以达到很高的成就，甚至能用它的素材和形式把上述内容意蕴完满表现为艺术品"①。但是，如果让建筑艺术的"表现"再向前跨越一步，到了一定程度，就会如黑格尔所警告的那样："建筑就已经越出了它自己的范围而接近比它高一层的艺术，即雕刻"②了。所以，建筑需要"表现"，但这种"表现"并不能脱离建筑艺术本体及其美的本义。

在近代及现代建筑发展史上，建筑美的"表现"一说曾盛行一时，而且至今还大有继续发展的趋势。其基本思想是通过建筑形式表现某种意义及观念，表现人的情感，表现一定的意境气氛，等等。总之，这类建筑"表现"，偏于通过建筑的形式与空间去表"情"达"意"，即倾心于建筑美的主观表现。当前流行西方及日本的后现代建筑学派，其中主张把建筑艺术理解为一整套能够表达"意义"和"观念"的信息和语言符号系统者不乏其人。美国的罗伯特·文丘里、查尔斯·詹克斯等人就认为对建筑"意义"的表达应当胜于对建筑形式美的追求。比如，为了表现生活现实和历史文化的"关联性"，就从古典建筑的柱式、山花、拱券等部件中提炼一些装饰符号，加以异化、分解、加工和重构等变形处理，融入现代建筑语言系统，运用在建筑创作中（图2.40、图2.41）。在持符号美学论的建筑家看来，由各种建筑部件和材料所组成的形态要素，诸如屋顶、墙壁、柱子、梁架、门窗、楼梯、地面及砖瓦木石等，犹似文学作品中的基本语素和语汇，而其形

图2.37

图2.38

图2.37 西班牙格拉纳达城阿尔汗布拉宫（红宫）庭院
图2.38 阿尔汗布拉宫伊斯兰建筑的精美细部
图2.39 印度泰姬玛哈陵

图2.39

图2.40

图2.41

① 查尔斯·詹克斯.后现代建筑语言[M].李大夏,译.北京:中国建筑工业出版社,1986:45-46
② 苏珊·朗格.情感与形式[M].刘大基,等,译.北京:中国社会科学出版社,1986:114

态构成关系则好比文章中的语法和句法。建筑师凭借建筑所特有的"语言系统"可以达成某种"意义"表现,去实现建筑美的认识功能。詹克斯在《后现代建筑语言》①一书中,以古典柱式、建筑风格及材料特性为例,从释义学的角度具体解析了建筑美的意义。比如,陶立克柱式粗犷刚劲,美如健壮男子;爱奥尼克柱式比例清秀,美如成年女性;而科林斯柱式纤细艳丽,美如窈窕少女。又如,古典式建筑寓意"单纯"、"直率"、"男性",哥特式建筑寓意"复杂"、"修饰"、"女性"。此外,木材的天性温柔,寓意"女性美";钢材的天性刚劲,寓意"男性美",如此等等。显然,这些都是为建筑美的"语义"性艺术表现寻求基本依据。

如果说建筑学界的语言符号论者主要倾向于建筑美的"意义"表现,那么美国著名的美学家苏珊·朗格则属于建筑美的"情感"表现论者了。她认为艺术是"情感表现的符号",建筑艺术是创造某种"虚幻的空间形式",因此,作为艺术的建筑,就应当通过"领域"、"场所"、"空间"来表现某种情感的"征象"。例如:住宅——"家"的形象、领域、符号;庙宇——"神"的领域、场所,即所谓"人间天上"的象征;陵墓——"死神的领地";教堂——人们心灵的"安息之地",一个统治着公众的"圣所"。故此,苏珊·朗格得出结论说:"由建筑师所创造的那个环境,则是由可见的情感表现(有时称作'气氛')所产生的一种幻象。"②"幻象"之说反映了主观唯心主义的学术观点,而且带有明显的神秘色彩,但明确地指出建筑艺术所具有的"情感表现"功能却并非子虚乌有。

与上述建筑美的"主观表现论"相对应的是建筑美的"客观表现论"。后者起始于现代建筑运动初期,在工业化社会中具有更加广泛的影响。其主旨在于表现客观外在的现实世界,如表现自然的旺盛生命力,表现时代和未来,表现"力"、运动和时间,直至表现建筑自身的功能、材料和结构,表现飞速发展的现代技术(图2.42—图2.45)。出现在20世纪初叶的德国的表现主义建筑、美国的功能主义建筑、荷兰的风格主义建筑、苏联的构成主义建筑以

图2.40 文丘里设计的伦敦英国国家剧院扩建部分
图2.41 英国国家剧院檐口细部

图2.42

及意大利的未来主义建筑（设想），等等，都多少带有"客观表现论"色彩。它们侧重表现客观对象，而不是表现主观自我；表现"物"，而不是表现"人"。今日的某些"高技派"建筑作品，像法国巴黎蓬皮杜文化艺术中心那种暴露结构、暴露设备的"翻肠倒肚"式的建筑艺术，就完全着眼于表现建筑功能和现代科技（图2.46—图2.48）。总的来说，建筑美的"客观表现论"比较符合建筑的固有物质本性，但如片面追求"表现"，就会走向机械主义的"唯美论"；而另一方面，建筑美的"主观表现论"，虽重视人的主观艺术意志，开拓了建筑艺术多元表现的广阔天地，但如走向极端，又会导致主观主义的"唯美论"。西方今日的某些形式主义、唯美主义的建筑艺术，正是这两种"表现论"在"极端"情况下的殊途同归。

图2.42　现代高层建筑的技术材料表现
图2.43　香港汇丰银行
图2.44　伦敦劳埃德保险公司总部大楼
图2.45　伦敦圣玛莉艾克斯30号大楼

图2.43　　　　　　图2.44　　　　　　图2.45

图2.46

图2.47

图2.48

①② 陈志华. 艰难的探索——读《理性与浪漫的交织》[J]. 新建筑, 1988(4)：44-46
③ 萧默. 浅论建筑"美"和"艺术"[J]. 建筑学报, 1981（11）：44-46

三、建筑美新解

人们为了创造美的建筑，总是力求对建筑美的意义作出各自不同的解释。如上所述，持"益美"论者，强调建筑美的功利性，认为建筑物的美是由功能派生而出；持"愉悦"论者，强调美的形象性，认为建筑物的美自有其外在形式美的规律；持"表现"论者，强调美的蕴含性，认为建筑物的美应能表达某种意义、思想、情感及外在的客观世界。那么，建筑究竟以何为"美"呢？复杂的建筑美学现象、层出不穷的建筑美学问题吸引着我国建筑学者的关注，他们力图从新的角度，多方位、多层面地进行思考。

一是"新功能论"。认为建筑师在创作过程中一般"并没有塑造什么艺术形象，只不过在复杂而严格的功能、技术、经济条件下尽量按照形式美的法则推敲外形罢了"①。这一看法基本否定建筑艺术的传统观念，从而也基本否定除了"形式美"以外的任何建筑"艺术美"的形式。要说建筑的艺术性，那么它只能与古代的宫殿、庙宇、教堂、陵寝等建筑形式结缘，而与关系国计民生的一般现代建筑无关。就是说，对于普通的公共建筑和民用住宅，"很难说它们有什么艺术形象"②。在这里，"新功能论"强调建筑美的功利关联性和技术合理性，主张结合现实的物质经济条件，并遵循形式美法则去创造"美"的新建筑，这是无可置疑的。但问题在于，它并不能解释当今世界那种复杂的、多元的建筑艺术现象，从而也无法全面地阐释建筑美的涵义。

二是"两层次论"。即认为建筑物的美，可划分为"形式美"和"艺术美"两个层次：前者只具有一般形式上的审美性质，如对比、协调、均衡、对称、虚实、色彩、质感等；后者除此之外，还具有较强的思想性和艺术性，并着力于某种"气氛"的渲染和"意境"的创造，因而"属于真正的艺术行列"③。同这种"两层次论"相近似的是建筑美的所谓"负正论"。这一提法新颖而独特，它主张建筑应有"正负"之别，而"建筑的正负之别，主要在于是否具有艺术性"。有艺术性的为"正建筑"，即传统观念的建筑（Architecture）；

图2.46 巴黎蓬皮杜文化中心图
图2.47 蓬皮杜文化中心外部自动扶梯
图2.48 蓬皮杜文化中心自动扶梯筒内景

① 郑光复. 负正论：建筑本质新析 [J]. 新建筑，1984（2）：10-13

没有艺术性的为"负建筑"，即一般意义上的"房屋"（Building）。前者主要包括影剧院、图书馆、博物馆、俱乐部、夜总会和游乐场等这些"偏重精神生活的建筑"，后者主要是住宅、医院、商店、航空港、车站、码头、工厂和仓库等日常生活中物质功能性的建筑（图2.49—图2.53）。在指出"正"、"负"两种建筑各自表现出不同的审美价值及其相互联系、渗透和转化的同时，笔者着重强调了具有一般"形式美"特性的"负建筑的重要性"①。与"新功能论"相比，这种"两层次论"或"负正论"对廓清建筑美的意义具有更大的涵盖性，特别是"负正论"的整体辩证分析，已经逼近了多层次的系统建筑美学观念；其不足之处是对"负"、"正"建筑美的两种表现形态及内涵分析，尚未充分具体地展开。

三是"系统"的建筑美论。即把建筑美的意义放在宏观的建筑大系统中去考察，一反传统的从功能到形式的"线性思维模式"。具体来说，它按照物质功能和美学属性将建筑划分为"B"、"A"、"BA"三个类别，并提出了建筑艺术的所谓"部类效应"概念："美的形态不同，自然导致所遵循的美学法则不同。B部类建筑主要遵循技术美学法则，侧重合目的性的功能美与合规律性的技术美的辩证统一，精神功能主要停留于满足形式美的美化要求；A部类建筑既要遵循形式美学法则，还要遵循艺术美学法则；而BA部类建筑则处于二

图2.50

图2.49

图2.51

图2.52

图2.53

图2.49 博物馆="正建筑"？图为美国纽约大都会博物馆
图2.50 纽约大都会博物馆一角
图2.51 博物馆="正建筑"？图为北京首都博物馆
图2.52 住宅="负建筑"？图为加拿大卡尔加里市中心区某公寓
图2.53 小住宅="负建筑"？图为卡尔加里市一独院式住宅

者之间的'中介区'。"①

图2.54

① 侯幼彬.系统建筑观初探[J].建筑学报，1985（4）：22-26
② 黑格尔.美学（第一卷）[M].朱光潜，译.北京：商务印书馆，1972：25
③ 尼古拉斯·佩夫斯纳.现代设计的先驱者：从威廉·莫里斯到格罗皮乌斯[M].王申祜，王晓京，译.北京：中国建筑工业出版社，1987：4

上述"系统"建筑美论，较之"新功能论"、"两层次论"及"负正论"，在运用科学思维方法、突破传统模式、揭示建筑美的意义方面，向前大大跨进了一步。但是，对现实生活中千变万化的建筑美学现象，仅仅根据习见的建筑类型及其"精神功能"的有无和强弱，把它们机械地约束在有限的几种"部类"模式上，且以此区别其艺术属性的等级及审美效应的高低，那就值得商榷了。因此，"系统"的建筑美论也还没有完全解决建筑美的意义问题。

柏拉图（图2.54）指出：美不是个别事物的美，而是"美本身，善本身，和真本身"②。"系统建筑观"的宗旨在于揭示和分析建筑部类的"美学归属"，而我们则要建立一个建筑美的完整观念。的确，建筑"美"的领域存在着精神性、艺术性的有无和强弱，但所有这些，能否笼统地按照建筑的"部类"属性来划分呢？不能，甚而完全不能这样去划分。如果这样划分，那么，事实上就是把作为建筑"对象"的精神属性和作为建筑"作品"的精神属性混淆起来了。众所周知，这种混淆曾经是一种历史的偏见。例如，在古典主义那里，所谓建筑艺术，其实就是"宫殿庙宇"式的艺术，而一般生活性的民用建筑在艺术的"圣殿"面前只有退避三舍。在这种情况下，建筑的所谓"艺术"必然沦为服务于少数人的"御用"工具。早在19世纪，英国的莫里斯就曾指出："我不愿意艺术只为少数人效劳"，"要不是人人都能享受艺术，那艺术跟我们究竟有什么关系"？他认为"一个普通人的住屋再度成为建筑师设计思想的有价值的对象，一把椅子或一个花瓶再度成为艺术家驰骋想象力的用武之地"③（图2.55、图2.56）。人们敏锐地发现，用"部类属性"的艺术偏见来解释20世

图2.55

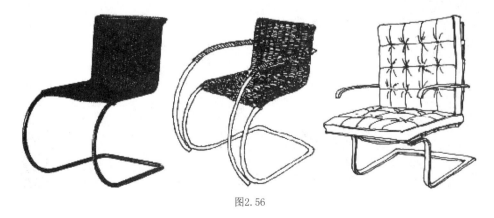

图2.56

图2.54 柏拉图（约前427—前347年），古希腊哲学家
图2.55 密斯早期设计的德国斯图加特市公寓住宅
图2.56 密斯设计的椅子

纪的现代建筑艺术,已经越来越不适应了。在现代建筑的群芳谱中,表现了高度思想性、艺术性而又被世人传颂的精彩作品,不尽然都是些"阳春白雪"(我指的是那些"受宠"的大型公共建筑以及某些文化艺术性建筑),而常常也包括那些"下里巴人"(我指的是那些"不起眼"的住宅或普通公用建筑)。许多著名的现代建筑作品,如赖特设计的"流水别墅"、密斯设计的吐根哈特住宅、勒·柯布西耶设计的萨伏依别墅以及后现代建筑师文丘里、格雷夫斯、艾森曼等人分别设计的众多小住宅①,从其类型属性来说,将它们划为"B部类"建筑也许恰如其分;但是依其作品所达到的实际艺术成就,依建筑师在这些作品中所显示出来的创造精神、思维深度和娴熟技巧,把它们列入更高艺术层次的"A部类"建筑,却是毋庸置疑和当之无愧的(图2.57—图2.65)。我们能说这些作品没有"精神性"和"艺术性"吗? 就算这些住宅建筑带有某种"富裕"、"豪华"等特点不足为据,那么,像法国的马赛公寓、英国的拜克住宅群、加拿大的蒙特利尔"67号"住宅、著名的西柏林国际住宅展览会作品以及我国在北京建成的"台阶式花园住宅",等等,不都是一些极普通的社会住宅吗! 它们同样以其独特的"形式美"、"精神美"和"艺术美"而赢得世人的称赞(图2.66—图2.69)。

看看我国建筑界和文化艺术界的人士是怎样评介北京的"台阶式花园住宅"吧:

"住宅均为五层,每户仍控制在几十平方米左右,并采用一般建筑材料和施工方法。但与'一抹平、一刀切、行列式'的一般住宅楼不同,不仅使每户在高密度条件下都有一个十平方米的小花园(在地面或屋顶),而且使多层的建筑体型上小下大、凹凸有致、体型活泼、阴影变化丰富,加之鲜明的色

图2.57 赖特设计的流水别墅

图2.57

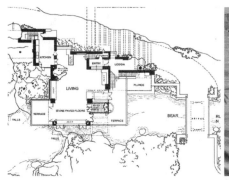

图2.58

图2.59

① 该"台阶式花园住宅"在1989年被评为我国优秀建筑艺术设计作品之一,此为评委会推荐评语。参见吕俊华.台阶式花园住宅系列设计[J].建筑学报,1984(12):14-15

图2.61

图2.62

图2.60

图2.63

图2.64

图2.65

图2.58 流水别墅平面
图2.59 流水别墅居室一角
图2.60 流水别墅餐室一角
图2.61 密斯设计的吐根哈特住宅
图2.62 吐根哈特住宅居室一角
图2.63 萨伏依别墅螺旋楼梯
图2.64 勒·柯布西耶设计的萨伏依别墅
图2.65 萨伏依别墅屋顶院庭
图2.66 加拿大蒙特利尔67号住宅
图2.67 蒙特利尔67号住宅体块构成

图2.66

图2.67

块对比和小区室外环境的衬托,使花园住宅富于亲切感和人情味,对提高现代城市景观的视觉艺术质量有现实的积极意义。"①

谁能说普通的住宅之类的民用建筑没有思想性、精神性和艺术性呢,谁

① 朱光潜.西方美学史（上卷）[M].北京：人民文学出版社，1963：70
② 美国美学家苏珊·朗格的观点。

图2.68　　　　　　　　　　　图2.69

能说"貌不惊人"、"标准不高"的大量性建筑搞不出"新名堂"？"台阶式花园住宅"就是一例。亚里士多德说过："艺术是创造而不是行动。"①在这种"台阶式花园住宅"中，建筑师以其超群脱俗的想象力、巧妙独到的艺术构思冲破了"部类属性"的框框，融低层住宅的"花园式"和多层住宅的"集合式"之优点于一炉，这本身就是一种艺术创造。作为"美"的建筑艺术，正是在建筑师们这种非凡的创造力中表现出来。当人们对这类住宅表现出"亲切感"，体会到"人情味"，并注视其"凹凸有致"、"变化丰富"的外观形象时，他们所感受和享受到的东西不是已经超越单纯"形式美"、"技术美"的范畴，而达到"精神美"和"艺术美"的境界了吗！这就告诉我们，"任何艺术作品的价值不取决于它所表现的对象是什么，而取决于怎样表现"②（图2.70—图2.72）。

当然，我们并不完全否认建筑的艺术属性和其"部类"之间在一定条件

图2.68　吕俊华设计的北京台阶式花园住宅
图2.69　北京台阶式花园住宅一角
图2.70　赖特设计的普通高层建筑——普赖斯塔楼
图2.71　普利兹克奖得主(2012)——中国建筑师王澍设计的杭州钱江时代小区高层公寓
图2.72　钱江花园公寓夹层阳台

图2.70　　　　　　　图2.71　　　　　　　图2.72

下的相互联系，但是，这种联系并不是必然的、绝对的。决定建筑艺术属性的有无和强弱，除了建筑对象的客观因素之外，关键还在于建筑家的艺术意图和审美追求，即在于主观适应客观的能动性艺术表现。一幢看似平凡的住宅、公寓，可以因饱含建筑家的大智大睿和创造精神而成为具有"艺术"审美价值的建筑（Architecture）；反之，一幢拔地而起的高楼大厦，乃至一座精神性极强的"文化艺术中心"，也可能因设计的疏陋而变成文化艺术价值不高的"房屋"（Building）。那种没有艺术性的"艺术性建筑"、没有精神性的"精神性建筑"，难道我们不是经常见到吗？当今，建筑与城市的环境艺术方兴未艾，艺术已经不是少数建筑部类的"专利"，艺术属于整个环境。从某种意义上说，凡建筑皆可成为艺术，皆可成为"艺术"的审美对象，只是其艺术和美的性质不同、特点不同、表现形式不同。不管何种建筑、何种环境要素（一个商店、一把坐椅、一块石头、一方铺地），它们一旦被"投掷"于城市的特定环境之中，而又能表达出创作主体的艺术意念，就必然会产生某种艺术效应，因而也就和艺术"联姻结缘"了。就是说，"艺术已经从高高在上的宝座走向生活"[①]——这，才是当今环境艺术的真谛。

① 布鲁诺·赛维.现代建筑语言[M].席云平，王虹，译.北京：中国建筑工业出版社，1986：65

综上所述，无论是激进的"新功能论"也好，辩证的"两层次论"也好，以至系统的"部类论"也好，它们都只是从一定的角度诠释了"美的建筑"。但是，"美的建筑"≠"建筑的美"。那么，"建筑的美"，其意义究竟何在呢？概括地说，它是由建筑的美"因"（物质功能"因"和科学技术"因"）、美"形"（审美形式和艺术形式）、美"意"（精神和意蕴）、美"境"（自然环境和人文环境）、美"感"（审美主体和审美客体）等要素所构成的"开放式索多边形网络"。至于具体建筑作品的美学品格、美学倾向和美学归属，则取决于它们在这一"网络"中如何游动、如何定位罢了（图2.73）。这种"游动"和"定位"，在"网络"所界定的参照系内，将带有较大的选择度和自由度。它们究竟"游"向何方、"定"在哪里，在很大程度上又取决于建筑家们在遵循"美"的客观规律的基础上对建筑艺术及其审美尺度的主观把握。

结论：建筑美是一个开敞的索多边形"网络"，而美的建筑（作品）只是其中的某个游移不定的"棋子"。

建筑的"美"——一个比较"开放"的概念。

"美"的建筑——一个富于"变动"的概念。

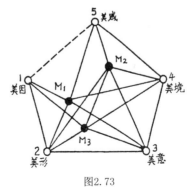

图2.73

图2.73 建筑美的"网络"（M_1、M_2、M_3代表具体建筑作品）

第三章　建筑美的特性

相传,古代西方有一位年轻、漂亮的歌手,有一天,他用音乐女神缪斯交给他的一把神奇的七弦琴弹奏着美妙动听的乐曲。一曲终了,山岳动容,万物起舞,连周围的房屋建筑、砖瓦木石也翩翩响应,转而化为固体的"音符",继而组成了"凝固的音乐"。

音乐是美的,音乐的美附着在建筑的物质媒体上才使建筑产生了美的旋律。这虽是一个神话般的传说,不足为信,然而它却道出了一个事实:建筑的美具有"依存性",它依赖于物质材料而存在,受着工程技术的制约。好吧,我们对于建筑美的若干特性的讨论,就从这里揭开序幕……

一、依存和纯粹

关于建筑的物质材料和工程技术属性,由下列说法即可见其一斑:

——建筑是"石头的史书";

——建筑是"木头的画卷";

——建筑是"混凝土的诗篇";

——建筑是"钢铁和玻璃合奏的交响曲";

……

其中,在世界上广为流传的要算是以所谓"石头的史书"来比拟于建筑了。你看,那耸如高山、恢宏阔大的金字塔,是由石头砌筑而成的;那连绵万里、蜿蜒盘垣的古老长城,是由石头砌筑而成的;那工程浩大、技艺精湛的古罗马斗兽场、输水道,也是由大量的石块建筑而成的;还有,雅典卫城的千年遗迹、圆明园内的残壁废墟,无一不是这部"石头史书"中留下的历史见证(图3.1—图3.3)。如今,纯粹用天然石块建造房屋的现象已不像古代那样普遍,但随着混凝土这类"人工石材"的大量采用,建筑这部"石头的史书"仍然在谱续着绚丽、璀璨的新篇章(图3.4、图3.5)。

图3.1

图3.2

图3.3

图3.1 古罗马斗
兽场
图3.2 古罗马输
水道
图3.3 北京圆明
园废墟

① 朱光潜.西方美学史（下卷）[M].北京：人民文学出版社，1963：361
② 黑格尔.美学（第一卷）[M].朱光潜，译.北京：商务印书馆，1979：105
③ 勒·柯布西耶.走向新建筑[M].吴景祥，译.北京：中国建筑工业出版社，1981：280

图3.4

图3.5

图3.6

图3.7

图3.4 加拿大卡尔加里市儿童科学活动中心素混凝土墙面
图3.5 蒙特利尔自然生态博物馆肋形棋顶
图3.6 康德（1724—1804年），德国古典哲学创始人
图3.7 黑格尔（1770—1831年)德国客观唯心主义哲学家

　　建筑的美，历来对石头等各种物质材料产生巨大的依赖性，而且正是在这一点上，人们把建筑同绘画、音乐、戏剧、文学等非物质性的艺术门类严格地区别开来。康德（图3.6）曾对现实世界的"美"做了两类区分：第一类属"纯粹的美"，第二类属"依存的美"。前者仅仅"通过它的形式来使人愉快"，所以只是一种"纯形式的美"，又称"自由的美"；后者则是"依存概念"、"计较利害"、"计较目的、内容和意义"的美，即所谓"有条件的美"①。建筑的美属于哪一类呢？康德在这里没有明确指出，不过按照其理论分析，建筑美显然应归于"依存的美"，因为它要直接受到物质"概念"和功能"利害"的制约。就是说，建筑美的存在是"有条件"的，即"依存"于一定的物质功能和工程技术条件而存在、而表现的。

　　同康德相比，黑格尔（图3.7）则说得更为明确而辩证了。他首先指出建筑美的素材是"受机械规律制约的笨重物质堆"，同时又强调"建筑的任务在于对'外在的无机自然'进行加工，使它与心灵结成血肉的联系，成为符合艺术的外在条件"②。即建筑的美既要服从"机械规律"的制约，从而带有某种"依存性"；又要按照美的规律去造型，从而带有某种"纯粹性"。只有二者的有机结合和统一，才能反映建筑美的本质特征。

　　黑格尔这一"依存"和"纯粹"相统一的美学思想，在现代建筑家那里得到了进一步发展。勒·柯布西耶指出：受"工程法则"制约的"工程师的美学"与建筑艺术本来就是"相互依赖、互相联系"的两件事。"工程法则"使建筑与宇宙的自然规律协调起来，而建筑师则通过他对形体的安排，表现了一种式样，这象征着"他个人精神的纯创作"，达到"纯精神的高度"③。这里的所谓"纯创作"、"纯精神"，就是在尊重客观物质和材料结构性能的基础上，经过造型艺术处理使建筑产生丰富的光影效果和明暗变化，从而激发人们"雕塑性的美感"。在他设计的作品中，出现了大量方形、矩形、棱柱、圆筒等简单的几何形体，直线、斜线、曲线等规则或不规则性的几何图线，这样既可以充分地表现混凝土材料的可塑性能，又能使建筑获得单纯质朴、简洁生动的美学效果。他于20世纪50年代设计的法国乡间朗香教堂，更以其矫健而又柔美、粗犷而又奇特的建筑形体，把现代混凝土的材料特性及其在造型上的艺术表现力发挥得淋漓尽致（图3.8—图3.11）。勒·柯布西耶倡导的新建筑"五个特点"①，更是具体地图释了建筑美既"依存"又"纯粹"的双重特性。这五个特点是：①建筑的底层架空；②屋顶花园；③自由平面；④自由立面；⑤水平带形窗。其中，"底层架空"、"屋顶花园"主要旨在表达混凝土框架结构的内在逻辑和科学概念，而"自由平面"、"自由立面"及"水平带形窗"则意味着建筑艺术形象独立而灵活的创造。如果说前者的"美"着重体现建筑对于材料结构的"依存性"，那么后者的"美"则着重体现建筑创作精神的"纯粹性"。它们互为依托、相辅相成，才能把作为混凝土框架结构体系的现代建筑美学特征完满地表现和塑造出来。

另一位以设计新结构著称的意大利建筑家P.L.奈尔维也曾经指出："建筑现象具有两重意义，一方面，是由服从客观要求的物理结构所构成；另一

① 罗小未.勒·柯布西耶［J］.建筑师，1980（3）：5

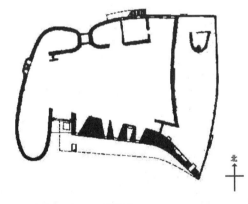

图3.8

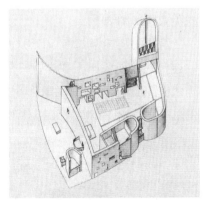

图3.9

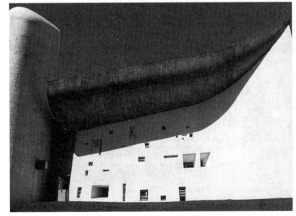

图3.10

图3.11

图3.8 朗香教堂平面
图3.9 朗香教堂空间剖视图
图3.10 朗香教堂主墙面
图3.11 朗香教堂檐角

① P.L.奈尔维.建筑的艺术与技术[M].黄运昇，译.北京：中国建筑工业出版社，1981：1
② P.L.奈尔维.建筑的艺术与技术[M].黄运昇，译.北京：中国建筑工业出版社，1981：9
③ P.L.奈尔维.建筑的艺术与技术[M].黄运昇，译.北京：中国建筑工业出版社，1981：6

方面，又具有旨在产生某种主观性质的感情的美学意义。"①他同样从"依存"和"纯粹"两个方面揭示了建筑美的特性，这就是物质和精神、技术和艺术、材料和造型、工程和审美的统一。奈尔维强调指出，这种统一"必须是一个技术与艺术的综合体，而并非是简单的技术加艺术"②。怎样才能做到这一点呢？历史上的一些优秀建筑艺术可以给我们以有益的启迪。

埃及古代的卡纳克（Karnak）等神庙建筑，其"大柱厅"中有着几十根整齐排列的粗大石柱，它们的直径几乎和柱间距相等（1∶1.5以上）；那密集向上的"柱林"空间显得异常厚重、局促、沉闷，从而造成了某种恐怖、神秘和令人敬畏的宗教气氛。但是，建筑作品的这一特殊效果的取得，并没有脱离材料结构去虚假地臆造和"艺"造，而是在当时技术条件下采用粗石承重和石砌梁柱结构的必然产物（图3.12、图3.13）。

古希腊神庙建筑，其外部的山墙、柱廊，一般都采用中跨间距相等、边跨间距稍稍减小的做法，以求得造型上的均衡、稳定和变化。但仔细观察，这一建筑造型处理同样是出于对技术和艺术的综合考虑，它使得柱子上面的额枋、大梁在尺寸上达到统一，以便于构件的制作施工，又可获得相应的形式美效果（图3.14）。

再有，巴黎圣母院等一类哥特式建筑，它们更是达到了运用结构手段获取建筑艺术形象的光辉成就。其中厅内部缕缕交叉的拱肋和竖矗挺拔的支柱连成一气，结构逻辑清晰，空间条理分明，并且具有完美、生动而富于变幻的艺术形象，"表现了那些高超的建筑家们清晰而深刻的想象力"③（图

图3.16

图3.12　埃及卡纳克阿蒙神庙
图3.13　埃及鲁克索阿蒙神庙柱廊
图3.14　古希腊神庙模型
图3.15　巴黎圣母院教堂中厅
图3.16　教堂外侧支柱结构

图3.12　　　　　　　　　　图3.13

图3.14　　　　　　　　　　图3.15

图3.17

3.15、图 3.16）。

此外，1889 年落成的"惊世之作"——巴黎埃菲尔铁塔，也是结构技术和建筑艺术的美妙结晶。奈尔维从技术与艺术结合的角度，高度评价了这座高达 300 余米的冲霄铁塔，但他也尖锐地批评了塔体底座部位那个"大圆拱"的虚假性，认为这是个"纯装饰的构件"，它造成了塔体上下层关系的某种"不和谐"[①]（图 3.17、图 3.18）。

作为集结构工程师和建筑艺术家于一身的奈尔维，创造性地汲取了历史上的建筑经验，在罗马小体育宫、佛罗伦萨市立球场（现称弗朗基球场）和巴黎联合国教科文组织总部会堂等一系列著名建筑作品中，他把现代钢筋混凝土结构技术和富有个性的艺术精神成功地结合起来，为"石头的史书"增添了新的一页。这就不难理解他为什么会博得举世公认的"混凝土诗人"的称号了（图 3.19—图 3.22）。

人们注意到，在探索"技术与艺术"相结合的过程中，建筑家们选择了不同的途径。其焦点仍然是装饰问题。请看 19 世纪末叶两位建筑学家发表的不同见解：

① P.L.奈尔维.建筑的艺术与技术 [M].黄运昇，译.北京：中国建筑工业出版社 1981：9

图3.18

图3.19

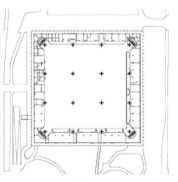

图3.20

图3.21

图3.22

图3.17 埃菲尔铁塔的建造
图3.18 埃菲尔铁塔外形
图3.19 奈尔维设计的罗马小体育宫 Y型支柱
图3.20 都灵劳动宫平面
图3.21 奈尔维设计的意大利都灵劳动宫内景
图3.22 巴黎联合国教科文组织总部会堂顶部

① 彼得·柯林斯.现代建筑设计思想的演变（1750—1950）[M].英若聪，译.北京：中国建筑工业出版社，1987：148

② 尼古拉斯·佩夫斯纳.现代设计的先驱者：从威廉·莫里斯到格罗皮乌斯[M].王申祜，王晓京，译.北京：中国建筑工业出版社，1987：9

③ "龟纹"、"羽毛"一类自然性词语是赖特等人对建筑与其外部装饰之间有机、内在关系的生动比喻。

④ 李大夏.今日之形，昔日之影——于路易·康逝世十周年之际回顾其建筑理论与实践[J].建筑师，1984（22）

一是罗伯特·克尔的"外衣—装饰"说："建筑显然只是件服装。艺术家的铅笔，像魔术师的魔杖那样，用服装将一座单调的、死气沉沉的房子变得相当富于表情。因此，它更恰当地应该称作建筑意匠。"克尔还认为"这服装主要是由装饰构成的"，即所谓"结构装饰化"和"装饰结构化"①。

其次是路易斯·沙利文的"反'外衣—装饰'"说："如果我们能够在若干年内抑制自己不去采用装饰，以便使我们的思想专注于创造，不借助于装饰外衣而取得形式秀丽完美的建筑物，那将大大有助于我们的美学成就。"②

多么对立的两种"装饰"观点！其实，现代建筑运动并不笼统地反对装饰，相反，包括以沙利文、赖特为代表的"有机建筑"学派在内，也都认为装饰是一种普遍存在的自然现象。按照"有机建筑"论者的描绘，装饰之于自然，犹如龟背上有"龟纹"，鸟身上有"羽毛"，贝壳上有"色泽"，鱼背上有"鱼鳞"，树枝上有"树叶"，植物上有"鲜花"，如此等等③。就建筑来说，关键的问题是怎样认识和对待装饰。建筑装饰在不同时期有着不同的概念。如上所述，一种观点认为装饰只是一件穿在人体外面的"服装"，它是作为建筑上单纯起"美化"和"外饰"作用的"附加物"而存在，其与技术本身并无内在联系。这种"技术加艺术"的装饰观念已为许多现代建筑师所唾弃。与之相对立的第二种观点则反对装饰的"强加性"，而主张装饰的"有机性"。其原因很简单，好比龟背上只能长出"龟纹"，而不能长出"羽毛"；鸟儿身上只能长出"羽毛"，而不能长出"龟纹"。显然，罗伯特·克尔的主张属于前者，而沙利文的主张则属于后者。沙利文正是要通过抛弃强加在建筑上的"装饰外衣"，运用现代技术手段，使建筑具有反映技术内涵的"秀丽完美"的外貌。

现代建筑师们大都赞成沙利文的上述有机美学思想，他们充分理解结构逻辑，注意发挥材料性能，并善于从结构和材料中引出"装饰性"的美感。一次，美国著名建筑师路易·康来到建筑施工现场，他同一群大学生兴致勃勃地谈起砖和石头这类建筑材料的结构性能时说道：若是想用"砖"作材料，就应当向"砖"发问："你喜欢成为什么样子，砖？""砖"回答："我爱拱券。"④的确，路易·康深谙砖这类材料所"喜欢"的习性，他采用砖材设计了一座又一座带"拱券"的建筑，其中有半圆拱、1/4弧拱、平弧拱、弦拱、拱形窗和拱形洞等各种各样、五花八门的砖拱形式。"拱"，常常成为其作品中蕴含着技术内容和审美创造的"装饰主题"。它不仅充分发挥了砖材的抗压性能，而且取得了简洁而又丰富、平凡而又奇妙的艺术表现力。这，大概就是建筑美中的"技术"和"艺术"、"依存"和"纯粹"相统一的生动写照吧（图3.23—图3.27）！路易·康的成功在于融结构技术与装饰艺术于一炉，力求达到工程和审美的完美统一。他设计的宾夕法尼亚大学医学研究楼是另一个久负盛

① 《建筑师》编辑部.外国名建筑 [M].北京:中国建筑工业出版社, 1988:184

图3.23

图3.24

图3.25 图3.26 图3.27

名时的现代派建筑作品,其结构采用框架承重和空腹横梁楼板,从中能沿水平方向铺设管道,且可省去吊平顶;同时,将主体结构所形成的"被服务空间"和辅助部分的"服务空间"脱离开来,在建筑立面上形成一组高耸、细长的"簇塔",使建筑形体与线条显得挺拔有力,造型新颖、别致而独特。当有人问他:"你认为这栋房子是建筑上的成功,还是结构上的成功?"路易·康爽朗地回答:"它的构件和形状合乎逻辑地关联着建筑上的需要,以至建筑和结构密不可分。"① (图3.28—图3.31)

现代建筑家们都有利用材料结构性能进行建筑艺术创造的高超技巧——有的善于运用石头材料的天然质感,有的善于运用混凝土材料的可塑性能,有的善于运用砖头材料的抗压强度,有的善于运用钢材的拉力和玻璃的透明、平整、光洁或镜面反射的特性,等等。总之,这些"无生命的物质堆",一旦经过技术和艺术的巧妙结合和处理,化为空间的形式和秩序,它们就显示出

图3.23 路易·康 (1901—1974年), 美国现代派建筑师
图3.24 阿赫姆德 巴德的印度经济管 理学院宿舍楼
图3.25 印度经济 管理学院宿舍楼砖 栱
图3.26 美国德州 金贝尔美术馆
图3.27 金贝尔美 术馆栱顶

① W.沃林格.抽象
与移情[M].王才
勇,译.沈阳:辽
宁人民出版社,
1987:101
② W.沃林格.抽象
与移情[M].王才
勇,译.沈阳:辽
宁人民出版社,
1987:23

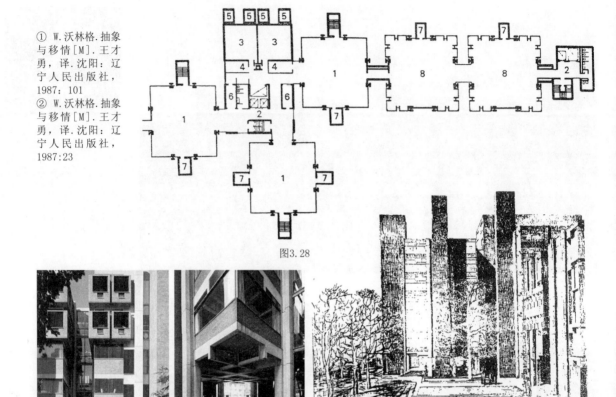

图3.28

图3.30　　　　　　　　图3.31　　　　　　　　图3.29

图3.28　宾州大学
医学研究楼标准层
平面,图中数字标
注分别为实验室、
交通设备等服务和
被服务空间
图3.29　美国宾州
大学医学研究楼透
视草图
图3.30　宾州大学
医学研究楼一角
图3.31　宾州大学
医学研究楼的转角
挑梁

旺盛的生机和巨大的魅力,同时也获得独特的"装饰"意味和审美效果,从而使许多现代建筑变成一幢又一幢没有装饰的庞大"装饰物"。罗伯特·费舍尔指出:"所有造型艺术在深层本质中都是一种装饰物。"①建筑也绝无例外。建筑本身就是用石头、木头、混凝土、金属、玻璃等各种材料所构成的某种抽象的"装饰物",无怪乎人们要说建筑是"石头的史书"呢!不,建筑还是"木头的史书","砖头的史书","混凝土、钢铁和玻璃的史书"——是一部与建筑有关联的一切新老物质材料的"史书"。

二、抽象和象征

如果说,20世纪"现代艺术运动中最显著的特征"是"抽象化"②;那么,现代建筑艺术则处在这种"抽象化"的前列。如果说,绘画、雕刻艺术的"抽象化倾向"在很大程度上是由艺术家的"艺术意志"和审美追求所致;那么,现代建筑艺术的"抽象"形式则是建筑固有特征的外在审美表现。

什么是艺术和美的抽象性呢？简单地说，所谓"抽象"，就是艺术中所要表现的对象要"异于其原型"①，并把这种"原型物"简化和表现为某种几何倾向的东西。好比阿拉伯的抽象图案，它来自大自然中的植物花草，却又不同于花草原型，其间已经进行了几何性演变的抽象处理（图3.32）。抽象的对立物是"具象"，与抽象相关联的概念是"象征"。建筑的美就是一种抽象的美，象征的美。抽象一旦与某种"原型"、"意义"发生直接的或间接的联系，它就会变成象征。所以，黑格尔明确把建筑列为抽象表达意念的"象征型艺术"。

在中外建筑历史上和现实世界中，背离建筑美的抽象本性，简单地把"具象"强加于建筑，乃是不乏其例的。远的不说，20世纪70年代末，中国建坛曾出现过一场所谓"'火炬'还是'红辣椒'"的有趣争论。说的是当时刚落成的湖南长沙火车站及其中央钟塔上那个红色"宝顶"，建造者的本意是将它塑造成"火炬"形象，喻义"星星之火，可以燎原"。但实际的效果如何呢？其形象并不像"火炬"，倒像是一只凌空朝天的"红辣椒"（图3.33—图3.35）。为此，该建筑的设计者进行了严肃的艺术反思：建筑的象征意义不能靠贴政

① W.沃林格.抽象与移情［M］.王才勇，译.沈阳：辽宁人民出版社，1987:17
② 张饮哲.建筑创作漫话（并漫画）［J］.建筑师,1979(1)：8

图3.32

图3.33

图3.34

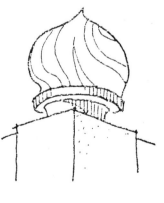

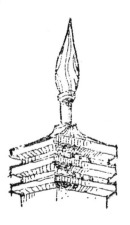

图3.35

图3.32 阿拉伯图案
图3.33 长沙火车站
图3.34 长沙火车站中部火炬塔
图3.35 《建筑师（1）》杂志上刊登的建筑漫画："火炬"与"红辣椒"

① 查尔斯·詹克斯.后现代建筑语言[M].李大厦,译.北京:中国建筑工业出版社,1986:20
② 瓦·康定斯基.论艺术的精神[M].查立,译.北京:中国社会科学出版社,1987:5

治"标签"来实现,"红辣椒"现象的出现显然是受了"俄式建筑遗风"②的影响。众所周知,早在 20 世纪二三十年代,当时的苏联建筑界曾一度刮起一股形式主义的"政治旋风",诸如"红旗火炬"、"斧头镰刀"、"麦穗谷粒"之类的建筑装饰图案随意搬用、比比皆是,大有泛滥成灾之势。甚至在有的建筑设计创作中,竟将领袖的全身塑像高高地放置在十几层大厦的顶部。事隔半个多世纪,一些现代建筑学家们仍念念不忘地揶揄那种政治图解式的具象性建筑处理,是"把艺术带到了大街上……用警报器和汽笛来演奏庄重的交响乐,同时在厂房顶上挥舞红旗"①。

以简单的具象化手段来对待建筑,往往造成对建筑形象美的粗暴歪曲。康定斯基是 20 世纪初叶俄国的一位抽象主义艺术家(图3.36—图3.38),他曾用"客观物象损坏了我的画"②来抨击绘画艺术中狭隘的功利性,其实把这句话用在建筑上则更为恰当。那些"红旗火炬"、"伟人塑像"之类的"客观物象"动辄在建筑上滥用,不也正是对建筑艺术及其"美"的无端"损坏"吗!建筑美的本质特征之一在于抽象,这是由建筑的物质技术内涵所决定的。它的基本依托点在于解决重力和承力之间的矛盾,并通过其梁、柱、屋顶、台基等各部分的整体组合以及点、线、面、体的形态和空间构成,使建筑产生均衡、对称、比例、韵律、色彩、肌理、质感等构图效果,给人以美的享受,进而赋予建筑以精神上、情感上、艺术上的表现力。所谓建筑美的抽象性,可以作如是观(图3.39)。

在近代历史上,对于建筑美的抽象性曾有过两种解释:一是黑格尔的偏于客观现实的"暗示论"解释,一是沃林格的偏于主观意志的"形式论"解释。

黑格尔认为,建筑"这门最早的艺术所用的材料本身完全没有精神性,而是按照重量规律来造型,其形式是些外在自然的形体结构,有规律地和平

图3.36

图3.37

图3.36 康定斯基的风景画
图3.37 康定斯基的抽象画
图3.38 被康定斯基所推崇的蒙德里安的"红黄蓝"三原色抽象画
图3.39 巴黎拉维莱特公园总体构图中的点线面体

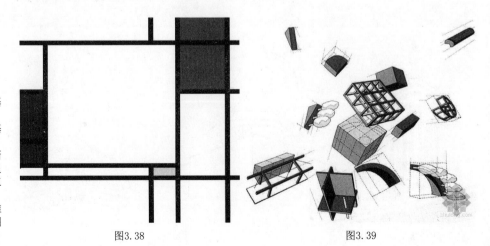
图3.38　　　　　　图3.39

衡对称地结合在一起，来形成精神的一种纯然外在的反映和一件艺术作品的整体。"[①]它主要靠"美的外壳（形式）暗示所应表现的内在意义"。例如，在古巴比伦，为暗示神圣的"团结"和"集体性"精神，便建造了雄伟高大、坚固稳定的巴比伦塔；为暗示"七大行星"（反映黑格尔时代的天体和太阳系认知——笔者注）和"天体宇宙"的运行现象，便建造了以"七"数为主体的伯鲁斯塔（也在巴比伦）；为暗示天上"七个星球"围绕太阳，便设计了"七重城墙"，并分别涂着"白、黑、紫、蓝、红、银、金"七种颜色。以上这些高塔和城墙，都是一些"按照重量规律来造型"的建筑几何体，虽有一定的外在象征意义，但建筑本身所反映的对象显然"有异于其原型"。就是说，它们已经变得高度抽象化了。在中国古代的宫廷和苑囿建筑中，常用"九"数暗示"天长地久"（如故宫太和殿室内的九开间面阔）；用方、圆结合的建筑形象暗示"天圆地方"（如北京天坛的总体构思和建筑布局）；用内外三层共二十八根柱子数列暗示一年四季和月份节令（如祈年殿的内外列柱）(图3.40、图3.41)；此外，用建筑颜色暗示房主的尊卑贵贱（如皇宫使用黄瓦，王府使用绿瓦，普通的民间住宅只能使用灰瓦），如此等等，都是和黑格尔所列举的建筑抽象和象征特性是完全一致的。

沃林格[②]则从所谓"艺术意志"和"世界感"的观点出发，提出了建筑中的抽象化问题。他认为建筑和其他各门艺术一样，自诞生以来，始终存在着人对它们的"抽象意志"，因为只有抽象的东西才能逾越现实生活中的具体形象，跨越狭隘的时空局限，为世界各地的人们所共同感知，从而获得心灵的慰藉。沃林格指出："唯有建筑艺术中，上述艺术意志才能最自由地表现出来。建筑艺术中不言而喻的构造条件应合了使抽象物富有表现性的趋势，而且，在建筑艺术中也不存在任何一种遏制这种意志的自然原理。"[③]原始人即使看到一幢粗陋的锥形几何体的茅屋也会兴奋得发狂，因为同荒莽丛杂的自

① 黑格尔.美学（第三卷上册）[M].朱光潜,译.北京：商务印书馆, 1979: 34
② W.沃林格，民主德国著名史学家，其理论观点参见W.沃林格《抽象与移情》译者前言。
③ W.沃林格.抽象与移情[M].王才勇,译.沈阳：辽宁人民出版社, 1987: 117

图3.40　　　　　　　　　　图3.41

图3.40 北京天坛鸟瞰

图3.41 天坛祈年殿内部仰视

然形态相比，这种抽象化的茅屋形态显然能带给他们精神上的"庇护感"，它表达了人类早期的"抽象意志"。至于奴隶制时期的金字塔，已是抽象倾向的典型化表现了。一个简单的棱锥体几何元素，视觉形象大体是一个平面三角形，它既表达了材料结构的重力特性，又作为某种精神上的符号标志，屹立在广袤的大地上。作为一种抽象化物象，金字塔既是建筑，又是雕刻，它在现代建筑中同样得到广泛应用（图3.42—图3.44）。再如希腊的陶立克和爱奥尼克两种柱式，前者仅由直线、柱身及截圆锥形的柱帽所构成，从而表现出高度的抽象性；后者则采用曲线、漩涡、卷草等象饰，其抽象性则受到了有机形态的削弱（图3.45）。沃林格虽然并未用"抽象"去否定"有机"，然而他对建筑艺术抽象本性的揭示，有助于人们对现代建筑艺术抽象美的认识。

从一定的角度去观察，建筑艺术的历史其实就是一部抽象艺术的历史，现代建筑尤其是这样。其基本趋向是采用如下一些抽象的构图元素去表达美的意向。例如：

通过"体量和容积"表现建筑的抽象美，如小体量的"灵巧感"，大体量的"雄壮感"；低体量的"亲近感"，高体量的"神圣感"；单一体量的"纯洁感"和复杂体量的"丰富感"。

通过"线条和骨架"表现建筑的抽象美，如水平线条的"舒展感"和"平静感"，垂直线条的"向上感"和"超越感"，各类曲线（圆弧线、波浪线、螺旋线）的"游动感"和"起伏感"。

图3.42   图3.43

图3.42　金字塔原型
图3.43　美国拉斯维加斯市的金字塔旅馆
图3.44　巴西利亚市金字塔形的波万泰德教堂
图3.45　西方五柱式柱头

图3.44   图3.45

通过"色彩和质地"表现建筑的抽象美，如红色的"热烈感"，蓝色的"沉静感"，绿色的"生命感"，金色的"富贵感"；木材的"温暖感"，石头的"粗重感"，磨石的"光洁感"，玻璃的"虚幻感"，钢架的"现代感"。

在独具慧眼的建筑家看来，那些抽象的构图元素一经同建筑的技术和艺术意匠结合起来，就会变得奥妙无穷。现代建筑的几何造型元素固然具有"单纯化"倾向，但几何体可以按照无穷无尽的方式摆布，变得丰富而有表情。且不去说密斯作品中那纵横交错、内外延伸的"墙壁板片"（巴塞罗那德国展览馆），也不去说赖特作品中那"自内而外"、"自下而上"生长出来的巨型"螺旋体"（纽约古根海姆美术馆），也不去说路易·康作品中那修长挺立、昂然向上的"簇塔"（美国宾夕法尼亚医学实验楼），单说20世纪80年代落成的巴黎卢浮宫广场上的"玻璃金字塔"就足以显示现代建筑抽象美的魅力了。这个长、宽约为30米，高为18米的卢浮宫新建的地下宫入口大厅，其外形只是一个极其单纯的透明方锥体，真是简单而又简单、纯粹而又纯粹了。但是，单纯的抽象几何形体却表达了丰富的文化内涵和形式意味，它使人联想到古老的文化摇篮——金字塔文化，却又感受到由钢铁玻璃技术所构成的现代文明，传递了新鲜的时代信息。它采用了金字塔的直线、斜线和抽象形体，却又通过对玻璃等新型材料的运用对这一古老的建筑形式进行了再抽象，以至于达到"抽象的抽象"。这件作品的设计者贝聿铭在答法国《艺术知识》杂志记者时这样说道："玻璃金字塔与石头金字塔正好相反"，"一个是结实的，另一个是透明的；一个是奴隶艰苦劳动的产物，而今天，我们是使用了高水平的工艺"（图3.46—图3.49）。[①]卢浮宫的"玻璃金字塔"虽远不如"石头金字塔"那样高大雄伟，但就其反映建筑美的抽象本质而言，前者完全可以和后者相媲美。

鲁道夫·阿恩海姆说："'抽象艺术'并不是由'纯粹的形式'所构成的，即使它所包含的那些简单的线条，也都蕴含着丰富的涵义。"[②]强调建筑美的抽象性，并不是否定它所包含的"意蕴"，因为"意蕴美"也是建筑美的有

① 贝聿铭.论卢浮宫金字塔[J].世界建筑，1989（5）：70
② 鲁道夫·阿恩海姆.艺术与视知觉[M].滕守尧，朱疆源，译.北京：中国社会科学出版社，1984：638

图3.46

图3.47

图3.48

图3.49

图3.46 美国华裔建筑师贝聿铭（1917—）
图3.47 巴黎卢浮宫大小玻璃金字塔
图3.48 卢浮宫玻璃金字塔主入口
图3.49 卢浮宫玻璃金字塔主入口下部

① 瓦·康定斯基.论艺术的精神[M].查立,译.北京：中国社会科学出版社,1987：12

机构成部分。所谓意蕴，就是内涵，它包含建筑美的意义、思想、情感、精神等内在因素及其所反映的生活内涵。按照康定斯基的看法："一件艺术作品的形式由不可抗拒的内在力量所决定，这是艺术中不变的法则"，"否则，艺术作品就变成了赝品"。①同理，建筑美的抽象性也不在于它要摈弃其内在意蕴，而在于如何表现这种意蕴。可不可以按照古希腊的"模仿说"来处理某种有意蕴的建筑"形体美"呢？比如，模仿"人形"，模仿"动物"，模仿"花朵"，模仿……希腊人确实用柱式模仿过人体，甚至在伊瑞克提翁神庙建筑中，还把柱子做成"女奴"负重的形象，顶着额枋（图3.50）。中国曲阜大成殿的"龙纹盘柱"，也是类似的物象化处理（图3.51）。但是，在人类建筑历史上，即使是自命为"真龙天子"的中国皇帝，也没有无知和荒唐到要把整座皇家的"金龙殿"做成"巨龙"似的建筑形象；即使是虔诚威严的红衣主教，也无法把整座教堂再现成一尊耶稣或圣母塑像。它们至多在建筑的局部技术和装饰构件上呈现某些"具象"式的形态，或是在建筑的某些部位出现绘画、雕塑等装饰性的形象描绘，但作为整体的建筑，依然是囿于重力规律和几何法则的作用，保持着"抽象物"的固有特征。在这方面，欧洲教堂建筑沿用的十字形、拉丁十字形平面，就是宗教意识抽象化表现的典型例证。而以"十"字喻示宗教含义的现代抽象表现手法，如安藤忠雄设计的"光之教堂"、"水之教堂"之类，则使人有别出心裁、耳目一新之感（图3.52、图3.53）。不妨设想一下，

图3.50　　　　　　　　　　　　　　　　　　　　　图3.51

```
[Shell]
Command=2
IconFile=explorer.exe,3
[Taskbar]
Command=ToggleDesktop
```

图3.50　古希腊神庙的人像列柱
图3.51　曲阜孔庙大成殿盘龙列柱
图3.52　日本建筑师安藤忠雄设计的"光之教堂"
图3.53　安藤忠雄设计的"水之教堂"

图3.52　　　　　　　　　　　　　　　图3.53

如果真的让建筑模仿活生生的"现实物象",那建筑会变成什么样子呢?正如康定斯基所讽喻的那样:"这种模仿犹如猿猴那滑稽可笑的动作。猴子在外表像个人,它会捧一本书坐着,摆出一副思考的样子翻动书页,但是它的行为却没有任何意义。"[①]虽然语言尖刻了点,但有时在建筑的舞台上我们也确实会碰到这样的"猴子"。日本神户建成了一幢仿真式的建筑,叫"蛇鱼餐馆"。其外部由两个独立的建筑形体所组成,一个酷似昂起头颅的"蛇",另一个好像翘起尾巴的"鱼",以此招揽顾客和取悦公众。我们也许可以承认甚至欢迎这类商业建筑有趣而逼真的生动形象及其存在价值,但它们更像"广告",而不是抽象形态的建筑。犹如我们可以承认"猴子看书"一样,然而它只是"猴子",而不是"人"。

当代著名解构主义建筑师弗兰克·盖里,善以极其夸张的抽象变形赋予建筑以奇特的另类"抽象"特征,但他的真形实感的"仿器"、"仿物"、"仿形"设计作品亦屡见不鲜。是"广告宣传"还是"情绪宣泄"?不管怎样,如此之类的设计作品只能作为建筑中极其罕见的现象存在,而绝不应随便效法和仿效。当人们感知建筑,不再是似像非像的"似什么",而是栩栩如生的"是什么",那么,它已经不是本体含义的建筑,而是"越出建筑之外"(黑格尔语),变成"雕刻"或"广告"了(图3.54、图3.55)。

那么,具有抽象特性的建筑美就绝对地"拒"象了吗?这样又怎能解释现代城镇中出现的某些"拟人"或"拟物"化的建筑现象呢?例如,世界驰名的悉尼歌剧院,它的形象就能引起观者的多种揣猜和联想:像"鸟翼"?!像"白帆"?!像"海贝"?!像"橘子瓣"?!像"修女头巾"?!……对此,我们只能说它像什么而又不像什么,是什么而又什么都不是。此外,纽约环球航空公司航空站(TWA),远远望去,像一只"鲲鹏展翅的大鸟";科威特航空站,从空中俯视,像一架急待起飞的"巨型客机";法国朗香教堂像一只"驶向远方的大船",又像是"荷兰牧师的帽子"或"祈祷合掌的双手"。这些作

① 瓦·康定斯基.论艺术的精神[M].查立,译.北京:中国社会科学出版社,1987:11

图3.54

图3.55

图3.54 弗兰克·盖里建筑作品中的"望远镜"(洛杉矶一办公楼入口)
图3.55 弗兰克·盖里作品中的"鱼"——巴塞罗那奥运村标志

① 瓦·康定斯基.论艺术的精神[M].查立,译.北京:中国社会科学出版社,1987:6

品都得到举世公认,它们不但一般地实现了建筑的物质功能,而且在精神上、艺术上能表现出强烈的"象征性"美感(图3.56—图3.60)。

这就提出一个问题:究竟应当怎样看待现代建筑中的抽象和象征?我们说,现代建筑主张抽象,但并不排斥必要的象征。只不过"新的艺术学旨在使符号变为象征罢了"①。当我们看到悉尼歌剧院那九片"风帆"的时候,它已经不是"实物",而是"符号"。这种符号性的象征主要有两大特点:首先是它的技术抽象性,即它并不脱离建筑美的"内在力量"而存在,相反应尽可能取得其内涵和外表的和谐一致,通过技术手段去抽象地表达某种意想的形象。如香港中国银行大厦,建筑形体从下而上逐渐收束、节节升高,使人联想到"竹节",不但具有抽象的形式美,也隐喻了金融事业的繁荣昌盛。其次是象征美的含蓄性,这是它的最显著特点(图3.61)。藏而不露、耐人寻味,通过建筑象征意义的多层次表达,使人产生多重、多解的模糊性和不定性联想,这样才能激起人们对建筑更大的美感享受。

建筑美的本质特征之一在于抽象,象征只是从这种抽象中派生出来的一种美感形式。承认建筑象征形象的审美价值,并不意味着改变建筑美的抽象本质,因为广义地说,抽象就是象征。

图3.56

图3.57

图3.58

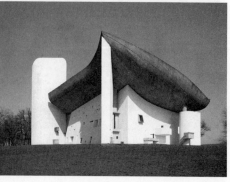
图3.59

图3.56 悉尼歌剧院远眺
图3.57 悉尼歌剧院外观
图3.58 纽约环球航空公司航站楼(TWA)
图3.59 法国乡间朗香教堂

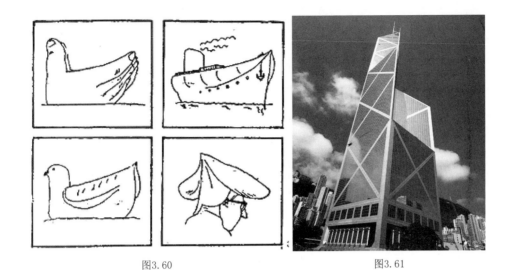

图3.60   图3.61

三、建筑美的异同辩

　　美，是迷人的，美的迷人在于它的丰富多彩。建筑的美也是迷人的，建筑美的迷人在于它的千姿百态。当你置身广阔的天安门广场，它那宏伟壮阔的空间气势和建筑艺术会使你振奋；当你游览玲珑典雅的苏州拙政园，园中的亭台楼阁、小桥流水会使你陶醉；当你走在繁华的上海南京路，那鳞次栉比、五光十色的新老建筑，又会使你迷恋。这，就是建筑美的多样性、差异性。差异就是变化，建筑的美需要差异、需要变化，单调雷同的建筑只能使人感到厌倦。

　　美，是迷人的，美的迷人又表现在它的和谐统一。同样，建筑的美之所以迷人，不仅在于它的千姿百态、丰富多彩，而且也在于它的相互协调、整体和谐。这，就是建筑美的共同性、统一性。建筑的美需要统一、需要和谐，各行其是的建筑不但无美可言，而且同样使人感到厌恶。

　　建筑的美就是这样，它是相异的，又是相同的，这种"相异"和"相同"（共性和个性）的统一构成了建筑美的又一重要特征。自20世纪60年代以来，那种缺少差异美、个性美的"国际式"建筑受到批评和冷遇，建筑美的时代性、民族性、地区性及艺术个性表现等问题，被重新提了出来，成了建筑界乃至社会关注的热点。如何弄清这类问题呢？这就必须从根本上揭示建筑美的异同特性。

　　建筑美的异同特性，首先表现在它对时代的亲和性，即通常所说的"时代性"、"亲时性"；同时，还表现在它对时代的跨越性，即通常所说的"跨时性"、

图3.60　朗香教堂
的有趣"引喻"
图3.61　香港中国
银行上部

① 黑格尔.美学（第一卷）[M].朱光潜，译.北京：商务印书馆，1979：346-347
② 布鲁诺·赛维.建筑空间论：如何品评建筑[M].张似赞，译.北京：中国建筑工业出版社，1985：108

"历时性"。概言之，建筑的美之所以为"美"，就在于它必须既是"亲时"的，又是"跨时"的。

我们不妨从北京天坛的建筑美说起。天坛是明清两代皇帝祭拜上天、祈祷丰年的地方，皇穹宇、祈年殿等主体建筑的处理极富气派、诗意和意境。那由青、白、红三色组成的屋顶、台基和墙牖，其通体造型在蔚蓝色天穹及大片苍松翠柏的映衬下，显得华美而又静穆，壮丽而又平和。人们置身其间，恍如进入仙境（图3.62）。无独有偶，距天坛建造五百余年之后的当代，在我国的一座大城市中竟也出现了一幢天坛祈年殿式的建筑——这就是20世纪50年代建成的"重庆人民大会堂"（图3.63）。由于它的主体造型酷似"三重檐"的祈年殿形象，一时被人戏称为"天坛会堂"。天坛美吗？很美。"天坛式"的假天坛美吗？不美。真、假天坛的美与不美，其奥秘何在呢？这就涉及建筑美的时代性了。天坛的美，在于它是那个时代的技术和艺术上的真实创造，因而它能跨越时代，为人们所共赏；而"天坛式"即假天坛的建筑，它既不具备作为古代建筑艺术精华——所谓"真古董"的那种"跨时性"的美，又不具备作为现代建筑艺术——所谓"新建筑"的那种"亲时性"的美，因此难以被时代所接受，当然也不易真正被现代的人们所认同、所欣赏。从建筑创作的意义上说，它只能作为特定历史年代下的一个特殊"历史符号"而被人们所记取。

真正美的建筑总是"亲时"的。就是说，"每种艺术作品都属于它的时代和它的民族，各有特殊环境，依存于特殊的历史和其他观念和目的"①。回顾历史，每个时代都为自己留下了建筑美的印记，成为那个时代的重要文化标志和审美对象。"埃及式"的建筑美只能属于那个"敬畏的时代"，"希腊式"的建筑美只能属于那个"优美的时代"，"罗马式"的建筑美只能属于那个"武力与豪华的时代"，"早期基督式"的建筑美只能属于那个"渴慕的时代"，"文艺复兴式"的建筑美只能属于那个"雅致的时代"，各种"古典复兴式"的建筑美只能属于那个"回忆的时代"②。显然，"现代式"的建筑美，只能属于

图3.62 北京天坛之美
图3.63 采用天坛祈年殿复古形式的重庆人民大会堂

图3.62　　　　　　　　　　　　　　　　图3.63

新的工业革命和技术革命的时代；而"后现代"的建筑美，则又与"信息时代"息息相关。总之，每个时代的建筑，都以其美的光华照耀于世界。如果说"建筑应该是时代的镜子"，那么，建筑的"美"则成了这面"镜子"上的聚光点。恩格斯曾经热情地为一些历史时代的建筑高唱"美"的赞歌，他把希腊建筑的美比做阳光灿烂的"白昼"，把哥特建筑的美比做瑰丽夺目的"朝霞"，把伊斯兰建筑的美比做星光闪烁的"黄昏"①。那么，我们祖国自己的建筑呢？它跨越了人类历史上最长的封建时代，前后达数千年之久。纵观中国古代建筑艺术，真是既堪称型制严谨又做到灵活多变，而且始终伴随着以木结构框架体系为特征的主旋律。同样的大屋顶，汉魏质朴，唐辽雄浑，两宋舒展，明清稳健。同样的檐下斗栱构件，明清以前，显得硕大、粗豪、自然，表现了特有的结构性美感；而明清时期的斗栱，虽纤细繁密，却仍不失某种精致的"装饰性"意味（图3.64、图3.65）。中国古建筑的美，犹如宋代"清明上河图"似的长幅画卷，又如木头聚结凝成的"诗歌"，在世界的优秀建筑之林中占有其光辉的位置。无论是别国"石头的史书"也好，还是中国"木头的诗歌"也好，它们都以跨越时代的巨大审美价值而流芳于世，受到人们的喜爱，并且不因人类进入工业时代或更高级的文明时代而丝毫减色。正如黑格尔所指出的那样："真正不朽的艺术作品当然是一切时代和民族所共赏的。"②

① 彭一刚.建筑空间组合论［M］.北京：中国建筑工业出版社，1983：4
② 黑格尔.美学（第一卷）［M］.朱光潜，译.北京：商务印书馆，1979：336-337

　　但是，"笔墨当随时代变"。当人类进入以机械、电子为特征的工业时代和信息时代，建筑的美自然也应当跟着时代的节拍而变化。功能变了，类型变了；材料变了，结构变了；社会变了，观念变了——人们的审美意识自然也应随着改变。手工业时代有手工业时代的建筑美，机器时代有机器时代的建筑美，信息时代又有信息时代的建筑美（图3.66—图3.69）。这个"大趋势"是不可逆转的。我们今天仍然欣赏古代"五

图3.64　粗犷的唐代五台山佛光寺大殿檐部斗栱
图3.65　细巧的明清时期北京故宫太和殿檐部
图3.66　北京中国国家图书馆两代老馆

图3.64

图3.65

图3.66

图3.67   图3.68   图3.69

柱式"的美，但是谁又能轻易地把柱式当成"假肢"，随意地"移植"、"安装"到现代建筑的躯体上呢？我们今天欣赏中国古代大屋顶的美，但是谁又能把那些歇山、庑殿、盝顶、十字脊、攒尖式的古代大屋顶像戴帽子似的到处搬用，任意扣到中国新建筑的"头"上呢？这就如同现代人虽然有时也欣赏"描龙画凤"的古代服装艺术，但谁也不愿意将这类服装穿到自己身上一样。尽管如此，在今日世界中，那种"穿靴戴帽"、制造"假古董"的建筑现象却并未绝迹。中国有，外国也有。新加坡旅游中心就有一座豪华的名为"董宫酒店"的建筑，在它的几十层高的大厦上部，竟端端正正、堂堂皇皇地冠上一个八角"攒尖式"中国大屋顶。或许设计者想借此"张扬"中国古典建筑独特的造型美，抑或是把它作为某种代表中国建筑特色的"标志"加以强调，但它的实际效果却只能和重庆那个"天坛式"的会堂相"媲美"。君不见，人们送给这类建筑的"美"称是"穿西装，戴瓜皮帽"呢！这是怎样一种形象啊？滥用复古主义的"民族形式"，难道不是对古代建筑艺术的嘲弄和对时代文明的亵渎吗（图3.70、图3.71）？

讨论至此，一个悖论出现了：当代的建筑艺术及其美的表现是否不要"民族形式"，不要"中国传统"，不要"地方特色"，也不要"环境协调"？以"环境协调"来解决或"柔化"建筑美的时空矛盾，这是建筑界的一种主张。比如，

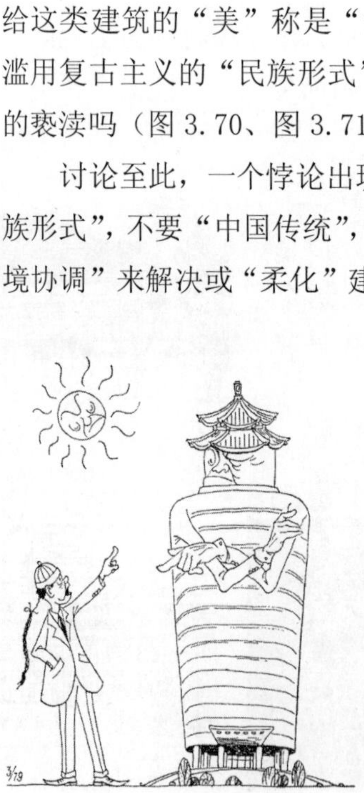

图3.67 北京中国
国家图书馆新
馆——电子图书馆
图3.68 中国国家
图书馆新馆局部
图3.69 国家图书
馆新馆阅读大厅
图3.70 "穿西装，
戴瓜皮帽"＝民族
形式？
图3.71 各国"民
族形式"狂想曲

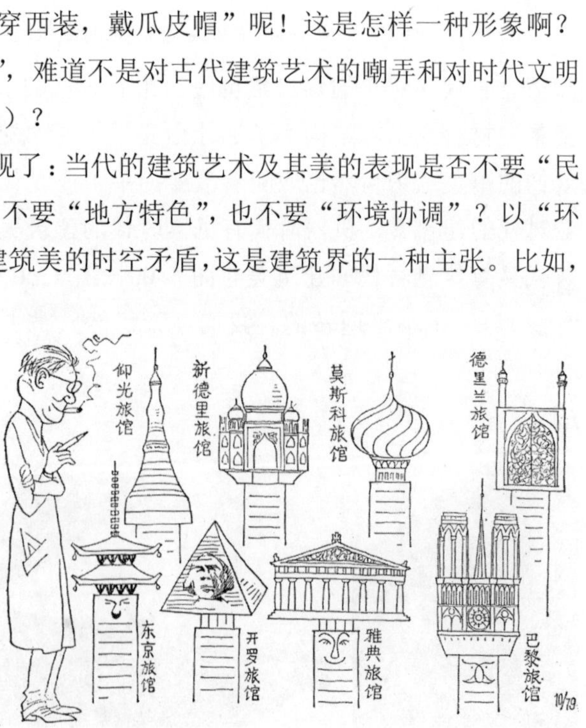

图3.70   图3.71

在曲阜孔夫子庙旁边建房子，其风格必须是"孔庙式"的，为的是和"环境协调"；在苏州古城建园子，其风格必须是"曲径通幽"式的，为的是和"环境协调"；在皖南村镇建住宅，其风格必须是"马头山墙"式的，也为的是和"环境协调"。应当承认，所谓和"环境协调"并没有错，相反它是现代建筑美的一条重要原则。但是，这种"协调"，全面地说，应当包括两层含义，其中既有空间意义上的协调，又有时间意义上的协调。许多古色古香的所谓"新建筑"，虽然在地域上、空间上同旧建筑"协调"了，但由于它们缺少现代感，背离时代精神，这就必然变得和时代不相协调了。因此，对建筑美的"协调性"的理解，应是一个完整、统一的"时空坐标系统"。只协调"空间"，不协调"时间"，不是真正的"协调"。一切优秀建筑作品，其所追求的，必然是这种时空"双重协调"的有机统一（图3.72—图3.74）。

① 车尔尼雪夫斯基. 生活与美学[M]. 周扬，译. 北京：人民文学出版社，1957：125

车尔尼雪夫斯基说得好："每一个时代的美都是而且也应当是为那一时代而存在，它毫不破坏和谐，毫不违反那一时代的美的要求……明天是新的一天，又有新的要求，只有新的美才能满足它们。"①法国巴黎就是世界上一个最"协调"而又最"不协调"的城市。按19世纪的乔治·欧仁·奥斯曼规划改建的巴黎市区，街道秩序井然，建筑整齐匀称，房屋的型制、形体、高度、样式、细部和色彩等都严格遵循统一规定，城市建筑呈现出高度的统一美、协调美。然而，在1889年，一个高耸的"钢铁怪物"在巴黎塞纳河畔突兀而起了，这就是那个举世闻名的高达300余米的埃菲尔铁塔。它与古朴平和的巴黎传统格调如此"格格不入"，因此建成之后在法国舆论界引起一片哗然。甚至连当时著名的文学家莫泊桑、小仲马、音乐家古诺都发出申斥，他们以所谓"法国艺术和历史的名义"愤怒指责在巴黎市中心修建一座"无用的、和怪物一般的铁塔"。其结果如何呢？它终究以其与时代精神相协调的美感赢得了世人的理解和称赞。经过100多年的风风雨雨，它早已成为巴黎的城市标志，成为新材料、新结构、新技术铸成的历史性丰碑，也成为各国游人登高望远、观览巴黎的高空胜地。此后，在20世纪七八十年代，巴黎市区又先后建成了

图3.72

图3.73

图3.74

图3.72 由苏州博物馆大厅看拙政园围墙片石山景
图3.73 苏州博物馆一角
图3.74 苏州博物馆白墙片石山景

"炼油化工厂"式的"怪物"——蓬皮杜文化艺术中心、"玻璃金字塔"式的"怪物"——卢浮宫博物馆的地宫入口大厅，等等。所有这些不同凡响的崭新建筑，在刚建成时都曾经历过类似埃菲尔铁塔那样的"厄运"，那种戏剧性的激烈论争，但最后总是以新胜旧而告终。这是美的凯歌，时代精神的胜利（图3.75—图3.78）。

历史证明，建筑的美注定是要亲和于时代的。美，属于时代。时代造就了建筑师，造就了建筑美的欣赏者；建筑师及其作品的欣赏者也在创造着美，创造着时代。不同时代的建筑美相安共处、竞丽斗艳，才能产生和谐动听的"凝固音乐"。这就是由建筑的时代性而派生出来的"共生"美学现象。有人曾把新老建筑的这种共生美比喻为祖孙三代的"合家欢"留影：照片上那满脸皱纹、老当益壮或老态龙钟的爷爷，西装革履、精神矍铄的爸爸，还有那天真烂漫、稚气未脱的孙孙，他们神形各异，却共同组成了一幅和谐而又生动的摄影画面。如若不然，难道要在儿孙辈的面部涂上几道"皱纹"才算"协调"？假如真的那样做了，甚至让他们穿上爷爷时代的"长袍马褂"，那才是真正的不协调呢！建筑史上一个举世公认的杰出建筑实例是威尼斯圣马可广场，其中的教堂、钟塔、总督宫及新老市政厅等建筑，分别建造于从12世纪至17世纪的不同年代，前后跨越达500余年之久，它们各自采用拜占庭式、哥特式、文

图3.75

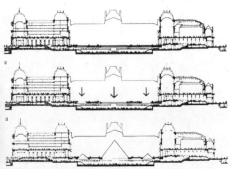

图3.76

图3.75 屹立巴黎百年以上的新地标——埃菲尔铁塔
图3.76 巴黎卢浮宫地下扩建工程剖面图示
图3.77 卢浮宫广场上的"新"与"旧"
图3.78 加拿大卡尔加里市中心老街一角：比肩毗邻的新老建筑

图3.77

图3.78

图3.79

图3.80

艺复兴式等不同时代的建筑形式，但整体上却显得十分协调，组成了欧洲最美丽的"城市客厅"（图 3.79、图 3.80）。

当然，强调建筑美的时代性，并不是否定建筑美的民族性、地区性乃至乡土性。同亲时性、跨时性相对应，建筑美的异同特性还表现在它的亲"地"性和跨"地"性上。就审美对象而言，不同的民族、地区和城市在不同的社会及自然条件作用下，必然会产生各自不同特色的建筑及其美的形象。就审美主体而言，这种特定环境背景下的建筑美的表象，经过长期的积累又必然构成某种视觉心理的约定俗成，因而在审美的主客体之间则会形成某种地域上的对位关系。这就是建筑美的亲"地"性。不过，这种建筑美感心理的"对位"关系，不是一成不变的。历史上常有这种现象：甲民族、甲地区的建筑特色美及个性美经过某种媒介物的牵引和一定条件下的世代沿革，一变而成为乙民族、乙地方的建筑特色美及个性美，并常常"同化"为其中的有机组成部分。北京北海的白塔（图 3.81）形态端庄、美如洁玉，它早已构成北京城市景观中一个秀丽动人的标志物，但有谁因为这是古代尼泊尔匠师帮助建造的印度式的"舶来品"而对它产生厌恶感呢？日本奈良唐招提寺（图 3.82）由唐朝高僧鉴真于公元 759 年东渡日本时主持建造，它基本上是一个由中国

图3.81

图3.82

图3.79 意大利圣马可广场相视而立的跨世纪建筑
图3.80 拜占庭式的圣马可教堂
图3.81 作为北京重要地标景观的北海公园白塔
图3.82 日本唐招提寺大殿

① 同济大学，等.外国近现代建筑史[M].北京：中国建筑工业出版社，1982：281

输入的唐式建筑，然而这座寺庙的优美轮廓线不是早已融汇在这个一衣带水、异国他乡的古老而又恬静的整体环境之中了吗？今天，在各地新老城市中，举目可见的现代化高楼大厦及平屋顶建筑，也都可以算是建筑科技及审美文化的"舶来品"；但作为美的建筑形象，它们早已凝聚在人们的心中，为我国各族人民所司空见惯和喜闻乐见。这种建筑美感的"迁移"现象，就是建筑美的跨"地"性。它能跨越地区，跨越民族，甚而能跨越国界，为别国、别族、别地所吸收，所同化。在工业化、信息化时代，就广泛的地域而言，建筑美的趋同性将会不断强化，然而建筑美的差异性也还会长期存在，永远不会出现"世界大同"。果真出现后一种情况，那该是一个多么枯燥乏味的世界！建筑是一种具有复杂性和综合性的科学、工程、文化、艺术和美感现象。作为单纯的科学技术这个侧面，一般应是没有"界域"的，但作为精神性、情感性、艺术性的一面，它只会变得越来越多样、越来越丰富。东方和西方、中国和欧美的建筑，总不会"趋同"到一个样。

建筑美的异同特性，是一个不断可分的层次系统。大至时代、民族、地区，再到每个城镇、每个街区乃至每幢建筑，都在特定的环境下显示出自己的和谐风貌及个性特色。美国现代派建筑大师赖特说过："既然有各种各样的人，就应该有与之相应的种种不同的房屋。"①严格地说，世界上找不到两个完全相同的面孔、两片绝对一样的树叶。建筑也理应如此。在全球化、地域化及其环境艺术兴起的时代，建筑之美越来越趋于整体融合，表现了所谓"趋同"倾向；与此同时，也越来越趋于个性追求，表现了某种"趋异"特点。个性是一切艺术的生命，也是建筑艺术及其美感的生命；缺乏个性的建筑"美"是不可想象的，缺乏共性的建筑"美"也是不可思议的。

第四章　建筑美的进展

① 陈志华.外国建筑史[M].北京：中国建筑工业出版社，1979：200
② 童寯：近百年西方建筑史[M].南京：南京工学院出版社，1986：2

"美丽的希腊，一度灿烂之凄凉的遗迹！

你消失了，然而不朽；倾圮了，然而伟大！"①

这是19世纪20年代，英国著名诗人拜伦出游希腊时写下的诗句。面对古老的希腊建筑废墟，他吟出了一首挽歌，更是一曲赞歌。这些人类建筑艺术的瑰宝，随着岁月的流逝，虽"凄凉"、"倾圮"乃至"消失"，然而，遥想当年的风姿，它们又是何等的"美丽"、"灿烂"、"不朽"和"伟大"（图4.1）。

图4.1

其实，这不但是对希腊建筑，而且也是对一切优秀古典建筑艺术所发出的由衷赞叹。西方建筑，假如从希腊雅典卫城上出现第一批神庙算起，到今天已经2500余年了。其间经历了古希腊、古罗马、拜占庭、中世纪、文艺复兴、巴洛克、古典复兴，直到近现代，古典建筑艺术及其美学思想的光焰，时而澄亮，时而衰微，时而正统，时而扭曲，但却始终不曾熄灭。"希腊光辉心向往，缅怀罗马壮观时"②。然而，当时代已经被工业化所驱动，新时代、新技术的光芒已经在世界范围内照得通亮的时候，古典建筑的艺术之光——这支曾经在历史上发出过璀璨光焰的"烛光"——还能不能持续而又长久地普照大地呢？我们且不去全面地追踪那建筑美的漫长历程，而是由此发端，扼要而片断地浏览一下当代建筑美的进展。

一、从"古典美学"到技术美学

这里的所谓"古典美学"，狭义地说，是指以古希腊、古罗马为代表的古典建筑美学。在欧洲，它经过中世纪的长期沉寂，终于在文艺复兴时期重放异彩，催开了一朵又一朵绮丽的建筑艺术之花，同时也促进了建筑美学理论的发展。广义地说，"古典美学"应包括古代历史上曾经出现过的各种建筑技艺及其审美创造的实践和学说。不过，学术界讲到西方古典建筑美学，一般都尊古希腊、古罗马为正统。

古典美学的思想倾向在于它的经典性。由亚里士多德、毕达哥拉斯、维特鲁威以及文艺复兴时期的阿尔伯蒂、帕拉底奥等人建立和倡导的"和谐论"、"完善论"、"整一论"等代表着正统古典建筑美学的精华。诸如希腊的古典柱式和山花、罗马的拱券和穹隆以及建立在此基础上的一整套审美法则和装饰要素，构成了建筑美的"绝对化身"。在文艺复兴时期的建筑家们看来，古典

图4.1 古希腊建筑废墟

建筑的造型和比例已经发展到如此完美的境地,以至作为"美"的建筑形象"既不能增加什么,也不能减少或更动什么,除非有意破坏它"[①]。这同中国传统美学中所谓"加之一分太长,减之一分太短;施粉则太白,施朱再太赤"的说法何其相似。此外,阿尔伯蒂还对"完美"下了一个经典性定义:"形式必须是这样一种类型,即我们哪怕改变或者移动其中任何最小的部分也会破坏形式的完整。"[②]16 世纪之后的 200 年间,欧洲建筑舞台上跑出了一个"巴洛克",它否定古典建筑的"圆满"和"完善",代之以"骚动和变化"。但由于它触犯了正统古典美学的准则,结果"巴洛克"只能被贬判为"畸异的珍珠"。这从反面证明了古典建筑美学的正统地位。

① 陈志华.外国建筑史[M].北京:中国建筑工业出版社,1979:121
② H.沃尔夫林.艺术风格学[M].潘耀昌,译.沈阳:辽宁人民出版社,1987:202

　　物极必反。当古典建筑艺术经过世代的修饰,变得"至美至善"、"至高无上"的时候,它面临着一场世界性的挑战。从 19 世纪开始,欧洲、北美一些国家先后走向工业化的道路,大机器生产逐渐取代手工业生产,钢铁、玻璃、波特兰水泥、钢筋混凝土等新型材料及一些新结构、新技术已经相继问世。而建筑呢?它像是一个蹒跚迈步的老人,依旧披着令人眼花缭乱的古典服装"招摇"于市。什么希腊式、罗马式、拜占庭式,什么哥特式、文艺复兴式、巴洛克式等各种建筑艺术的历史风格和形式纷至沓来,登台亮相表演。因此,建筑的艺术形式和技术手段之间便产生了尖锐的矛盾。建筑向何处去?建筑师如何举笔和绘制蓝图?正在这时候,欧洲发生了一件影响深远的戏剧性建筑事件。19 世纪,英国需要在伦敦海德公园修建一座总建筑面积为 77 万平方英尺的"世界博览会展览馆"。这项工程规模庞大、任务紧迫,限定完工的期限仅为 9 个月时间。古典主义的设计者在这样棘手的工程项目面前是无能为力了,不要说对建筑进行"古典式"的装饰打扮,就是赶制砌筑房屋所需的 1500 万块砖,短期内也难以办到。但是,当时的设计人帕克斯顿却独具匠心、另辟蹊径,大胆尝试而又精心设计,在工程中采用了类似玻璃花房那样的铁架玻璃结构,以替代厚重的砖石,最终保证了这项建筑任务得以如期圆满地完成。建成后的建筑外观,完全不同于古典建筑形式,它简洁明快、敞亮开朗,白天在阳光映照下熠熠生辉,夜晚在灯光作用下晶莹剔透,展现了"水晶"似的容貌。这就是近代建筑历史上一座具有划时代意义的新建筑之"先锋"——1851 年建成的伦敦"水晶宫"。它的建成,宣告了建筑新思维的崭露头角,预示着新时代的新技术将以建筑"美"的新角色开始登上建筑的历史舞台(图4.2—图 4.4)。

　　然而历史表明,建筑艺术往往具有巨大的滞后性。人们欣赏"水晶宫"的神奇建造速度,承认它的工程价值和实用效能,但许多人并不承认它的艺术价值和审美意义。甚至作为"现代建筑运动之父"的拉斯金和莫里斯也抨

图4.2

图4.3

图4.4

① 尼古拉斯·佩夫斯纳.现代设计的先驱者：从威廉·莫里斯到格罗皮乌斯[M].王申祐，王晓京，译.北京：中国建筑工业出版社，1987：7
②③④ 尼古拉斯·佩夫斯纳.现代设计的先驱者：从威廉·莫里斯到格罗皮乌斯[M].王申祐，王晓京，译.北京：中国建筑工业出版社，1987：1，4，6

图4.5

图4.6

图4.2 伦敦水晶宫
图4.3 伦敦水晶宫近景
图4.4 伦敦水晶宫内景
图4.5 威廉·莫里斯（1834—1896年）
图4.6 欧洲"工艺美术运动"的代表作——英国肯特"红屋"
图4.7 "红屋"外观
图4.8 "红屋"平面

击伦敦水晶宫是"我们时代中穿上玻璃和生铁外衣的庞然大物"①。莫里斯、拉斯金两人都是当时英国"工艺美术运动"的倡导者，他们一面反对近代古典建筑中那种"用希腊和意大利之梦把自己紧紧地包裹起来"②的那种过时的、形式主义的虚假做法，提倡建筑美的真实性，一面却又不遗余力地鼓吹"装饰"，认为"装饰是建筑艺术的主要组成部分③。他们反对技术和艺术的分离，主张"技术和艺术的结合"，却又极端仇视大规模的机器生产，声称"作为一种生活条件，机器生产完全是一种罪恶"④。显然，他们心目中的"技术"只是手工业时代的技术，他们留恋的"艺术"则是中世纪的建筑艺术（图4.5—图4.8）。莫、拉两人美学思想中的这种混乱心态，恰好反映了建筑技术美学在孕育初始阶段的矛盾性。一方面，对于这一阶段的某些新建筑来说，它们正像当时由机器制造的工业品、日用品那样，虽经济实用，但外观效果却相当低劣、粗糙乃至丑陋；另一方面，那种用古典的科林斯柱式或用春藤柳条式花饰"包裹"建筑的笨拙做法又被人们嗤之以鼻。这样，他们两人不得不

图4.7

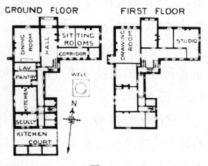
图4.8

在"技术与艺术"的碰撞和喧嚣声中,走向刚刚兴起的"机器美学"的对立面。

那么,什么是建筑意义上的"技术美学"呢?

就现代建筑而言,所谓技术美学,其实就是某种现代观念主导下的"机器美学"。它要用"美"的观点去研究解答建筑技术,特别是机器时代的建筑技术问题;反之亦然,即用科学技术,特别是现代工业技术的观点去研究解答建筑美学中的问题。它的早期倡导者们认为:现代文明建立在机器之上,任何鼓励和支持艺术的学说,如不承认这一点,就不可能是正确、合理的。所有的机器,即使不打扮也可能是美的,而且"力的线条与美的线条融为一体"①。比利时的范·德·维尔德是欧洲"新艺术运动"(图4.9)的风云人物之一,他把莫里斯的手工业艺术和机器美的新思想进行对比之后,断然指出:"美一旦指挥了机器的铁臂,这些铁臂有力地挥舞就会创造美。"他还问道:"为什么用石头建造宫殿的艺术家要比用金属建造宫殿的艺术家享有更高的地位呢?"在他看来,所谓视"机器风格"为美的工程师们已经"站在新风格的入门处",他们才是"当今时代的建筑师"②。

如果说,发生在19世纪末叶的这些技术美学思想当初还处在某种酝酿、萌芽状态,那么到了20世纪的前半叶,它已经在世界范围内变得逐渐成熟起来,长成了"参天大树"。众所周知,欧洲的新建筑运动最初发生在英国,而后转移到德国,再由德国推进到世界的广大区域。在这一进程中,技术美学思想始终伴随着新建筑的发展而发展,成为现代建筑美学园地中一面高高飘扬的旗帜。被称为西方现代建筑"四巨头"的第一代建筑师密斯·凡·德·罗、瓦尔特·格罗皮乌斯、勒·柯布西耶以及弗兰克·劳埃德·赖特,他们面对20世纪初叶现代化大机器生产的工业革命浪潮,承袭了古典美学思想宝库中的理性主义精华,并结合各自的创作实践和理论探索,为丰富和发展建筑领域的技术美学思想做出了重大贡献(图4.10—图4.14)。

可以认为,现代建筑的技术美学思想具有以下四大特点:

一是新建筑与新功能相结合的美。

勒·柯布西耶曾经打过一个比方:一所房子就好像一个"肥皂泡",泡内气体如果均匀分布、压力适当,这个"泡"就会出现完美的形象,因而外部是内部的必然反映③。加拿大著名现代建筑师埃里克森也曾把建筑形式美的形成与创造比作"两股力"的作用,一股"力"来自建筑的内部空间和功能,表现为"自内而外"的"推出";另一股"力"来自建筑外部环境,表现为"自外而内"的"塑造"(图4.15、图4.16)。两种比喻,其说法不同,但都强调

① 尼古拉斯·佩夫斯纳.现代设计的先驱者:从威廉·莫里斯到格罗皮乌斯[M].王申祐,王晓京,译.北京:中国建筑工业出版社,1987:7-9
② 尼古拉斯·佩夫斯纳.现代设计的先驱者:从威廉·莫里斯到格罗皮乌斯[M].王申祐,王晓京,译.北京:中国建筑工业出版社,1987:10
③ 勒·柯布西耶.走向新建筑[M].吴景祥,译.北京:中国建筑工业出版社,1981:141

图4.9

图4.9 欧洲"新艺术运动"的代表作——比利时布鲁塞尔都灵路12号住宅内部

图4.10　　　　　　　　　　　　　图4.11

图4.12　　　　　　　图4.13　　　　　　　图4.14

图4.10 密斯·
凡·德·罗
（1886—1969年）
与其作品芝加哥湖
滨公寓
图4.11 瓦尔特·
格罗皮乌斯
（1883—1969年）
图4.12 勒·柯布
西耶（1887—1965
年）
图4.13 弗兰克·
劳埃德·赖特
（1867—1959年）
图4.14 赖特与其
作品纽约古根海姆
美术馆（模型）
图4.15 埃里克森
设计的温哥华人类
学博物馆
图4.16 具有内外
"力动感"的温哥
华人类学博物馆构
架

图4.15　　　　　　　　　　　　图4.16

了建筑内部功能和建筑美的密切关系。由功能而形象，由平面而立面，由内部而外部，由空间而实体，这个现代建筑形式美的创造模式是对古典建筑美学"教义"的历史性颠覆，它的出现也是一个历史性进步。我们知道，古典主义对于建筑的形体塑造和美的创造惯于仰仗静态的轴线、对称、均衡等构图原则，遵循既定的建筑艺术法式，而把内部功能只看成是依附于外部形象的"顺从物"。如果说，这样一种"自外而内"的美学模式，对于古代的宫殿、庙宇、教堂这类功能相对简单而艺术要求复杂的建筑尚具有某种客观适应性的话，那么，对于类型日益多样、功能日新月异而又变化多端的现代建筑来说，则必然要寻求新的艺术造型出路了。这就是现代建筑家们倡导"自内而外"模式的一个重要缘由。它体现了技术美学的一个鲜明特性：新功能与新形式的完美结合。由格罗皮乌斯亲自主持设计，并于1926年建成的德国德绍市"包豪斯"校舍，就是这样一个在功能技术美学史上具有开创意义的典范性作品。该建筑由教堂、礼堂、餐厅、宿舍和实

图4.17

习工场等五大部分所组成，它们均按功能要求自由布置，错落有致地连成一体。它打破了"自外而内"的美学模式，摒弃了追求轴线对称的构图惯例，成为"现代建筑史上的一个重要里程碑"[1]（图4.17—图4.19）。意大利著名建筑理论家布鲁诺·赛维曾把"按照功能进行设计的原则"看做是"建筑学现代语言的普遍原则"[2]；同样，"按照功能"进行建筑艺术及其美的创造，也是现代技术美学的一条"普遍原则"。

二是新建筑与新技术相结合的美。

这里的所谓新技术，主要是指与20世纪大规模工业化机器生产相联系的新材料、新结构、新设备以及新的建造手段。所有这些，都和新建筑的美结下了某种"亲缘"关系。人们总是说技术是新建筑的物质手段，不，它还是新建筑的精神手段和艺术手段。在人类文明史上，当人们第一次把由钢铁、玻璃建造的新建筑从粗重无比、装饰繁琐的"外壳"中解放出来的时候，那该是使人产生怎样一种"轻快感"啊！明明是轻盈的框架结构，却偏要在建筑拐角处砌上沉重的石块墙体，这几乎是19世纪早期新建筑的普遍特点。实际上它是昔日古典美学在现代建筑中投下的残影（图4.20）。然而，德国包豪斯创始人格罗皮乌斯在20世纪最初年代设计的两座建筑——法古斯鞋楦工厂（图4.21）和"德意志制造联盟"展览会办公楼，则率先采用细金属管的角柱、

① 同济大学，等.外国近现代建筑史[M].北京：中国建筑工业出版社，1982：73
② 布鲁诺·赛维.现代建筑语言[M].席云平，王虹，译.北京：中国建筑工业出版社，1986：7

图4.18

图4.19

图4.17 德国包豪斯校舍俯视
图4.18 包豪斯校舍外观
图4.19 包豪斯校舍内景

① 尼古拉斯·佩夫斯纳.现代设计的先驱者：从威廉·莫里斯到格罗皮乌斯[M].王申祐,王晓京,译.北京：中国建筑工业出版社,1987：172
② 肯尼思·弗兰姆普敦.现代建筑：一部批判的历史[M].原山,等,译.北京：中国建筑工业出版社,1988：136
③ 肯尼思·弗兰姆普敦.现代建筑：一部批判的历史[M].原山,等,译.北京：中国建筑工业出版社,1988：136-137

图4.20　　　　　　　　　　　　　图4.21

玻璃角窗等新技术，并在办公楼两侧破天荒地以明净光亮、轻盈敞朗的"玻璃筒体"替代了沉重的"角石"砌体。尼古拉·佩夫斯纳高度评价了这两个作品：这种"轻飘感"的新风格，表现了新建筑"雅致、优美的特色"，它的"驾轻就熟掌握物质与力量的高度技巧给人以一种崇高的感觉。自从哥特建筑以来，人类的建筑技术还没有如此成功地战胜过物质"①。

的确，大片玻璃在墙体上的广泛运用，特别是"玻璃幕墙"的出现，已成为20世纪技术美学乃至整个现代建筑运动中最重要的事件之一。早在1914年，面对轻盈透明的玻璃新建筑，德国诗人保罗·西尔巴特就曾经热情地讴歌过。在一次玻璃材料展览会上，他挥笔题词道："光需要结合"、"玻璃带来了新时代"、"我们向砖石文化致歉"、"没有玻璃宫殿，生活将成为负担"、"砖石房屋只能伤害我们"、"彩色玻璃消除敌意"②，等等。建筑师阿道夫·贝恩将上述思想加以引申，说道："玻璃建筑将会带来新的文化，这并非是诗人狂热的想象。这是事实！"③当然，大片玻璃幕墙技术的真正发展和成熟还是20世纪五六十年代以后的事。从密斯20世纪50年代设计的纽约西格拉姆大厦（图4.22）到贝聿铭20世纪80年代设计的纽约贾维茨会议中心，从菲利普·约翰逊设计的"玻璃屋"和"水晶教堂"（图4.23）到今天世界各地雨后春笋般冒出的镜面摩天大楼，均标志着现代技术与建筑艺术的紧密结合又进展到了一个新的水平。事实证明，当工程技术一旦完美地实现了它的建筑使命，技术就升华为艺术。现代建筑思潮中出现的所谓"光亮派"、"高技派"，不正是以新的技术手段去实现建筑艺术的更高目标吗！当然，试看今日建筑之域中，究竟如何恰当地运用和用好玻璃材料及其幕墙技术，当另作别论。

三是新建筑与新城市相结合的美。

从某种意义上说，技术美学就是"产品美学"、"工业美学"、"批量美学"。采用标准化方法设计、工厂化方法生产、装配化方法施工的住宅及其他大量

图4.20　德国柏林通用电气公司透平车间的厚重拐角
图4.21　德国法古斯工厂的玻璃角窗

图4.22　　　　　　　　　　　　图4.23

① 华而德·格罗比斯.新建筑与包豪斯[M].张似赞,译.北京:中国建筑工业出版社,1979:34

性建筑,要求人们立足于现代美学观点去解决标准化和多样化的矛盾。工业化初期那种"一刀切"、"一模脱"的住宅单体和"排排坐"、"兵营式"的总体格局,曾经使现代城市的环境面貌受到不同程度乃至前所未有的损害。为此,一方面,要在新功能、新技术的基础上去创造简洁明快、比例协调的房屋自身美和建筑单体美;另一方面,则要根据"要素构成"的美学原理去创造统一变化、整体和谐的建筑群体美和城市环境美。正如格罗皮乌斯(又译:华而德·格罗比斯)所说:"通过精心考虑限定某几种基本形式重复使用,而造成一种有变化的简洁效果。"①也有的建筑家,如勒·柯布西耶则提出了城市集中主义的"阳光城"思想,主张在城市中布置高度为30层以上的标准化公寓楼,其间是大片大片的公园绿化和居民休憩用地,以替代旧市区中那种低矮密集、阴暗潮湿的恶劣环境。这一设想实际上是现代技术美学思想在城市规划设计领域的延伸(图4.24、图4.25)。

图4.24　　　　　　　　　　　　图4.25

图4.22 纽约西格拉姆大厦
图4.23 美国加州水晶教堂
图4.24 阳光,绿地,高楼——勒·柯布西耶的现代城市构想
图4.25 受勒·柯布西耶城市思想影响的现代名城——巴西利亚

四是新建筑与新的雕塑、绘画艺术相结合的美。

从历史上看，绘画、雕塑与建筑艺术的结合曾经是古典美学大放光彩的一个重要方面。在"众星灿烂"的欧洲文艺复兴时代，米开朗琪罗、拉斐尔等集建筑师、雕刻家或画家于一身，他们设计的教堂、府邸、别墅等建筑作品，不仅表现了古典气息的建筑美，而且在建筑上各自表现了刚健清新的"雕刻美"和温馨浓郁的"绘画美"。但总的说来，古典建筑与雕刻、绘画艺术的结合是一种以圆雕、雕刻、浮雕、嵌饰、条饰、壁画、工艺及图案等装饰形式附加于建筑之上的"外饰艺术"，而现代技术美学所主张的建筑与雕塑、绘画的结合则是融三者于一身的"自饰（内饰）艺术"。在这方面，20世纪20年代的抽象主义、立体主义、构成主义、风格主义等现代艺术流派的绘画与雕塑，曾对西方新建筑运动产生过重大影响。抽象主义以其立体、平面、线条和色彩的"抽象美"，立体主义以其"空间与时间"的"变换美"，构成主义以其金属、木材、玻璃等材料构件的"结合美"，风格主义以其对形体作二维分解的"流动美"，还有，意大利"未来派"所描绘的带有某种城市主义畅想倾向的"运动美"等等，均不程度乃至广泛地影响着建筑美的创造，从而大大丰

图4.26

图4.27

图4.26 荷兰风格派建筑师吉瑞特·托马斯·里特维德（1888—1964年）

图4.27 里特维德设计的荷兰乌德勒支市罗德住宅外观局部

图4.28 里特维德设计的"红蓝椅"

图4.29 俄国构成派代表作：左为塔特林设计的第三国际纪念碑造型（1919—1920年），右为维斯林兄弟设计的真理报大厦外观（1924年）

图4.28

图4.29

富了建筑技术美学的表现形式（图 4.26—4.29）。格罗皮乌斯在总结这一美学进程时指出：

"我们的最终目的，就是形成一种不可分的综合艺术品，大的建筑，在这里，纪念性因素和装饰性因素之间旧有的分界线再也不存在了。"①

以格罗皮乌斯为代表的包豪斯的美学观点，不是在建筑上任意点缀和铺展雕刻、绘画，而是利用建筑本身的"抽象形状、色彩、线条"使"建筑艺术变成一种大尺度的抽象雕塑"②。就是说，对现代建筑的技术美学来说，"雕刻并未消失，只是建筑变成了抽象雕刻的一种形式"③。

当然，现代建筑活动并不一概拒绝和排斥建筑上的绘画、雕刻乃至装饰。作为城市与建筑环境艺术的重要组成部分，关键在于怎样将其融入城市，融入建筑，融入整体环境。这种"融入"，是有机的，而不是牵强的；是"增"美的，而不是"损"美的；是"有意味的形式"（克乃夫·贝尔），而不是无聊、低俗地添油加醋和画蛇添足。这也是许多现代建筑及其室内外环境艺术作品给予人们有益的美学启示（图 4.30—图 4.33）。

综上所述，从"古典美学"到技术美学，这是建筑艺术及其美学史上的一个划时代进展。然而，"它并非是少数几个建筑师、艺术家的个人奇想"，而是"我们时代的知识水平、社会条件和技术条件不可避免的合乎规律的产物"④。现代技术美学一经问世和发展，便显示了强大的生命力。但是，这一切并非意味着要彻底"摧毁"和"取代"传统的古典建筑美学。事实上，一

①② 彼得·柯林斯.现代建筑设计思想的演变（1750—1950）[M].英若聪，译.北京：中国建筑工业出版社，1987：333

③ 彼得·柯林斯.现代建筑设计思想的演变（1750—1950）[M].英若聪，译.北京：中国建筑工业出版社，1987：150

④ 格罗比斯.新建筑与包豪斯[M].张似赞，译.北京：中国建筑工业出版社，1979：1

图4.30　　　　　　图4.31　　　　　　图4.32

图4.33　　　　　　图4.34

图4.30 毕加索的风景画
图4.31 "建筑界的毕加索"——勒·柯布西耶和其抽象绘画
图4.32 勒·柯布西耶建筑作品中的抽象画（印度昌迪加尔议会大厦室内）
图4.33 勒·柯布西耶所作"张开的手"——昌迪加尔城的标志雕塑
图4.34 新古典主义的表现力：贝聿铭事务所设计的美国华盛顿犹太人纪念馆

① 汪正章.美的
"钟摆"——现代
西方建筑艺术思潮
一瞥[J].文艺研
究.1987（6）：
87-96
② 罗伯特·文丘
里.建筑的复杂性
和矛盾性[J].周卜
颐，译.建筑师，
1981（8）
③ 查尔斯·詹克
斯.后现代建筑语
言[M].李大夏，
译.北京：中国建
筑工业出版社，
1986：8

些由古典美学奠定理论基础的形式美、艺术美原则，经过改造和转化、推陈和出新，仍然能在现代建筑艺术创作中发挥应有的作用。而且在某些特定的环境条件下，古典美学还将具有一般技术美学所不能企及和替代的作用（图4.34）。人们敏锐地发现，当历史推进到20世纪60年代以后，现代建筑美学思潮不是又到达了一个新的"十字路口"，出现了新的艺术"摆动"吗！

二、"十字路口"

以表现新功能、新材料、新技术而区别于古典主义审美标准的新建筑运动，促使建筑艺术和审美观念发生了一场深刻的变革。在20世纪60年代以前的相当长的时期内，国际建筑界普遍认为：这场建筑美学领域里的观念变革是历史上任何一个时代所不可比拟的。然而，"好事多磨"，从20世纪60年代中期开始，人们纷纷批评以技术美学思想为主导的现代建筑"单调"、"冷漠"、"乏情"，谴责它的"功能至上"、"割断历史"、"艺术虚无"。现代建筑艺术究竟发生了什么事情？概而言之，今天的建筑学名副其实地处于"十字路口"①。

图4.35

美国后现代派建筑师罗伯特·文丘里（图4.35）指出："建筑师再也不能被清教徒式的正统现代主义建筑的说教吓唬住了。"②他以"复杂"对"纯粹"，以"折衷"对"干净"，以"曲折"对"直率"，以"含糊"对"分明"，以"丰富"对"简单"，以"两者兼顾"对"非此即彼"，以"体现兼容的困难的统一"对"排斥其他的容易的统一"，提出了自己的"复杂论"、"不定论"和"多元论"的独特审美见解，从而与正统现代派的"功能主义"、"纯净主义"等技术美学观点相抗衡。他在1966年发表的《建筑的复杂性和矛盾性》一书，被国际建筑界看做是自20世纪20年代勒·柯布西耶的《走向新建筑》问世以来一本"最重要的建筑艺术理论著作"，在当代建坛上激起了巨大的波澜。

另一位著名的英国建筑家查尔斯·詹克斯在《后现代建筑语言》、《晚期现代建筑和后现代建筑》等著作中更加全面系统地揭示和抨击了所谓"现代建筑艺术的危机"。他以伦敦泰晤士河旁的著名现代派作品"潘塔旅馆"等一类建筑为例，批评这类建筑"巨霸"似的"混乱尺度"和"人造形式"，认为现代派建筑艺术的"异化"现象已使今日建筑"变得如此无情，自命不凡而又极度拘谨"③。众所周知，作为社会人士，英国王子查尔斯也曾专门撰文，大肆抨击伦敦城内兴起的现代建筑之风，斥其"简单"、"粗大"和"丑陋"，

图4.35 罗伯特·文丘里（1925—）

并念念不忘古典主义建筑的"美好"和"迷人",赞扬伦敦及泰晤士河畔的传统人文风光和宜人的城市天际线。人们究竟应当怎样评价那些"四方方"、"盒子般"一类几何体为代表的现代建筑?这的确是一个严肃而有趣的美学话题。当不仅"四方方",且"圆滚滚"、"光溜溜"的伦敦大市政厅等类新建筑戏剧般矗立在静谧而古老的泰晤士河畔时,不知作为建筑圈内的詹克斯和作为建筑圈外的查尔斯,他们该作何评价?而面对那个号称"伦敦眼"的摩天巨轮,当它在一大片典雅、恬静、细巧的古建筑身旁腾空跃起、徐徐转动时,他们又该作何感想,情何以堪(图4.36—图4.40)?

其实,起来反对现代派建筑美学思想的不仅是一批新一代建筑师,也包括昔日的一些现代派的忠实信徒。如密斯的早期崇拜者菲利浦·约翰逊,当年曾拜倒在他老师那"皮包骨头"的钢铁玻璃建筑的门下,后来却一反常态地要和前辈"划清界限"了。他捧着半巴洛克、半文艺复兴"新古典"样式的纽约电话电报公司(AT & T)大楼的建筑模型,流露出欣然自得的神情,

图4.36

图4.37

图4.38

图4.36 伦敦泰晤士河近旁的盒子式高层建筑
图4.37 伦敦市政厅的斜卵形外观
图4.38 泰晤士河畔的金字塔形住宅
图4.39 泰晤士河畔的摩天巨轮("伦敦眼")与其近旁的老建筑
图4.40 尺度宜人的泰晤士河畔建筑风光

① 菲利浦·约翰
逊.美国建筑潮流
的现状[J].世界建
筑，1979（1）

图4.39

图4.40

并且获得了美国建筑师协会授予的金质奖赏。过去他设计了一个又一个"玻
璃盒"建筑，现在他又设计出一个又一个"新古董"了。他公然声称："任何
艺术都不存在什么法规，更没有什么必然性，有的只是奇妙的自由感。"①（图
4.41—图4.44）

那么，概括说来，国际上的建筑舆论界究竟把批评的矛头指向现代派建
筑艺术和美学思想的哪些论点呢？

图4.41

图4.42

图4.43

图4.41 菲利浦·
约翰逊（1906—
2005年）
图4.42 名为"玻
璃屋"的约翰逊住
宅
图4.43 "玻璃
屋"一角
图4.44 "玻璃
屋"平面
图4.45 密斯设计
的范斯沃斯玻璃住
宅

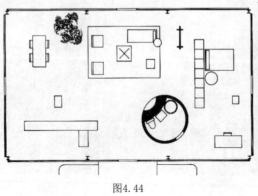

图4.44

图4.45

片面的"功能"论。现代派建筑师把美国"有机建筑"的倡导者路易斯·沙利文提出的"形式服从功能"奉为经典,进而发展到淡化、削弱乃至取消建筑艺术形式的地步。密斯曾说过:"我们不承认有单纯形式的问题,我们只承认有整个建筑的问题。"[①]这引起了某些新一代建筑师的震怒,他们说不是"形式跟随功能",而是"形式跟随惨败"、"形式跟随形式"[②]。

单一的"形式"论。在片面的"功能"论支配下,功能和技术决定一切,束缚了建筑师探索建筑艺术形式的广阔天地。人们把新建筑的单调形式一股脑儿地归罪于现代建筑的美学观点,讽喻"国际式"新建筑是"纸板箱"、"鞋盒子"、"鸡蛋箱子"、"档案柜"、"方格纸",等等(图4.45—4.49)。建筑艺术形式的僵化导致建筑千篇一律,缺乏个性,如詹克斯所批评的那样:"工厂像教室,教室像锅炉房,校长的神殿像建筑系大楼。"[③]其中"锅炉房像教堂"就是针对密斯设计的"伊利诺理工大学(IIT)大教堂"而言的。至于埃罗·沙里宁设计的麻省理工学院(MIT)小教堂,圆筒体、清水墙,一个构筑物似的

① 密斯·凡·德·罗.建筑思想(言论摘录)[J].张似赞,译.建筑师,1979(1)
② 阿尔弗雷德·罗斯.建筑现状之批判[J].刘小石,译.世界建筑,1980(1):71-73
③ 查尔斯·詹克斯.后现代建筑语言[M].李大厦,译.北京:建筑工业出版社,1986:12

图4.46 密斯设计的芝加哥湖滨公寓
图4.47 芝加哥湖滨公寓底层平面
图4.48 密斯设计的加拿大多伦多市多米尼中心
图4.49 多伦多市多米尼中心一角
图4.50 埃罗·沙里宁设计的麻省理工学院(MIT)小教堂

图4.46　　　　　　　　　　图4.47

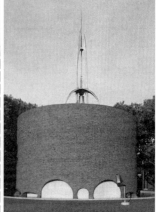

图4.48　　　　　　　　图4.49　　　　　　　　图4.50

① 摩什·赛弗迪.玩世不恭[J].肖伟，译.世界建筑，1982（4）：81-86
② 约翰·波特曼.建筑是为了人，而不是为了物[J].建筑实录，1977(1)

几何形现代建筑，詹克斯未曾提及。这是遗漏疏忽还是另有隐情，不得而知，但以此类推，恐怕同样难以逃脱被批评的干系（图4.50）。

冷峻的"乏情"论。人们指责按现代建筑理论规划设计出来的某些城市和建筑单调乏味，缺乏现代人的生活情趣和供市民邂逅休息的环境场所。勒·柯布西耶虽然提出了"阳光、空气、绿化"的城市规划思想，但在它指导下建造起来的几何形方格网城市如巴西利亚、昌迪加尔等却给人以"冷冷清清"、"毫无生气"、"无动于衷"之感，它"使人们好像仅仅生活在一个'规划方案'里"①。在赞叹这类新城及其建筑的宏伟壮观之余，人们日益迷恋昔日城市那种熙熙攘攘、丰富多变的热闹气氛和生活魅力（图4.51—图4.53）。

机械的"技术"论。今日建筑界越来越多的人认为：材料和技术对建筑艺术创作来说只是手段，不是目的，一切物质技术都是为人服务的。美国著名建筑师约翰·波特曼阐明的"一切为了人而不是为了物"②的设计哲学颇得人心，而在现代建筑的早期倡导者那里，"技术决定论"似乎成了某种不可逾越的艺术"拜物教"。作为集建筑师与地产商于一身的波特曼，擅长现代酒店设计，其作品外表暂不论及，但他所创造的充满"人情味"、"流动感"及"人看人"的高大共享空间——绿色中庭，堪称一绝、闻名于世，也生动地诠释了其"建筑为人"的设计理念和美学信念（图4.54—图4.60）。

排他的"历史论"。现代派建筑家尊重建筑艺术的现实性无疑是正确的，

图4.51 勒·柯布西耶于1925年所作的巴黎中心改建方案透视草图
图4.52 巴西建筑师柯斯塔提出的巴西利亚规划实施方案平面
图4.53 巴西里约热内卢旧城远眺

图4.51

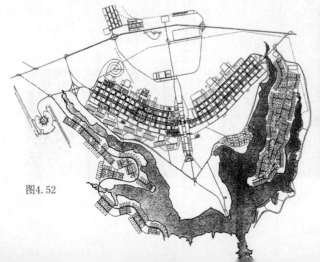

图4.52

图4.53

但他们很少承认历史传统在现代建筑创作中的借鉴作用，直至拒绝承袭任何传统建筑艺术形式。新建筑运动被一些人批评为一场"极左思想的清教徒式的大扫除"。

此外，对现代建筑艺术及其美学思想的指责还包括：孤立的"个体"论、虚无的"装饰"论、空想的"社会"论，等等。现代派建筑家虽然也讲城市、

图4.54

图4.55

图4.56

图4.57

图4.58

图4.59

图4.60

图4.54　约翰·波特曼（1924—）

图4.55　波特曼设计的美国洛杉矶波拿文丘旅馆

图4.56　洛杉矶波拿文丘旅馆中庭一角

图4.57　波特曼设计的美国亚特兰大凯悦丽晶旅馆

图4.58　亚特兰大凯悦丽晶旅馆中庭仰视

图4.59　波特曼在中国的代表作品——上海商城酒店

图4.60　上海商城酒店前庭：一个具有中国味和人情味的多功能空间

① 摩什·赛弗迪.玩世不恭[J].肖伟,译.世界建筑,1982(4):81-86

② 勒·柯布西耶.走向新建筑[M].吴景祥,译.北京:中国建筑工业出版社,1981:234

③ 格罗比斯.新建筑与包豪斯[M].张似赞,译.北京:中国建筑工业出版社,1979:7

④ 艾达·赫克斯苔布尔.彷徨中的现代建筑[J].路石,译.世界建筑,1982(3):81-86

⑤ 汪正章.美的"钟摆"——现代西方建筑艺术思潮一瞥[J].文艺研究,1987(6):87-96

讲群体,少数建筑师如美国的赖特甚至十分重视建筑与自然的"有机"结合,设计出像"流水别墅"那样脍炙人口、融入自然环境的建筑作品;但批评者认为,他们中的多数建筑师在具体创作中往往强调个体,忽视群体,忽视建筑和环境、文脉的联系,表现了建筑艺术创作中的某种"孤立主义"。至于现代派建筑家排斥装饰,其理论根源可追溯到奥地利建筑家阿道夫·路斯的论著《装饰与罪恶》。早在1908年,他就提出了"装饰就是罪过"的著名口号,其本意是要把建筑从繁琐装饰中解放出来,但却被现代派建筑师搞过了头,直至排斥一切"多余"的装饰,要装饰就只能结合功能、材料和结构去进行,从而有悖于普通公众的审美心理。对于这一点,即使是一些恪守新建筑创作原则的现代主义者也大惑不解地说:"现代派的清教主义压制了人们与生俱来的爱好装饰、喜欢打扮和愿意凑热闹的天性。"①而所谓空想的"社会论",即指第一代现代派建筑师中的一些人视建筑为"社会性的艺术",希图把传统的建筑艺术观念从"象牙之塔"中解放出来。在工业化时代,他们不遗余力地为改善资本主义社会中广大中下层人民的生活居住条件而奔走呼号,以便通过改造建筑来改造社会。早在20世纪初叶,勒·柯布西耶就在《走向新建筑》一书中提出过"要么进行建筑,要么进行革命"②的口号。但是,由于受到资本主义社会制度的约束,他们企图用"建筑"改造社会的愿望大半只能变成乌托邦式的泡影,他们幻想的"平民"建筑世界也只能是虚无缥缈的"伊甸园"式的天国之境。

不管怎样,人们对现代建筑艺术的这些批评虽言之有据,却也不能由此而否定它的历史功绩。然而这些批评和指责,从20世纪60年代开始到20世纪80年代,的确汇成了一股巨大的浪潮冲击着现代建筑美学的正统观念。对于这一局面,第一代现代派建筑师中的有识之士在世时似乎早就有所预见。在格罗皮乌斯(又译:华尔德·格罗比斯)所著《新建筑与包豪斯》一书的序言中,作者一方面强调建筑师们应善于运用新的技术手段并在功能合理的基础上去创造新的美,另一方面又不无顾忌地告诫他的追随者们:"如果建筑师在上述那个反映过程中向工程师一边荡过头了,那么在反作用中又会荡回到艺术一边来的。"③正如美国颇负盛名的建筑艺术评论家赫克斯苔布尔所指出的那样:"艺术犹似一个钟摆。""钟摆正在从改造世界的愿望摆向改造艺术的愿望。"④

三、美的"钟摆"

当今国际上的建筑美学思潮,"主义"繁多,流派纷呈。这里不打算卷入各种"主义"的漩涡去评判孰优孰劣、孰是孰非，而只想从建筑的形式美和艺术美方面去跟踪追击，并由此发端，进一步看看今日世界的建筑艺术"钟摆"具体在向哪里摆动①。

　　纵观当代建筑艺术及其美学思潮，总的趋势似乎正从先前的"功能技术美学"摆向"多元美学"，即由"纯净"摆向"丰富"，由"排他"摆向"兼容"，由"抽象"摆向"象征"。作为机器时代的功能美学和技术美学思想虽仍具生机，至今还被广泛运用于建筑形式美的创造，然而今日的建筑世界已不是它的一统天下。"变迁是多方面的，从微妙的到粗暴的，从精心的略事调整到笨拙的无节制的行动"②；从历史主义到"波普艺术"，真可谓花样翻新，无所不有。

　　现代功能技术美学在建筑中的一个正统观念是简洁、纯净和精练。建筑艺术形式遵从理性原则，简而又简，纯而又纯，用钢铁、玻璃和各种新材料建造的房屋，其外观几乎可以"净化"到像机器那样精致、光洁和合乎结构逻辑。密斯把这种纯净主义的功能技术美学思想概括为一句话："少就是多。""少"真的可以变成"多"吗？某些新一代的建筑师和建筑理论家们对此提出了疑问和挑战。美国的罗伯特·文丘里的论点是："多不等于少"，"少就是厌烦"。他认为"简练不成反而简陋"，一味简练会造成"平淡的建筑"③。在他设计的一些建筑作品中，往往同时使用"横、竖、斜、曲"等各种形态构成元素，使室内外空间和形体取得复杂多样、含糊不定的构图变化。不仅如此，文丘里还竭力推崇建筑的装饰艺术，认为建筑之所以区别于一般的"房屋"，就在于它的装饰性。"建筑的定义就是带有装饰的房屋"④（图4.61—图4.67）。文丘里的理论根据是房屋的结构外壳和建筑外形理应成为"二张皮"的关系，功能和形式可以"各行其是"；而在现代派那里，形式却受到功能和结构的羁绊。由于现代派建筑师拒绝形式的独立创造和装饰艺术，难免导致今日建筑形象的单调乏味和手法贫乏。

　　现代建筑中功能技术美学的另一个正统观念，是对传统建筑形式和民族风格的鄙视和排斥。对于这一历史虚无主义的极端做法，到了现代派建筑师的后继者那里似有反思，并在创作实践中予以改进。如美国建筑师路易·康、斯东及雅马萨基等人，他们在20世纪60年代设计的一些作品中，有的重新拾起了被抛弃已久的古典式拱券，有的追求古典式的端庄典雅或采用伊斯兰式"混凝土花格"和"镶边"。同勒·柯布西耶在印度设计的"遮阳花格"建筑相比，二者之间虽有"精细小巧"和"粗犷硕大"之分，但风格各异、异曲同工，多少丰富了现代建筑的表现手法（图4.68—图4.70）。除此以外，也有的热衷于利用混凝土的可塑性建造了仿哥特式、罗马式的多层建筑和超

① 汪正章.美的"钟摆"——现代西方建筑艺术思潮一瞥[J].文艺研究，1987（6）：87-96

② 赫克斯苔布尔.时代的镜子——二十年来的现代建筑[J].黄元高，译.世界建筑，1980（1）：63-70

③ 罗伯特·文丘里.建筑的复杂性和矛盾性[J].周卜颐，译.建筑师，1981（8）

④ 文丘里.历史主义的多样性、关联性和具象性[J].赵冰，赵国文，译.新建筑，1983（1）：67-72

图4.61

图4.62

图4.61 罗伯特·文丘里设计的母亲住宅外观

图4.62 文丘里母亲住宅正面

图4.63 文丘里母亲住宅平面

图4.64 文丘里设计的美国普林斯顿大学胡应湘堂

图4.65 文丘里设计的某消防站总部外观

图4.66 迈克尔·格雷夫斯设计的美国波特兰市政厅

图4.67 波特兰市政厅立面及细部组图

图4.68 雅玛萨基设计的纽约世贸中心大楼底部尖券

图4.69 雅马萨基设计的新德里美国驻印度大使馆及其大面积花格墙

图4.70 勒·柯布西耶设计的印度昌迪加尔高等法院外墙的遮阳花格

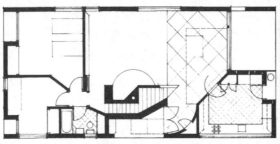

图4.63

图4.64

图4.65

图4.66

图4.67

图4.68

图4.69

图4.70

高层大厦，如菲利浦·约翰逊的某些带有折衷主义倾向的现代建筑作品等（图4.71、图4.72）。不过，所有这些，在激进的新一代建筑家看来，这只是历史风格的"回潮"，是某种"单薄的、恼人的、半生不熟"的历史主义。他们更加无所顾忌地掀起运用传统建筑语言的狂澜，从帕提农神庙的山花到古典五柱式，从文艺复兴式到巴洛克式，从伊斯兰的栱券到日本式的神社大屋顶，都能以极富夸张的姿态同新的建筑语汇"兼容并包"地出现在他们的设计图纸上。后现代建筑家们甚至直言不讳地声称要到历史的样式中"挑挑拣拣"。据报道，在1980年夏天的威尼斯国际艺术双年展上曾展出了当代世界75位著名建筑师的作品及立面设计图形，其中十之八九是倾向后现代古典主义或纯粹古典主义的建筑样式，从而创造了某种"混杂"的风格——被称为"古典主义和现代派的典型杂种"。

　　新一代建筑师的"兼容主义"美学思想还表现在对大众的"波普艺术"的重新评价和重视。文丘里等人合著的另一本书《向拉斯维加斯学习》中，令人惊异地赞美了商业街头的广告牌和各种通俗艺术，主张建筑师为适应"大众口味"，可以到市井艺术中去寻求创作灵感（图4.73—图4.76）。与这种大众建筑艺术相接近的是对某种"新乡土"和"新民间"风格的探求，其特点是"砖木结构、坡屋顶、小花园"式的低层房屋，以便追求和表现中世纪式的脉脉温情、

图4.71　　　　　　　　　图4.72　　　　　　　　　图4.73

图4.74　　　　　　　　　　　　图4.75

图4.71　菲利浦·约翰逊设计的美国休斯敦共和银行中心顶部

图4.72　菲利浦·约翰逊设计的美国匹兹堡平板玻璃公司总部

图4.73　"集锦"式的拉斯维加斯街景

图4.74　广告意味十足的拉斯维加斯街头

图4.75　拉斯维加斯沿街"纽约"旅馆

①② 文丘里.历史主义的多样性、关联性和具象性[J].赵冰,赵国文,译.新建筑,1983（1）：67-72

图4.76　　　　　　　　　　　　　　　　　　　图4.77

图4.78　　　　　　　　图4.79　　　　　　　　图4.80

田园风光和乡土气息（图 4.77—图 4.80）。

　　在建筑形式美和艺术美的"摆动"中，还应值得特别提出的是新一代建筑师们对"象征"手法的采用和刻意追求。应当说，现代建筑家并非一概排斥象征手法，那些由钢铁和玻璃构成的"国际式"建筑，就其反映工业机器时代的物质文明和精神文明来说，便是最简明而又有力的技术象征。其中，有些"象征"不仅展现了工业时代的技术力量，而且隐喻了某种实物形象。然而，在某些新的后现代建筑家看来，它们却缺少历史文化情趣和环境文脉意义。他们认为与其说这是"象征"，还不如说这是技术的"抽象"。文丘里说："在我力图创造一种与众不同的文化、不同的情趣或与不同的地点有关联的多样化建筑时，我的着重点与其说是放在形式或建筑的技术方面，不如说是放在象征性上。"① 他以在中东和西亚设计的一些建筑为例，说明把混凝土预制

图4.76　带有红蓝色尖顶童趣的拉斯维加斯街头酒店
图4.77　加拿大卡尔加里市某独院式住宅社区
图4.78　卡尔加里市某独院式住宅
图4.79　卡尔加里市另一木结构小住宅
图4.80　卡尔加里市某联排式住宅小楼
图4.81　沙特阿拉伯达兰机场候机楼局部

板上的洞口设计成栱和券，"满足了业主要求其象征民族特性和表达文化遗产的愿望"② （图 4.81）。这种"象征"显然不同于现代派建筑师对技术形式的抽象，这是一种历史主义的象征，它试图通过民族传统的古典建筑语言，通过历史性装饰符号，以求达到某种

图4.81

具有丰富文化意义的"具象性"象征。

以上种种现象表明，当今世界建筑正在发生美学思想的重大变迁和审美重心的转移。就建筑的审美价值而言，是从单纯理性转向情理兼容，出现了某种新的人文主义或称激进的折衷主义；就建筑的审美理想而言，是从客体（建筑审美对象）转向主体（建筑鉴赏者），出现了一种新的主体审美意识；就审美经验而言，是从自我意识（建筑师）转向群体意识（社会公众），出现了某种新的大众主义的建筑艺术。查尔斯·詹克斯把这种审美意识表述为"向两个层面说话"：一层是对建筑师以及对建筑艺术语言很关心的人，另一层是对广大公众、当地的居民。前者关心建筑学的特定含义，后者则是对舒适、传统形式以及某种生活等问题感兴趣。这种审美层面的划分符合当今社会的人情心理，它使一大批建筑师大胆闯入正统现代派建筑艺术及其美学思想的"禁区"，运用传统和现代相结合、专家和群众共欣赏的"双重"建筑语言（即所谓"双重译码"）创作了不少新奇多变而又"关联历史"的建筑形象。

20世纪80年代，人们对约翰逊设计的纽约电话电报公司大楼的历史主义形象展开了激烈争辩。这座建筑高高矗立于纽约街头，它的屋顶、墙身和基座构成"三段式"古典构图。其上部的巴洛克式三角形山墙的"断裂"处理以及下部的文艺复兴式的高高柱廊和巨大拱门，与其周围的"盒子式"现代派摩天大楼在艺术风格上形成了强烈对比。它被一些现代派建筑家揶揄为"开历史的玩笑"、"爷爷时代的座钟"；而美国著名建筑理论家、耶鲁大学教授斯考利却为其辩护道："建筑艺术是历史文化不可分割的一部分，这座建筑正在探讨着在新时代潮流下，建筑艺术如何结合历史传统，以求为广大人民群众所欣赏。现代派钢铁摩天大楼已充斥全城，人们对千篇一律的国际式风格已感到厌恶，而它却是在高层建筑中摸索一条新的道路。难道这种对建筑新风格的探求不令人鼓舞吗？"当谈到这座新古典式摩天大楼的价值观时，斯考利指出："虽然它的造价比同类建筑要高，但它那与众不同的形象却起了突出的标志作用与广告效果。"[①]（图4.82—图4.85）

无论如何，今日世界，建筑之作为艺术、形式之与历史关联、审美之"多元化"意念已被重新强调。对此，赞成者不少，如斯考利之上述论点便很具代表性；但也遭到一些严肃建筑师和现代派辩护者的反对。他们抨击这类建筑是复古主义的"老调重弹"，是形式主义的"自我表现"，是亵渎现代文明的"玩世不恭"。总之，当代世界建筑美学思潮仍然处在激烈动荡之中，它究竟走向何方、奔向哪里，人们将拭目以待。在这方面，现代建筑第二代名师贝聿铭、丹下健三及菲利浦·约翰逊的晚期作品值得关注（图4.86—图4.91）。世界在变，时势在变，生活在变，现代建筑仍然具有强大的生命活力。以几

① 刘先觉.后现代建筑的价值观[J].时代建筑，1986（2）：28-29

图4.82

图4.83

图4.84

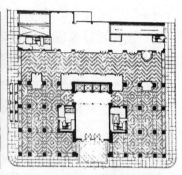
图4.85

图4.86

图4.87

图4.82　纽约电话
电报公司大楼
图4.83　纽约电话
电报公司大楼顶部
图4.84　纽约电话
电报公司大楼首层
平面
图4.85　纽约电话
电报公司大楼平面
图4.86　丹下健三
设计的日本东京都
市政厅新楼
图4.87　贝聿铭设
计的德国柏林历史
博物馆
图4.88　贝聿铭设
计的美国克里夫兰
摇滚音乐名人殿堂
图4.89　菲利浦·
约翰逊的收官之
作——纽约曼哈顿
春天街330号都市
玻璃之屋
图4.90　巴黎法国
国家图书馆新馆
图4.91　高层建筑
与现代几何组合体
的魅力

图4.88

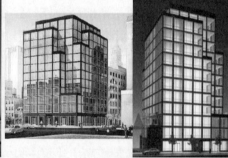
图4.89

图4.90

图4.91

何变革为特征的现代建筑仍然生机盎然、魅力四射及光照全球，而不似某些后现代理论家鼓吹的那样走向"崩溃"和"衰亡"。"艺术犹似一个钟摆"（赫克斯苔布尔），但历史的钟摆不是重复，而是螺旋上升。社会发展是这样，建筑艺术及其审美文化的进步和发展同样也是这样。

归根结底，人们的生活进程决定着建筑艺术的发展走向。在一定的物质功能和工程技术条件制约下，人，大写的人，作为生活主体的人，作为特定时代、特定社会、特定地区、特定人文背景和环境情景下的人群，他们不但是丰富多彩的物质和精神文化生活的主人翁和创造者，而且也是千变万化的建筑艺术创造的参与者、策划者、选择者和欣赏者。人，只有社会人群大众，才是推进建筑审美文化和建筑艺术发展的主体力量。它反映了建筑及其美学进展的一般规律，也是本章讨论"建筑美的进展"所得出的"规律性"认知。归根结底，当物质技术条件确定之后，人们的需求、愿望、向往、智慧和创造就成了决定因素；作为审美文化的其他艺术形式是这样，建筑艺术也不例外。

第五章　建筑美的原则

人类创造了建筑,同时也创造了美。这种"美"的创造有没有"公式"可依、"准则"可寻?严格地说,这里既不存在什么一成不变的公式,也不存在什么万般灵验的准则。只是在实践中,人们积累了欣赏和创造建筑美的丰富经验,从而获得关于如何欣赏和创造建筑美的规律性认知。一幢建筑,美与不美,怎样算"美",怎样算"不美",固然并无肯定答案和现成模式,但真正美的建筑,特别是那些脍炙人口的建筑杰作,又总是建筑师们"有目的"、"合规律"的创造。同样的砖石木土,同样的金属、玻璃和混凝土,同样以"无生命的物质堆"为媒介,为什么建筑及其环境营造会产生美丑之别呢?究其原因,正是建筑美的某些客观规律在起作用。而建筑师们遵循和运用这些规律去进行美的创造,就形成了建筑美的若干原则。

一、对偶互补

对于建筑美的描述,历来有两类话语,诸如秩序、协调、统一、简洁等为一类,而变化、对比、多样、丰富等则属另一类。于是,秩序与变化、协调与对比、统一与多样、简洁与丰富,等等,便组成了两两对应的美学词组,它们相依相托、互为补偿,从而共同谱写出建筑美的和谐乐章。这便体现了一条建筑美的原则:对偶互补。

"对偶互补",作为一种美学现象普遍存在于建筑之中。

你看,北京城里的明清故宫,从一道道宫殿大门,经"前三殿"到"后三殿",建筑沿着中轴线方向一进又一进整齐有序地坐落,由殿、阁、廊、庑、楼、门等围成的院落一层又一层地延续铺开,其空间组织显得条理分明、秩序井然。与此同时,那"嵯峨城阙、傑阁崇殿"的建筑形象,抑扬舒敛、纵横变化的内向空间,又使人感到起伏跌宕、气势非凡。显然,故宫的美既体现了"秩序",又体现了"变化"(图5.1—图5.3)。

你看,颐和园中那七百二十八米长廊,其每开间的型制几乎完全相同,那木柱形式、进深尺寸、檐廊高度乃至用料、色调、装饰、彩画等都采用了同一构图要素和不断重复的"元件"。然而,长廊却沿着湖面蜿蜒伸展、连续向前,人游其中,左顾右盼,步移景异。最妙的要算是其附近谐趣园中乐寿堂回廊墙壁上的那些什景"花窗"了——乍一看,它们仿佛是些形状重复、大小雷同的窗洞;细辨认,才发现它们有方形、十字形、扇形、锥形、瓶形、月牙形、旌旗形、圆弧形等,真是满目琳琅、妙趣横生。显然,颐和园长廊的美及乐寿堂花窗的美,既体现了"重复",又体现了"多样"(图5.4、图5.5)。

你看,那错落有致的徽州民居,它算是人们所熟知、所喜爱的建筑形象

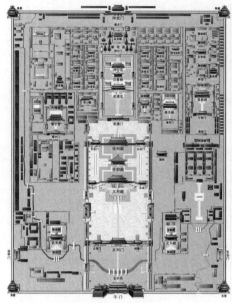

图 5.1

图 5.2

图 5.3

图 5.4

图 5.5

了。无论在村溪街头还是小巷曲径，只见那素雅、明净的"马头墙"，有平头的、倾斜的和圆曲的，有二折、三折和多折的，它们汇聚在"鸳瓦鳞鳞、粉墙片片"的整体建筑构图之中，显得分外协调。同时，白墙黛瓦，相互映衬，建筑或是整个儿被群山环抱，或是掩映在青山绿水、茂林修竹之间，使人感到悦目清新、目不暇接。房屋在其自身的"白与黑"、"浅"与"深"及其和大自然的色调对比中，组成了一幅幅优美生动的画卷。显然，我们从徽州民居建筑中，既看到了美的"协调"，又看到了美的"对比"（图 5.6—图 5.8）。

同样，建筑美的"对偶互补"在现代建筑中亦比比皆是。即便是高耸简洁的"方盒子"建筑、明净光亮的玻璃大厦，我们也可以从中找到这种"美"的奥妙。20 世纪 50 年代初期建成的世界第一幢高层钢架玻璃建筑——纽约利华大厦，其主体是一个高高耸立的"板块"，其附体是一个平平矮矮的"匣子"。两个体量一竖一横、一高一低、一主一从、一大一小，在既统一又变化

图 5.1 北京故宫平面
图 5.2 北京故宫鸟瞰
图 5.3 北京故宫的主体建筑和外部空间
图 5.4 颐和园长廊
图 5.5 北京颐和园谐趣园回廊花窗

图5.6

图5.7

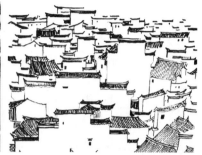
图5.8

的形式美中展现了多层次的"对偶互补"(图5.9)。由著名美籍华人建筑师贝聿铭设计的波士顿汉考克大厦,是一座高达63层的超高型建筑,其外墙面采用同一种灰蓝色调的镜面玻璃包镶,造型极其简洁、纯净、明快。然而,纯净的大片镜面外墙却可将蓝天、白云、朝晖、夕阳、树影、街景、汽车及人群等图像尽映其中,使建筑熠熠生辉、奇妙无比。特别是邻近一座造型独特、斑斓绚丽的古典教堂形象的映入,更为这幢大厦增添了异彩(图5.10、图5.11)。中国传统园林建筑讲究"借景",而现代镜面建筑则得景于"反射";如果说前者之妙在于"窗含西岭千秋雪,门泊东吴万里船",那么,后者之趣则是否可以称作"身映四围千重影,楼中自有万里云"呢!显然,汉考克大厦这类建筑借助于现代材料和技术手段,既展现了"纯净简洁"的美,又显示了"丰富变化"的美。

由上述秩序与变化、重复与多样、协调与对比、简洁与丰富这些两两对应的概念所构成的"对偶互补",不但展现了某种美的表象,而且反映了建筑美的规律。在各种自然美、人工美和艺术美的形象中,人们很早就发现了美的对偶和互补特性。什么叫"对偶互补"?对偶者,对称、对立、对应之谓也;互补者,即对立对应双方的互为依托、互依互动和补足平衡。它们几乎无所不在地蕴含在一切美的对象之中,由此交织成美的大千世界。"万绿丛中一点红","红花还需绿叶扶",说的是视觉美感现象中"丛"与"点"、"红"与"绿"的对偶和互补;"桃花一簇开无主,可爱深红爱浅红",说的是"簇"与"主"、"深"与"浅"的对偶和互补;"蝉噪林愈静,鸟鸣山更幽",说的听觉美感现象中"噪"与"静"、"鸣"与"幽"的对偶和互补。古希腊哲学家赫拉克利特(图5.12)说过:"互相排斥的东西结合在一起,不同的音调造成最美的和谐,一切都是斗争所产生的。"[①]在中国古代哲学家老子的学说中,更是表现出关于"对偶互补"的朴素的辩证法思想。所谓:"天下皆知美之为美,斯恶已;皆知善之为善,斯不善已。故有无相生,难易相成,长短相较,高下相倾,音声相和,前后相随。"(老子:《老子》二章)一张"阴阳太极图"

① 朱光潜.西方美学史(上卷)[M].北京:人民文学出版社,1963:35

图5.6 皖南宏村月塘一角
图5.7 皖南民居"马头墙"
图5.8 "马头墙"交响曲(安徽宏村画和摄友图片)

图 5.9   图 5.10   图 5.11

图 5.12

图 5.13

图5.9 纽约利华大厦透视

图5.10 波士顿汉考克大厦中的蓝天白云

图5.11 汉考克大厦一角：玻璃与教堂

图5.12 赫拉克利特（约公元前530—前470年），古希腊哲学家

图5.13 中国古老的阴阳太极图

就是"对偶互补"的美妙象释。你看，阴阳两极，白黑分明，它们彼此之间各占一边而又相互"抱合"，你中有我而又我中有你，对应的双方共同组成了一个动态平衡、有机协调的整体（图5.13）。世界上的万事万物，无不处在对偶而又互补的作用之中，建筑当然也不例外。

从某种意义上说，建筑形式美乃至艺术美的法则，实际上就是从诸多方面所展开的对偶互补法则。可谓"循"之者美，"弃"之者丑。拿建筑的空间组织来说，只有秩序而无变化，就会失于"呆板"；只有变化而无秩序，又会失于"离散"。拿建筑单体或建筑群体来说，只有重复而无多样，就会失于"枯燥"；只有多样而无重复，又会失于"纷乱"。拿建筑环境艺术来说，只有协调而无对比，就会失于"单调"；只有对比而无协调，又会失于"生硬"。拿建筑细部处理来说，只有简洁而无"丰富"，就会失于"空乏"；只有丰富而无简洁，又会失于"繁琐"。除此而外，建筑形式美中的节奏和韵律、比例和尺度、对称和均衡、重点与一般、联系与分隔、整齐与参差、规则与自由、等等，建筑形态构图中的虚与实、大与小、竖与平、高与低、方与圆、直与曲、动与静、藏与露、隐与显、围与透、聚与散、收与舒、奥与旷、疏与密、简与繁、等等，还有，建筑质感、肌理、色彩和色度中的粗与精、冷与暖、鲜与灰、明与暗、纯与杂等等，无一不是因"对偶互补"（或则"对应"双方之互补，或则"对立"双方之互补）而使建筑"美"的形象得以展现（图5.14—图5.19）。

布鲁诺说："这个物质世界如果是由完全相象的部分构成就不可能是美的了，因为美表现于各种不同部分的结合中，美就在于整体的多样性。"（布鲁诺：《拉丁文著作集》）在各种建筑形式美的法则中，"多样统一"是一条根本法则，它是哲学上的对立统一规律在形式美中的反映；表现在具体建筑中，可以通过多种艺术处理手段而实现。

古罗马斗兽场的墙壁随着椭圆形的平面轨迹而连续延伸，建筑的圆曲形体显得完整而又统一；但由于各开间采用"券柱式"构图，在立面上造成直

图 5.14

图 5.15

图 5.16

图 5.17

图 5.18

图 5.19

线与弧线、水平与垂直、虚面与实面的强烈对比，故而使建筑整体变得十分丰富。这是运用几何手段求得建筑美的"多样统一"（图 5.20）。

　　明清时代的北京城，以紫禁城为中心，"左祖右社，面朝后市"，街道成棋盘式格局，城市总体构图整齐划一；而中南海、北海、景山这三组自然园林风景的有机楔入，则活跃了城市气氛，增添了城市景观的生动感。这是运用规则美和自然美的结合取得的"多样统一"（图 5.21）。

　　在欧洲中世纪的许多城市中，看上去虽房屋稠密、街道弯曲，其市区面貌近乎纷乱，但由于市中心的高耸教堂等建筑主宰着城市景观和天空轮廓线，从而"乱"中显"序"、"平"中见"奇"，使之获得整体的统一感。这是运用"主

图5.14　圣马可广场总督宫：重复渐变关系的"对偶互补"

图5.15　巴西利亚图书馆：上下虚实关系的"对偶互补"

图5.16　巴西利亚国会大厦：正反体量关系的"对偶互补"

图5.17　巴西利亚陆军司令部检阅台：形体曲直关系的"对偶互补"

图5.18　波士顿肯尼迪图书馆：黑白对比关系的"对偶互补"

图5.19　肯尼迪图书馆临海水景

① 梁思成.梁思成文集（四）[M].北京：中国建筑工业出版社，1986：258

图 5.20   图 5.21

图 5.22   图 5.23

图 5.24   图 5.25

图5.20 古罗马斗兽场
图5.21 与城市棋盘格局形成鲜明对比的北京城中心自然景区
图5.22 意大利佛罗伦萨主教堂
图5.23 瑞典斯德哥尔摩一教堂广场
图5.24 美国纽约原有城市天际线
图5.25 上海陆家嘴城市天际线

从关系"法则所求得的"多样统一"。如今，这一独特的美学构图原理，已在世界各地的城镇设计和环境建设中得以广泛运用，放出异彩，尽管其建筑类型和形式早已发生变化（图5.22—图5.25）。

我国著名建筑学家梁思成有鉴于"建筑是凝固的音乐"，曾尝试将北京天宁寺密檐式舍利塔的造型韵律谱成"乐曲"来表达。此外，他还用"2/4节拍"形容建筑中"一柱一窗"的连续排列，用"圆舞曲"形容"一柱二窗"的连续排列，用"4/4节拍"形容"一柱三窗"的连续排列①。这是运用节奏和韵律法则去求得"多样统一"（图5.26—图5.28）。

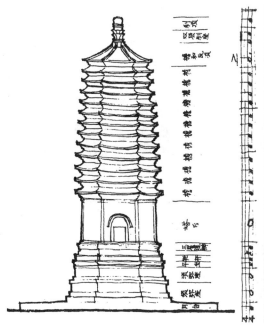

图 5.27

图 5.28

图 5.26

图 5.29

图 5.30

图 5.31

　　南京中山陵音乐台是杨廷宝先生于 20 世纪 30 年代所设计创作的一个经典作品，它至今仍令观者流连忘返，赞赏不已。其结合地形和观演功能所形成的圆弧构图，"横曲竖直"所产生的节律韵味，及其以扇形为"母题"所创造的整体环境氛围等，均取得了音乐性、史诗般的美学效果，并在舒展流畅、和谐简约的线条中透出丝丝时代气息和典雅情趣。这是娴熟运用曲线重复手法求得的"多样统一"（图 5.29—图 5.31）。

　　北京香山饭店的设计结合山林地势将建筑沿水平方向展开，使得整体布局错落有致，但建筑造型本身却用大片白墙和不断重复的菱形图案及窗饰加以统一。这是运用形式和色调的"母题"方法求得的"多样统一"（图 5.32、

图5.26　梁思成
（1901—1972年），
中国建筑史学与建筑教育的一代宗师
图5.27　北京天宁寺舍利塔的节奏分析
图5.28　北京天宁寺舍利塔
图5.29　杨廷宝
（1901—1982年），
现代中国建筑和建筑教育的一代宗师
图5.30　南京中山陵音乐台全景
图5.31　中山陵音乐台近景

① 梁思成. 梁思成
文集（四）[M].
北京：中国建筑工
业出版社，1986：
258
② 黑格尔. 美学
（第一卷）[M].
朱光潜，译. 北
京：商务印书馆，
1979：180
③ 陈志华. 外国建
筑史[M]. 北京：
中国建筑工业出版
社，1979：121
④ 黑格尔. 美学
（第一卷）[M].
朱光潜，译. 北
京：商务印书馆，
1979：5

图 5.32　　　　　　　　　　　　　图 5.33

图 5.33）。

　　事实正如梁思成所指出："翻开一部世界建筑史，凡是优秀的个体建筑或者组群，一条街道或者一个广场，往往都以建筑物形象重复与变化的统一而取胜。说是千篇一律，却又千变万化。"①建筑的美，正是在"千变万化"和"千篇一律"的对偶中得以呈现、充实和补偿。"最伟大的艺术，是把最繁杂的多样变成高度的统一"，"一个建筑师的首要任务，就是把那些势在难免的多样化组成引人入胜的统一"（托伯特·哈姆林：《建筑形式美的原则》）。

　　在历史上，美学家们总是爱用"和谐统一"去揭示美的奥秘，但什么是"和谐"呢？其实，和谐就是多样的统一，就是"差异面"的对偶互补。仅有多样变化而无整体统一，不能导致和谐；仅有整体统一而无多样变化，也不能导致和谐。黑格尔曾指出："和谐是从质上见出差异面的一种关系"，"各因素之中的这种协调一致就是和谐"。②建筑师们追求建筑中的和谐美，实质上就是追求"多样统一"的美，"对偶互补"的美。

　　建筑美的对偶互补，不仅表现为建筑形式中各相关要素的和谐，而且还表现为建筑形式和其相关内容的和谐。在这方面，古典建筑美学的一贯思想是偏于前者。文艺复兴的建筑艺术家们在建筑和谐美的探求方面做出了杰出的贡献，但是，包括阿尔伯蒂、帕拉底奥等人在内，他们讲到和谐美时，也大都局限于建筑形式自身的和谐，如比例尺度的和谐、形体样式的和谐、色彩质感的和谐、明暗关系的和谐、图案装饰的和谐等等。所谓"美就是各部分的和谐，不论是什么主题，这些部分都应该按这样的比例和关系协调起来"③。建立在"对立统一"即"多样统一"、"变化统一"基础上的和谐美论，在黑格尔那里，其外延得以扩大，内涵得以加深，即从形式自身的和谐扩展到形式与内容关系上的和谐。黑格尔指出："美的生命在于显现。"④就是说，建筑的"理念"（内容）显现于"现象"（形式），构成有机的统一体，才有美。它成了现代建筑追求"表里一致"、"内外协调"的先声。

图5.32　北京香山
饭店中庭
图5.33　不断重复
的香山饭店菱形窗

总之，"对偶互补"有助于解释建筑艺术中的许多美学现象，所以它不但反映了建筑形式美的规律，而且还关系到对整个建筑美的规律的认知、把握和运用。

二、有法无"法"

这里说的"法"，主要是指建筑美的法则、法式及手法。无疑，人类在建造房屋时不仅按照功能技术法则使其坚固实用，以满足物质生活的需求；同时，也按照均衡、对称、比例、协调等美学法则"创造出美丽的布局、体型、色彩和装饰等，以丰富精神生活，满足美的享受"。"法则"，它是对建筑美的高度抽象，属建筑美的较高层次，并制约着建筑美的"法式"和"手法"。那么，什么是建筑美的"法式"呢？所谓法式，是针对某一建筑类型、建筑体系或建筑形式中的美学问题所做的规范性约定。西洋的"五柱式"①、中国的"营造法式"②以及古典的、现代的、后现代的"建筑语言"，都可以归于或涉及"法式"这一层次。至于"手法"问题，相比之下，已属建筑美的较低层次，借此可以直接转化为建筑美的形象。

应当承认，法则和法式，在一定条件下构成了建筑艺术及其形式美的基础。我们说金字塔是美的，因为它有着稳定、均衡的锥体造型，四根棱线整齐一律，符合比例和谐的美学原则；我们说希腊建筑是美的，因为它们有着符合美学法则的古典柱式，"柱式给予其他一切以度量和规则"；我们说中国古代建筑是美的，因为它们既"千篇一律"又"千变万化"，符合多样统一的美学原则。同样，许多现代化建筑物之所以是美的，不仅因为它符合功能、材料和结构的客观法则，而且以其精神上的"条理性"、"统一性"和"比例感"体现了建筑的美学法则。勒·柯布西耶还直接从"黄金分割"、"人体模度"、"数学思辨"的传统理性美学法则中取得借鉴，在其众多设计作品中展现了简洁明快、几何抽象式的现代建筑美。他说："为了解决完美这一问题，首先必须树立起一定的标准。帕提农就是符合于达种标准的一个精选的产品。"③所谓"标准"，就是指运用统一的、科学的美学法则去进行美的创造。在他看来，要想使新建筑成为美的"精品"，就必须赢得"比例与尺度上的成就"，达到"更高级的满足"。他把新建筑的美寄托在这类美学法则的运用上，并以此代替"多余的"装饰。他指出：将装饰和比例相比，"装饰是属于感性初级的性质"，属于"初级的满足"；而按"协调和比例"创作的新建筑，则能"激发人的理智本能，吸引着有文化的人"，将成为"有修养人的爱好"④。这样的新建筑，才能堪称"一种崇高的艺术"，才是我们时代符合美学标准，可以和古希腊帕

① 指古罗马五柱式（陶立克、塔斯干、爱奥尼克、科林斯、混合式）。
② 北宋崇宁二年（公元1103年）由官方颁行的一部房屋营造典籍和"规范"。
③ 勒·柯布西耶.走向新建筑[M].吴景祥，译.北京：中国建筑工业出版社，1981：102
④ 勒·柯布西耶.走向新建筑[M].吴景祥，译.北京：中国建筑工业出版社，1981：102-109

① 周忠厚. 狄德罗的美学和文艺思想[M].北京：文化艺术出版社，1987：36-37

② 朱光潜.西方美学史（上卷）[M].北京：人民文学出版社，1963：230

③ 伊利尔·沙里宁. 城市：它的发展、衰败与未来[M].顾启源，译. 北京：中国建筑工业出版社，1986：15

提农时代任何建筑相媲美的"精选的产品"。不过，勒·柯比西埃所说的"比例"，显然不是对古典建筑的模仿，而是一种伟大创造。

　　阿尔伯蒂（图5.34）说："建筑艺术无疑地应该受艺术和比例的一些确切的规则的制约，无论什么人忽视了这些规则，一定会使自己狼狈不堪。"（阿尔伯蒂：《论建筑》）无疑，建筑美学上的法则、法式或规则，对建筑美的创造具有重大的指导作用。但是，这种作用只有相对意义，而无绝对意义。法国18世纪美学家狄德罗（图5.35）曾用"实在的美"和"相对的美"说明"美在关系"的论点。他指出：

图5.34　　　　　　图5.35

　　"不论他从自然中采用例子，或从绘画、道德、建筑、音乐中借取典范，他总可以发现那本身具有唤起关系观念的东西，而他称之为实在的美；也总可以发现那唤起他将其他事物加以比较的适当的东西，而他称之为相对的美。"①

　　在狄德罗看来，一朵花"美"，一条鱼"美"，一幢房屋"美"，都不过因为我们从组成它的各部分之间"看到了秩序、安排、对称、关系"；又从这朵花和那朵花、这条鱼和那条鱼、这幢房屋和那幢房屋的相比较中，看到了同类事物的"或美或丑"。狄德罗的"关系美论"可以帮助我们诠释建筑形式美的相对性，从而摒弃建筑美的绝对观念。就是说，建筑美的各种客观属性和法则法式，都离不开一定的空间时间、内部外部的相关条件。否则，美可以变丑，丑也可以变美。以如何对待建筑美的稳定法则为例，"建筑学的规矩要求柱子上细下粗，因为这样的形体才能使我们起安全感，而安全感也是一种快感"②。但这种情况也不是绝对不变的，对于整体刚性结构或悬臂结构来说，有时恰恰需要把柱子比例颠倒过来，做成"上粗下细"才能安全合理。再如，类似"倒金字塔"、"逆台阶"（悬浮体）等反常规、反引力的逆形体建筑在今天也屡见不鲜，且并未使人产生"危险感"。现代的人们从这些"相逆"的结构或形体中逐渐接受"安全感"的新信息，因此也就习以为常、习以为美了（图5.36—图5.43）。然而，我们不妨设想一下，倘若在3000年前的尼罗河畔，在古老的金字塔旁边，面对大漠孤烟、长河落日，果真出现一个头重脚轻的"倒金字塔"的奇异形象，能不将古埃及人吓一跳么！

　　著名现代建筑家伊利尔·沙里宁说过一句话："艺术毕竟不是从定律中生长出来的，但是定律是从艺术中生长出来的。"③定律、法则、规则和法式，

图5.34 莱昂·巴蒂斯塔·阿尔伯蒂（1404—1472年），意大利文艺复兴时期建筑师和建筑理论家

图5.35 德尼·狄德罗（1713—1784年），法国唯物主义哲学家、美学家

图 5.36　　　　　　　　　　　图 5.37

图 5.38　　　　　　　　　　图 5.39

图 5.40　　　　　　　　　　图 5.41

图 5.42　　　　　　　　　　图 5.43

图5.36　赖特设计的美国约翰逊公司行政楼内的钉型柱
图5.37　巴黎马赛公寓建筑底部V形柱
图5.38　巴黎卢浮宫地下室的玻璃倒金字塔
图5.39　美国亚利桑那州坦帕市市政厅
图5.40　美国纽约新当代艺术博物馆
图5.41　美国达拉斯市政厅
图5.42　上海世博会中国馆
图5.43　上海世博会沙特馆

① 计成.园冶注
释[M].陈植,注
释.北京:中国建
筑工业出版社,
1988:37
② 意大利巴洛克
建筑艺术家伯尔
尼尼所说,见陈
志华.外国建筑史
[M].北京:中国建
筑工业出版社,
1979:133
③ 意大利巴洛
克建筑师迦里尼
所说,参见陈志
华.外国建筑史
[M].北京:中国建
筑工业出版社,
1979:133

图 5.44

图 5.45

都是可以发展、可以变化的。在建筑美的创造中,既有上述"'法'不变而'形'变"的情况,也有某些"'法'变而'形'也变"的情况。"对称",可以说是一条千古流传的美学法则了,从亚里士多德、维特鲁威到阿尔伯蒂、帕拉底奥、维尼奥拉等,那些古代的哲人、艺术家、建筑家们总是为"对称"高唱美的赞歌,对它笃信不疑。的确,"对称"是从人类和自然的无数物质和精神现象中抽象出来的美学定律,它甚至具有某种天然的完美性和普遍的适应性(图 5.44、图 5.45)。但是,正像"对称"之所以出现及其被人们接受和欣赏一样,当它与反映生活的艺术现实发生矛盾的时候,人们也可以突破它、超越它,乃至抛弃它。雅典卫城上的多数建筑是对称的,而它的入口山门和城中的伊瑞克提翁神庙却是非对称的(图 5.46)。北京故宫是轴线对称的格局,而与其近在咫尺的乾隆花园却是自由灵巧的非对称格局(图 5.47、图 5.48)。承德外八庙中的须弥福寿之庙和普陀宗乘之庙,由于受自然地形所限,致使前区恪守轴线对称法则,空间序列极其严整、规则,而后区的建筑则依山就势、星罗棋布,道路也曲折攀盘、逶迤向上,布局自由,错落有致(图 5.49、图 5.50)。由此可见,即使在同一建筑艺术创作中,古代的匠师们对于"对称"这条古训,也是既有遵循又有突破的,从而做到因地制宜,把不同格调的建筑美巧妙地结合在一起。至于中国传统的江南园林,更以"道法自然"为美,而全然置轴线、对称于不顾了。谓之:"造园无格,得景随形","园有异宜,无成法"。若要论"法",那么,"相地合宜,构园得体"就是中国园林建筑艺术中不成法的"法中之法"①(图 5.51—图 5.53)。

诚然,建筑美的法则法式,确是一般地反映了美的客观属性,但它们毕竟是人类总结出来的主观经验,融合着人的艺术理想和审美意志。既然人们能够发现它、制定它,必要时也就能够修正它、破坏它。"一个不偶尔破坏规则的人,就不能超越它"②,"建筑应该修正古代的规则并且创造新的规则"③。

图5.44 古典主义建筑的对称性:加拿大维多利亚省议会大厦
图5.45 整体对称,局部也对称:维多利亚省议会大厦侧面

图 5.46

图 5.47

图 5.48

图 5.49

图 5.50

图5.46 非对称的希腊雅典伊瑞克提翁神庙
图5.47 北京故宫乾隆花园小景
图5.48 故宫乾隆花园中的曲水流觞
图5.49 承德须弥福寿庙
图5.50 承德普陀宗乘庙

① 布鲁诺·赛维.现代建筑语言[M].席云平，王虹，译.北京：中国建筑工业出版社，1986：14
②③ 布鲁诺·赛维.现代建筑语言[M].席云平，王虹，译.北京：中国建筑工业出版社，1986：19，27

图5.52　　　　　　　　　　　　　图5.53

图5.51

如果说，对称这条"规则"在古代建筑中只是偶尔受到"破坏"的话，那么，现代的一些建筑家则大有将它弃之而后快了。翻开布鲁诺·赛维所著《现代建筑语言》一书，其开宗明义第一章就提出了"反古典学说的准则"，并提出"对称性和协调性"是古典的重要建筑准则，而"非对称和不协调性"则是现代的重要建筑准则①。一间房屋，若问：窗子开在什么地方？门开在什么地方？画应该挂在什么地方？布鲁诺·赛维的答案是，从"现代建筑原则"出发，从功能和环境角度考虑，对墙壁而言，"挂画"的位置"除中间外，别处都可以"②。一个房间是这样，一幢建筑也是这样。"如果建筑物要与周围环境发生联系，它就不能是对称的，不能是完整形式，而要与环境互为补足，相辅相成"③。赛维甚至号召人们把"对称性"看成"建筑上的恶性肿瘤"而加以"割除"，将现代建筑从古典的"对称、比例、协调"中解放出来，扬言以"非几何形状和自由形式、非对称和反平行主义"的现代建筑语言规则取而代之。这类主张不免偏激，但也向世人宣称建筑绝没有一成不变的美学法则，"对称"等也绝不是建筑美的不二法门。今天的建筑与城市景观已由往昔的静态"对

图5.51　我国著名老一代建筑师陈植专著《园冶注释》（计成原著，陈植注释）
图5.52　《园冶》作者计成（1582—1642年）故居，位于苏州吴江同里镇
图5.53　计成故里同里镇退思园一角
图5.54　加拿大卡尔加里大学校园总平面：非对称性自由式空间组合
图5.55　卡尔加里大学校园中一个四跨间的小巧纪念廊

图5.54　　　　　　　　　　　　　图5.55

称"转向动态的环境"对话",由严格的轴线对称转向灵活的空间构成。它意味着：一条旧的美学法则的衰变，一条新的美学法则的兴起（图 5.54、图 5.55）。真是"至人无法，非无法也，无法而法，乃为至法"，"夫画：天下变通之大法也"（石涛：《石涛画语录》变化章第三）。在这方面，建筑与绘画倒乃同出一理（图 5.56、图 5.57）。

① 罗伯特·文丘里.建筑的复杂性和矛盾性[J].周小颐，译.建筑师，1981（8）

纵观古今建筑美的沿革，只守成法、不事"变通"，意味着墨守成规；而只事"变通"，不讲"法则"，则又会随心所欲。从"有法"与"无定法"的辩证美学思想来看，无论是轴线对称也好，比例协调也好，抑或是任何别的美学法则也好，都可以因适当条件而发生变异或转化，并推动着建筑艺术及其审美文化的发展。亦如当今著名"后现代"建筑家文丘里所说："一切由人制定的法则极为局限。当发展形势与法则有抵触时，法则就应该改变或废除：反常和不定在建筑上是行之有效的。"①

图 5.56

图 5.57

三、理情寓合

讨论建筑美的问题，不能不提到"理"、"情"二字。理情寓合、情理交融及有情有义，这是欣赏和创造建筑美的又一条重要原则。

维特鲁威在《建筑十书》中讲了这样一则故事：

相传在古代希腊的科林斯市，住着一位妙龄女郎。有一天，她突然因病死去，其乳母将她生前喜爱的什物装入篮子里，并用石板压住，而后把它搁置在女孩坟茔的墓碑上。冬去春来，大地复苏，一种叫忍冬草的植物偶然间攀入花篮里，又成涡卷状从顶板下伸攀出来，从而构成了柔曲有趣的美丽图饰。这一情景启发了一位路过此地的石匠，他长于精雕细刻，又心灵手巧，终于造出了带有忍冬草叶饰、形似花篮的"科林斯式"柱头（图 5.58、图 5.59）。

这则故事只是传说。希腊柱式尽管美丽，却也早已变成历史的陈迹。不过，从科林斯柱式这一优美传说中，我们仿佛看到了建筑美中所蕴含的"理"的明晰，闻到了建筑美中所散发的"情"的芬馨。

柱式，它是希腊建筑艺术的精华所在。由柱头、柱身和柱础所组成的柱子及其细长比例，服从于材料法则，反映出结构逻辑，透析出极强的"理性"精神。然而，在古希腊柱式中，除了质朴刚健的陶立克柱式依然保持着无机的几何形态而外，都又经过了模仿有机形态的美学加工。作为一种受力部件，柱头的形态是抽象的、几何的、有理的，而爱奥尼克柱头的"卷涡"、科林斯柱头的"叶饰"，又是具象的，非几何的、有机的。可以说，由某种"有机"形态所表现的情感色彩，在古典建筑中尤为显著。沃林格说："对那些充溢着

图5.56 石涛（1642—约1707年），清代画家，中国画的一代宗师
图5.57 石涛笔墨手迹

① W.沃林格.抽象与移情[M].王才勇，译.沈阳：辽宁人民出版社，1987：81
② 勒.柯布西耶.走向新建筑[M].吴景祥，译.北京：中国建筑工业出版社，1981：163
③ 布正伟.自在表现论——在各流派之间延伸的创作之路[J].新建筑，1988（1）：23-34
④ 彭立勋.美感心理研究[M].长沙：湖南人民出版社，1985：183

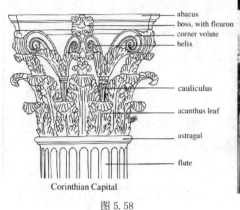

图 5.58

图 5.59

生命的石块的快感，演化成了对我们自身的快感。"①材料、结构、受力，生命、有机、快感，作为美的化身的这类古典柱式，不但寓美于"理"，而且寓美于"情"——"有了柔情气息，就产生了爱奥尼克柱式……"②（图 5.60）。

图 5.60

建筑艺术的美，从来就是"理"与"情"的奏鸣曲。在我国建筑学界，有人提出了建筑中的"理性要素"和"情感基因"问题，认为它们之于建筑艺术犹如"精卵相逢"的"亲合"③。建筑的生命及其美感的发生，皆维系于此。那么，什么是建筑美中所蕴含的"理"呢？广义地理解，诸如功能、经济、材料、结构、逻辑、物理、生理乃至伦理、哲理这类与建筑相关要素，它们都可纳入建筑美的理性范畴，从而构成建筑美的物质条件和客观基础，支配着建筑美的欣赏和创造。狭义地理解，建筑美的理性内容是指建立在数学和几何学基础上的对称均衡、比例尺度、秩序协调等形式美法则，它们反映了建筑美的造型规律，对于建筑美的欣赏和创造同样起着支配作用。再则，什么是建筑美中的"情"呢？"情"者，情怀、情感、感情。它是"人对客观事物是否符合需要而产生的体验"④。建筑美中的"情"，主要是指建筑上某些与人的情感、情态、情绪、情趣、心理、意志、精神等相关联的非理性成分。它是通过建筑艺术的空间形象和环境氛围，借助人的感知、联想和想象所产生的某种感情信息——或则庄重严肃，或则亲切愉快，或则豪放爽朗，或则忧郁沉闷，或则热情炽烈，或则温柔恬静，如此等等。建筑，作为一种人造的空间场所和物质环境，作为抽象的实体形态，在"缘情"方面，当然不能像文艺作品那样直接再现"沉鱼落雁之容，闭月羞花之貌"那样的逼真形象，不能具体描绘出"细雨鱼儿出，微风燕子斜"那样的融融画意，也不能抒发"感

图5.58　科林斯柱头图示
图5.59　雅典宙斯神庙上的科林斯柱头
图5.60　爱奥尼克柱头

时花溅泪,恨别鸟惊心"那样的浓浓诗情。然而,当你沿着乡间小道,走过那"小桥、流水、人家"时,或许能勾起对往昔峥嵘岁月的无尽思绪,引发对乡间一草一木的缠绵悱恻(图5.61—图5.63);当你登上长江之畔的武昌蛇山黄鹤楼,你也许会借助那"黄鹤一去不复返,白云千载空悠悠"的诗句,直抒胸臆、追昔抚今(图5.64);当你畅游琅琊山"醉翁亭",或许你能想象出当年的文学大家欧阳修在与一帮骚人墨客会聚时,把盏"曲水流觞",一边醉酒,一边"比兴"吟诵的飘逸情景(图5.65)。还可以举些例子:倘若一位久别羊城的海外赤子驱车来到珠江边的白天鹅宾馆,在他眼前掠过的首先是建筑的矫健身影;接着,当他步入洒满阳光的中庭大厅,举目便能见到由岭南式盝顶凉亭、摩崖、石壁和瀑布所组成的"故乡水"。"美不美,家乡水;亲不亲,故乡人"。面对此情此景,归来的游子能不感受到"乡情"的纯真和温暖么(图5.66)!素有"万国建筑博览会"之称的上海外滩,其建筑外观及环境之优美壮观,已为举世所公认,倘若有三位全然不同的人物同去游览——

图 5.61

图 5.62

图 5.63

图 5.64

图5.61　小桥·流水·人家
图5.62　江西婺源"彩虹桥"下的水汀小桥
图5.63　皖南宏村弓桥水景
图5.64　黄鹤楼与黄鹤

图 5.65   图 5.66

图 5.67   图 5.68

一是昔日洋亨到此重游，一是上海籍华侨来此寻踪，一是外地青年初来浏览，他们分别置身其中，面对此情此景，各自会有何感受？或许那位外国大亨会有感于"世事沧桑"，那位归国华侨会有感于"梦牵故里"，而那位青年由于初次看到这邻次栉比、风格各异的楼群，当会为之"心驰神往"（图 5.67、图 5.68）。

所有这些，都表现了建筑美的情感作用。建筑以其形体、空间、线条、材料、色彩、质感所构成的艺术形象和环境气氛，不仅给人以形式上的美感享受，而且还牵动着人的情感神经。这就是建筑美的表"情"性。古人云："感人心者，莫先乎情。"建筑美的"感人"之处，既在其"理"，又贵乎"情"。"理"与"情"又是统一的、互补的、相依的，即所谓"理以道情，情必依乎理"。我们承认建筑美的情感作用，但毕竟"理"是第一位的，"情"是第二位的。建筑的物质功能决定着它的理性精神，建筑的精神功能则决定着它的情感效应。因此，一切优秀的建筑艺术，必是理性与情感的交织。

中国建筑在其几千年的延续发展中，一个鲜明的艺术特点就是它所蕴含及其所表现出来的清晰的理性精神。就单体建筑而言，它一般采用木框架承重，墙壁只起围蔽作用。这种对"承重"与"围蔽"所做的明确的功能区分，以及在木架结构基础上发展起来的"标准"、"材理"、"法式"和"装配"式手工技艺，显示了科学的理性逻辑。以"材"、"栔"、"分"^①为度量单位的模数尺寸系列和以"架"、"间"、"进"为基本单元的空间系列，保证了构件之间的结合、现场营造的快捷以及建筑整体和局部之间的协调。此外，由庑殿、歇山、攒尖、卷棚、重檐、盝顶、悬山、硬山等所组成的屋顶系列，由"穿斗"、"抬梁"构成的"举架"体系，既体现了"规格化"、"程式化"的理性原则，又取得了"灵活性"、"多样性"的艺术效果。在这一方面，中国建筑甚而能和现代建筑的理性原则相"贯通"（图5.69、图5.70）。

英国学者李约瑟说："现代建筑事实上是比一般的猜想更多地受到中国（以及日本）的观念的影响。"^②《华夏意匠》一书作者李允鉌说得更明确，他认为现代建筑"似乎和中国古典建筑在原则上更为接近，'框架结构'就是其中的一个最主要的共同点，一切建筑构图问题都是由此而展开"^③。有鉴于此，中国单体建筑的美学原则实际上可纳入某种功能技术上的合理主义范畴。它一旦被揉进中国传统的"线的艺术"，就能使独树一帜的建筑美的形象自立于世界建筑之林，同时也折射出中华民族特有的情感、意识。那既直又曲、欲静又动的屋顶轮廓，那竖向"三段"（台基、墙身、屋顶）分明的界限，那带有"收分"、"券杀"的木柱，还有那鲜艳夺目的彩画装饰等，便是建筑"线艺术"的生动体现。"线"与"色"，在此构成了中国建筑"绘画美"的两大要素，反映了建筑特有的缱绻柔情，打上了显明的情感印记。在这方面，它与传统国画有异曲同工之妙。

中国传统的建筑群体，同样显示了明晰的理性精神。最能反映出这一点的，莫过于"方"、"正"、"组"、"圆"的建筑形态了^④。"方"者，即以方形为母题，形成"方九里，旁三门"的方形城市，还有方形建筑、方形布局乃其方形构图；"正"者，即整齐、有序、中轴、对称，"正、方"二字概括了中国建筑根深

① "材"、"栔"、"分"，均为中国古代木结构建筑中最基本度量单位。
②③ 李允鉌：华夏意匠：中国古典建筑设计原理分析[M].北京：中国建筑工业出版社，1985：26
④ 台湾建筑家汉宝德的见解。

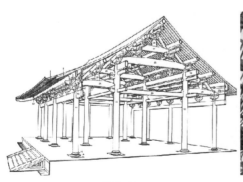

图 5.69

图 5.70

图5.69 中国传统民居"举架"结构示意
图5.70 "举架"实录

① 爱克曼.歌德谈话录[M].朱光潜,译.北京:人民文学出版社,1978

图 5.71   图 5.72

图 5.73   图 5.74

蒂固的正统形式观念;"组"者,是指由简单的"个体"沿水平方向铺展出复杂、丰富的建筑群体;"圆"者,则代表天体宇宙、日月星辰,常在少数象征性建筑中采用,如天坛、地坛、日坛、月坛等(图5.71)。而福建永安地区圆形的"土楼",虽是在特殊人文历史和自然地理条件下的特例,但同样反映了我国劳动人民在营造自身人居环境方面的聪明才智和伟大审美创造(图5.72—图5.74)。上述理性观念的形成,分明是受中国传统哲理及社会伦理的影响,尤其与儒、道学说不无关系。根据台湾建筑家汉宝德的意见,"方、正"较能反映儒家"入世"的形态观念,而"组、圆"则更多地代表了道家"出世"的形态观念——它们共同铸就了中国建筑所特有的某种"理性主义"的文化精髓和审美理想。不过,中国传统的建筑艺术,又始终贯彻着"人为万物之灵"的人本意识,追求着人间现实的生活理想和艺术情趣;且通过建筑与自然、房屋与庭院、室内与室外的有机结合,表现出人和天地自然的无比亲近。中国建筑确是创造出某种"天人合一"及"我以天地为栋宇"的融合境界。凡此说明,中国建筑的理性观念又并不纯粹,在其清晰的条理中却透出了缕缕动人的情丝。就像歌德所描写的那样:

"中国人还有一个特点,人和大自然是生活在一起的。你经常听到金鱼在池子里跳跃,鸟儿在枝头歌唱不停,白天总是阳光灿烂,夜晚也是月白风清。月亮是经常谈到的,只是月亮不改变自然风景,它和太阳一样明亮。"①

　　建筑美的"理情寓合"，在西方，具有另一种表现形态。由毕达哥拉斯、欧几里德首创的几何美学和数学逻辑，由亚里士多德奠基的"整一"和"秩序"的理性主义"和谐美论"雄霸西方数千年，对建筑产生重大影响。抽去那些繁文缛饰和精雕细刻的建筑表象，呈现的竟是些简明严密的几何图式。雅典帕提农神庙的外形"控制线"为两个正方形；从罗马万神庙的穹顶到地面，恰好可以嵌进一个直径为43.3米的圆球；米兰大教堂的"控制线"是一个正三角形。还有，巴黎雄狮凯旋门的立面是一个正方形，其中央栱门的"控制线"则是两个整圆。即使像充满宗教迷狂、洋溢浪漫情调的哥特教堂，也跑不出几何法则的控制。始建于公元12世纪的巴黎圣母院，其立面构图就充满了矩形、方形、圆形、弧形等几何元素，显示了丰富的艺术表现力。甚至于像园林绿化、花草树木之类的自然物，经过人工剪修、刻意雕饰，也都呈现出整齐有序的几何图案，它以其超脱自然、驾驭自然的"人工美"，同中国园林那种"虽由人作，宛自天开"的自然情调形成鲜明对照。由此可见，西方建筑美的构形意识，其实就是以"几何意识"为代表的理性意识。总之，从古代到现代，从欧洲大陆到美洲大地，择取几何元素、运用几何构图、塑造几何图景已然成为西方建筑进程中一条历久不衰的理性原则，一条清晰鲜明的理性主线；只不过随着时间的推移、条件的变化、对象的差异以及技术

图 5.75

图 5.76

图 5.77

图 5.78

图5.75　古希腊神庙复原图
图5.76　芝加哥湖滨公寓近景
图5.77　德国柏林国会大厦与其新建会议厅玻璃圆顶
图5.78　德国柏林国会大厦新建会议厅玻璃圆顶

① H.沃尔夫林.艺术风格学[M].潘耀昌,译.沈阳:辽宁人民出版社,1987:8

图 5.79　　　　　　　　　图 5.80

图 5.81　　　　　　　　　图 5.82

手段的不同等,而呈现不同的美感形式表现罢了(图 5.75—图 5.82)。

那么,渗透在这种理性意识中的"情感"表现呢?

显然,西方建筑美的情调也有别于中国建筑。古典柱式反映了希腊人的理性意识,它的"情调"是通过模拟人体比例、模拟自然曲线乃至模拟自然形态而体现的;栱券、穹窿等反映了罗马人的理性意识,它的"情调"是通过尺度的夸张、巨大的曲线体形体量以及丰富多彩的雕饰而体现的;哥特建筑的尖券、十字栱和飞扶壁技术等反映了中世纪的理性意识,它的"情调"则是通过建筑的"向上升腾"和"迷幻气氛"而体现的。在欧洲文艺复兴时代,发展了人文主义的理性意识,更是推出了诸如罗马圣彼得大教堂那样恢宏壮丽、激动人心的建筑艺术。巴洛克建筑把古典的理性主义加以异化、扭曲和变形,造成了似规则又自由、既静止又运动的"特殊理式",它浪漫不羁的情感色彩,不正是表现在这种奇妙的"变异"之中吗?只是在"理"与"情"的钟摆上,巴洛克建筑更趋于向"情"的一边摆动,以至表现出"情感和运动不惜任何代价"①。

今天,西方建筑的"石头乐章"翻开了新的一页。现代建筑艺术以其新的物质功能技术手段,推出了大量"合理主义"的作品。然而,人们对它们"重理贬情"的责难也终于纷至沓来、不绝于耳。怎样看待这个问题呢?芬兰著

名的现代建筑家阿尔瓦·阿尔托做出了比较客观的回答："错误不在于现代建
筑的最初或上阶段的合理化，而在于合理化的不够深入。现代建筑的最新课
题，是要使合理的方法突破技术范畴而进入人情与心理领域。"①当代建筑的
"理"中之"情"，突出地表现在所谓"回归传统"的寻"根"意识，"回归自
然"的环境意识，"回归人情"的多元意识，以及"回归生命"的生态意识等。
所有这些，都是对现代建筑"合理化"的补充，是向现代建筑中注入的包孕
丰富情感因子的"强心剂"（图 5.83—图 5.87）。

　　当代建筑的发展，越来越趋于包容更多的理性内涵，也越来越趋于容纳
足够的情感基因。"高技术"需要"高艺术"去平衡，"高合理"需要"高情
感"去补偿。所有这些，反映在建筑欣赏和建筑创作中，就构成了"理情寓合"
的美学原则。

① 同济大学，
等.外国近现代建
筑史[M].北京：
中国建筑工业出版
社，1982：271

图 5.83

图 5.84

图 5.85

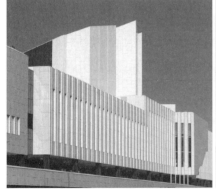

图 5.86

图 5.87

图5.83 阿尔瓦·
阿尔托（1898—
1976年）
图5.84 阿尔托设
计的芬兰玛利亚别
墅
图5.85 阿尔托设
计的美国麻省理工
学院（MIT）贝克
大楼（学生宿舍）
图5.86 阿尔托设
计的芬兰音乐厅外
观局部
图5.87 日本建筑
师矶崎新设计的卡
塔尔国家图书馆：
"理"与"情"的
对话、碰撞、寓
合？

第六章　建筑美的形态

在建筑审美中，人们可能有这种体验：

从外表看建筑，宁神观赏，你会感受到它的造型美；在行进中看建筑，形随步转，你会感受到它的空间美；置身建筑内外，多方面地品评，你会感受到它的环境美；乃至工作、居住、生活和活动于某一建筑与城市环境之中，特别是经过岁月的历练和时间的洗礼，你才真正体验到它的美丑所在。上述"造型美"、"空间美"和"环境美"，便是建筑美的三种基本形态。就"形态"含义而言，它们既有区别，又有联系，从而构成"建筑美"的有机整体。

何谓"形态"？形者，"见"也；态者，"势"也。美的形态是美的外在显露和直接呈现，形之不存，"美"将焉附？同所有其他视觉造型艺术一样，建筑之美也总是诉诸自身的"形"与"态"的，只是它不但诉诸其"实体"形态——建筑造型，而且诉诸其"虚体"形态——建筑空间，还要诉诸其"综合"形态——建筑环境。可以说，这种融造型、空间、环境于一炉的形态美，在各门视觉艺术中唯建筑所特有。

① 布鲁诺·赛维.建筑空间论：如何品评建筑[M].张似赞，译.北京：中国建筑工业出版社，1985：9

一、建筑造型美

建筑内外的空间造型，历来是建筑的主要审美对象。它集中地表现在三个基本方面，这就是：建筑造型的"体形美"和"立面美"，建筑造型的"静态美"和"动态美"，建筑造型的"外饰美"和"素质美"。

建筑仿佛是一种"巨大的空心雕刻品"[①]。由于建筑外壳包容着庞大的内部空间，因此建筑的实体形态同它的空间一样，总要呈现出"三次元"、"三向量"性质。从本质上说，建筑造型就是三维空间的立体造型。任何建筑物只要置立于大地之上，它就不可能是抽象的二次元的"面"，也不可能是抽象的一次元的"线"，更不可能是抽象的零次元的"点"。它势必呈现出长、宽、高三向量的"体"。体积、体量和体态统属于"体形"，它构成建筑造型美的基本特征。然而，同为三度空间的实体形象，表现在具体建筑作品中，却又反映出建筑艺术家们各自不同的审美意趣和艺术追求。比较一下这样两例著名的古今建筑作品，或许会有助于我们揭示建筑美的实体形态特征。

一例是意大利16世纪维琴察的"圆厅别墅"。这座由意大利文艺复兴时期的著名建筑家帕拉底奥设计的古典建筑，其基本平面为正方形，南北东西四个立面上各自鼓凸着一个五开间的古典式柱廊。建筑比例严谨，构图清丽端庄。那长方形的主体、三角形的山花、细长的爱奥尼克圆柱、圆锥形的穹顶，展现了丰富多样的几何体特征，显示了和谐悦目、典雅明媚的建筑造型美（图6.1—图6.4）。

图 6.1

图 6.2

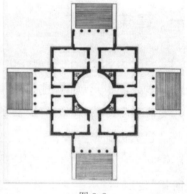

图 6.3

图 6.4

另一例是美国现代建筑巨匠弗兰克·劳埃德·赖特设计的考夫曼住宅，即"流水别墅"。这幢建筑坐落在美国宾夕法尼亚州匹兹堡市郊一个风景优美的山涧溪谷，那里林木扶疏，山石峋嶙，泉水淙淙，建筑环境得天独厚。建筑本身则由竖直的烟囱、墙壁及水平的挑台等所组成，那高低错落、纵横穿插的几何形体之间，其对比十分强烈，并与自然环境打成一片。作为一幢现代建筑，它同样展现了一种生动有趣、赏心悦目的造型美（图6.5—图6.8）。

对照一下"圆厅别墅"和"流水别墅"的形态特征，不难发现，它们的相同之点在于各自展现了三度空间的"体形美"。那么，什么是它们的不同点呢？从表面上看，前者"古典"，后者"现代"，二者的建筑艺术及其美学风格不同，此其一；前者是矩形、三角形、圆柱形和圆锥形等多种形式的几何体组合，后者为简洁单一的矩形体组合，二者建筑构成的几何元素不同，此

图6.1 意大利维琴察圆厅别墅透视
图6.2 圆厅别墅正面外观
图6.3 圆厅别墅平面
图6.4 圆厅别墅的形体构成

图6.5 图6.6

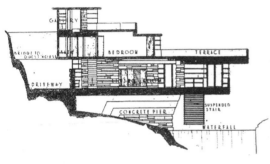

图6.7 图6.8

其二；前者带有古典建筑所特有的山花、柱式、线脚、装饰和纹样，后者则是对混凝土、粗石、玻璃等结构形式和材料特性的质朴无华的率直表现，二者的建筑处理手法不同，此其三；此外，前者对称、规则，后者灵巧、活泼，其空间形体得以自内而外地自由伸展、错动有致，如此等等。毋庸讳言，所有这些都反映了它们之间的造型差异。但是，从建筑形态美学的角度观察，圆厅别墅所追求的视觉效果，与其说是三度空间的建筑"体形美"，不如说它是两度空间的建筑"立面美"；而流水别墅则始终以其三度空间的"体形美"作为审美追求的主要目标。应当说，这才是它们之间在建筑形态美上的根本差异。

　　同任何一位古典大师一样，帕拉底奥在设计圆厅别墅时，显然是仔细推敲了建筑形态美的外部特征的，只是这种推敲的重点不在其"体"，而在其"面"。以中轴线为基准而设置的台基、柱廊、山花、圆顶及端墙，都是为了造成一个对称均衡、比例协调和轮廓丰富的立面形象，从而体现出某种平面几何式的恬静、惬意的端庄美。尤为值得注意的是，圆厅别墅的立面实际并无"正"、"侧"之分。它的四个立面形式一模一样，彼此自我完善，构成了建筑美的"面面观"。换言之，它们仿佛是四个面向不同方位而又同时出台的"主角"，又犹如镶贴在建筑体量上的四幅完美、娴雅的二维画面，让人难以分清各个立

图6.5 流水别墅
透视
图6.6 流水别墅
平视
图6.7 流水别墅
剖面
图6.8 流水别墅
的形体构成（模
型）

面的主次。沃尔夫林在《艺术风格学》一书中曾指出，意大利文艺复兴时的古典建筑艺术的特征之一便是它的"平面风格"，即所谓"像平面的"，而不是"纵深的"。圆厅别墅也正是属于这类作品。同许多古典建筑风格一样，它的造型、线条乃至装饰和色彩都表现了明显的"立面性"，使人感受到"平面的美，并且欣赏在各部分中都保持平面几何性的那种装饰"。就是说，"它追求用平面分层，而且整个深度在这里是这种平面连续的结果"①。

追求和表现"平面风格"的立面美，在古典式的建筑艺术造型中自有其特殊的审美价值。中外建筑，莫不如此。无论在通衢的大道上还是壮阔的广场上，无论在四周疏朗的环境下还是幽深闭塞的街巷中，人们总是习惯于在行进中不断调整自己的脚步，情不自禁地选择合适的视点、视线和视野，以便让审视的目光指向前方的某个建筑"立面"。每当他们走在巴黎香榭丽舍大街上注视着明星广场上的凯旋门，徘徊于亚德里亚海滨注视着威尼斯圣马可

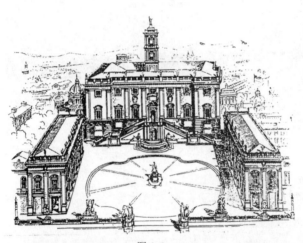

图 6.9

广场边的总督宫，登上罗马卡比多广场（市政广场）前的最后一步阶梯，正对着广场中央的主体建筑"元老院"的时候，都会情不自禁地感受到那些建筑的"立面美"。尤其是罗马的那个卡比多广场，米开朗琪罗特意将它设计成前窄后宽的"倒梯形"平

图6.9 罗马卡比多广场鸟瞰图
图6.10 卡比多梯形广场平面图
图6.11 卡比多广场主体建筑"元老院"正面

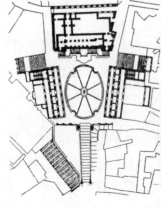

图 6.10

图 6.11

面，使其作为视觉"对景"的主体建筑的正面形象更显突出，从而起到了渲染和强化立面艺术效果的作用（图6.9—图6.11）。又比如，当我们走在天安门广场中间，向北注视着天安门城楼，向南注视着人民英雄纪念碑、毛主席纪念堂以及远处的正阳门背景，向东注视着历史博物馆，向西注视着人民大会堂的时候，不也都产生过类似的"立面性"视觉美感和审美经验吗（图6.12、图6.13）？

① 布鲁诺·赛维.建筑空间论：如何品评建筑[M].张似赞，译.北京：中国建筑工业出版社，1985：30，32

相比之下，像"流水别墅"这类现代建筑艺术，却似乎冷漠、淡化乃至忘却了建筑的立面造型。看一看布鲁诺·赛维在《建筑空间论》中所引证的那幢建筑的"正立面图"①吧！在这儿，你感受不到它的立面美、形式美；而一旦展示其"成角透视"或实地场景的立体图片时，人们不得不被它的变化多端的"体形美"所惊叹、所折服了。它那挺拔的墙体、舒展的挑台，其三度空间的几何形体是那么有机地结合在一起，如此这般地显示了明暗变化和虚实对比，以至离开了三度空间中的任何一"度"，离开了矩形体量中三向棱线的任何一"棱"，离开了各层挑台的正、侧、底（顶）三个面中的任何一"面"，你都感受不到它的形态美。当然，离开了建筑形体和自然环境的交融结合，你也同样感受不到它的形态美。可以说，流水别墅的美，是建筑体形和环境体形之间有机而巧妙的契合。

由于对建筑空间形态美的艺术追求不同，必然出现两种不同的审美创造。凡追求"平面风格"的，则以"面"为其基本视觉审美单元，必求其立面造型的完美；诸如比例尺度、对称均衡、节奏韵律等形式美法则，也必然要在建筑立面处理上集中地得以体现。圣马可广场的总督宫，由实到虚自上而下的渐变韵律显得生动、鲜明而又和谐统一，但这种建筑造型美的特征显然是"立面"的，而非"体积"的。北京人民大会堂中央的高敞柱廊和两端墙面结合在一起，形成古典风格所常见的"对称式"、"三分法"构图，这种造型特点显然也是"立面"的，而非"体积"的。20世纪50年代，我国首都"十大

图 6.12   图 6.13

图6.12 北京人民英雄纪念碑
图6.13 北京人民大会堂中部柱廊

① 汪正章.试谈现代建筑美感的"雕塑性"[J].建筑学报,1984(5):50-56

建筑"之一的北京火车站采用中国传统的民族形式,其中央广厅那造型新颖、气贯如虹的壳体穹顶,在其两旁高耸挺拔而又雄伟华美的钟塔烘托下,产生了蔚然壮观的构图效果,但它整体上的造型美同样也是"立面"的,而非"体积"的(图 6.14)。总之,大凡一切具有古典气息的"平面风格",它们都在不遗余力地强化和精心地展现着建筑形象的"立面美",而现代建筑艺术则热衷于增强建筑的体积效果,以造成某种"雕塑性的美感"①。

图 6.14

我们看到,一个强大的"几何元素"在主宰着建筑美的造型,这就是"体"。体,确是现代建筑造型中最为发达、最为活跃、最为丰富的构图因素。在现代建筑家那里,各种形式美的法则、手法和构图技巧,大都首先被用来塑造美的形体。一个实体的盒子建筑,稳稳落地,平淡无奇;然而一旦将它升高架空,形成"鸡腿"、"高跷"式的虚实关系,便能获得通透而轻盈、明快的异样效果(图 6.15)。一片实墙呈现着二维形象,但如借助墙体上的大片玻璃门窗使内部空间得以暴露、延伸,建筑的三维形体便能获得生动的展现。单一的矩形实体显得单调沉闷,但如切去一"角"、挖出一"洞",或对其进行"分离"、"断裂"及其他"减法"式的截割,便能形成光影变化,塑造出饶富立体感的建筑形象。此外,化整为零地形成多体量的"加法"构成,也是强化体积感、增强形体美的主要手段。那种叠加合成的体量,作为构图的基本元素,在形式美法则的作用下常常会显得其妙无穷(图 6.16—图 6.19)。再举两个例子:一是巴西利亚的议会大厦,它那竖

图6.14 北京火车站中部塔楼夜景
图6.15 埃罗·萨里宁设计的美国密尔沃基战争纪念馆局部
图6.16 北京中国银行入口上部

图 6.15

图 6.16

图 6.17

图 6.18

图 6.19

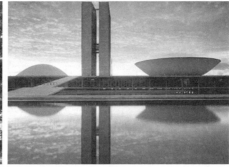

图 6.20

图6.17　美国华盛
顿国家美术馆东馆
图6.18　美国纽约
州埃佛森艺术博物
馆
图6.19　美国科罗
拉多州国家大气研
究中心
图6.20　巴西利亚
国会大厦会议厅水
景
图6.21　英国伦敦
国家剧院

直的"板式"双塔，偏平的"裙房"基座，还有会议厅上部那一"正"一"反"的两个半球形穹窿，彼此形成了鲜明而又有趣的体量对比和动态平衡。这是造型美学法则在现代建筑中独具匠心的运用，从而使普通的几何形体放出美的光彩（图6.20）。伦敦泰晤士河畔的英国国家剧院，它的造型则属于另一种"加法"构成。其主要几何构图要素是层层叠叠的大平台，以及与之成45°角的细长竖塔。这幢粗犷雄浑的现代几何体建筑，虽不像巴西利亚议会大厦那样拥有矩形、球形的体量变化，而仅仅是在单一的矩形体量统率下变换方向——"竖"的和"横"的，变换角度——"正"的和"斜"的，但它在体量对比、光影效果、明暗和虚实关系上，同样显示了建筑形体美的巨大魅力（图6.21）。

"静"与"动"构成了另一对建筑造型美的概念，它是由"立面美"与"体形美"这对概念派生而出。古典建筑的"立面美"一般表现为"静"的形态，而现代建筑的"形体美"则常常表现为"动"的形态。这种"动"与"静"的缘由，主要是出

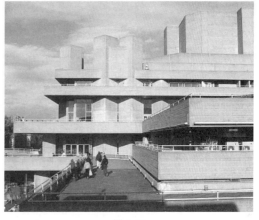

图 6.21

① H.沃尔夫林.艺术风格学[M].潘耀昌，译.沈阳：辽宁人民出版社，1987：211

② 鲁道夫·阿恩海姆.艺术与视知觉[M].滕守尧，朱疆源，译.北京：中国社会科学出版社，1984：568-569

③ 鲁道夫·阿恩海姆.艺术与视知觉[M].滕守尧，朱疆源，译.北京：中国社会科学出版社，1984：569

自两种不同的视觉概念和视点选择。在实际的建筑审美活动中，人们怎样见到"立面"？那只有驻足在某个视点上对建筑形象进行静止式的观察。但这种情况实属罕见，人们欣赏建筑总是既静又动、静动结合的。静则宜于观其立面，动则宜于观其形体，相应地便产生了建筑造型美的静感和动感。一般说来，对称、规则的造型易于产生静态感，非对称、不规则的造型易于产生动态感；"平面风格"的建筑易于产生静态感，"立体风格"的建筑易于产生动态感；直角、直线的矩形体量易于产生静态感，曲线、曲面的"流线型"体量易于产生动态感，如此等等。许多现代建筑师，不但善于强化"体形"，而且必要时还赋予建筑形体以激动人心的"动态"性美感。那些建筑形体的动感，或如"瀑布倾泻"，或如"轻舟荡漾"，或如"雄鹰展翅"，或如"列车电掣"，或如"蛟龙取水"，或如"群帆竞发"，如此之类。由日本著名建筑师丹下健三（图6.22）设计的东京代代木国立综合体育馆，堪称现代建筑艺术的杰作。它那由悬索结构所形成的巨大双曲抛物面屋顶从地面跃然而起，仿佛旋风鼓帆，气势磅礴，表现了现代体育建筑特有的动态美。与其邻近的篮球竞技馆，体量虽小，但那充满向心力的"螺旋状"屋顶曲面又别具一种风姿神韵（图6.23—图6.25）。显而易见，决定这类建筑形态美的，是体形的连续流动感，是"运动"的美感节奏，而不是静止的"美"的对称和均衡、比例和尺度。更不像古典风格那样，一根圆柱、一块镶板、一个门廊、一个空间都"安排于一种自我完善的平静之中"①。

鲁道夫·阿恩海姆在《艺术与视知觉》的"不动之动"一节中，引用托·斯·艾略特的话："一个中国式花瓶，虽然是静止的，但看上去似乎在不断地运动着。"②达·芬奇（图6.26）也认为，如果一幅画的形象中见不到动感形象，"它的僵死就会加倍"③（图6.27）。建筑艺术，特别是现代建筑艺术，不是也十分强调类似其他艺术中存在的那种"不动之动"的美感效果吗？现代建筑艺术造型的特征之一就是尽可能避免某种"僵死"的外观形态。

附加的"修饰美"与原型的"素质美"也是建筑造型美的重要表现，它们与建筑的"立面美"和"体形美"的概念同样密切相关。追求"立面美"的古典风格，必然注重对建筑原型素质的"外壳"增加修饰打扮，而追求"体形美"的现代建筑，则必然注意发挥原型自身的素质美。阿尔伯蒂曾把建筑物与人体相提并论，视圆柱一类的结构物如同人体的"骨架"，其余部分则好比"面孔、手、神经"（В.П. 金斯塔科夫：《美学史纲》）。无论是"骨架"还是"面孔、手、神经"都是组成人体美的基本元素，它们浑然天成、有机结合地构成美的形象，这就叫做人体的"素质美"；而在此基础上加以"梳妆打扮"、"涂脂抹粉"，就叫做人体的"修饰美"。现代建筑以表现"素质美"为美，

图 6.22   图 6.24

图 6.23   图 6.25

而很少或基本不用脱离功能结构元素的外加肤饰手段。即使采用，也是因特定情景、特定需求或为表达某种特定创作主题而采用的一种辅助手段——是对建筑表皮或细部的增光添彩，而非故弄玄虚的涂抹装饰（图6.28、图6.29）。那么，什么是这种建筑"素质美"的主要表现形态呢？那就是由建筑内部功能和空间性质所决定的建筑体形以及塑造建筑"体"的工程技术手段和材料结构媒介。就是说，其空间的外在形体、结构形态、材料质感及明暗色泽等共同组成了建筑形态的"素质美"。立方体、棱柱体、圆柱体、圆锥体、球形体、卵形体、截锥体、金字塔体、螺旋体，等等，各种几何形体都是建筑"躯体"的原型。建筑上的有些形体，看似奇特，其实也都是万变不离其空间的原型素质表现。例如，"涡轮形"的纽约古根海姆博物馆，是建筑内部多层旋转式画廊空间的必然反映，"海螺状"的东京代代木国立综合体育馆，是建筑内部圆形竞技

图 6.26

图 6.27

图6.22 丹下健三（1913—2005年），日本现代派建筑宗师
图6.23 东京代代木国立综合体育馆俯视图
图6.24 富有动感审美效果的日本东京代代木国立综合体育馆
图6.25 代代木国立综合体育馆主馆
图6.26 列奥纳多·达·芬奇（1452—1519年），意大利文艺复新时期全才艺术家
图6.27 中国现代陶瓷艺术大师毛正聪作品：青瓷玉壶春瓶

图 6.28

图 6.29

空间及悬索结构的外在呈现。而对有些特殊用途的新建筑，就干脆采用光溜溜、圆滚滚的球体造型，如模拟天穹的天象博物馆、环形屏幕的全景电影院等。巴黎拉维莱特"21世纪公园"中的球形电影院，作为一种新型的大空间建筑，就是采用管型网架结构覆盖着抛光成镜面的不锈钢片，其表面银光闪闪，反射出天光云影，使人感到变幻莫测。这个现代"高科技"的产物，既展现了建筑形体的外在素质美，又表现了新材料、新结构的内在素质美（图6.30）。同巴黎的这个纯净的"球形物"相比，同为单一几何形体的2008年北京奥运会建筑——作为国家主体育场的"鸟巢"和作为游泳馆的"水立方"，则从建筑到结构、从形体到表皮、从技术到审美，都在更大规模和更高层次上让人见证了建筑素质美的全新表现，可谓开启了建筑素质美的新篇章（图6.31—图6.35）。

图6.28　合肥安徽省博物馆新馆外墙一角

图6.29　安徽省博物馆新馆外墙面的铜纹雕饰

图6.30　巴黎拉维莱特公园全景电影院

达·芬奇指出，美是某种比其外在形式更具有意义和内容更丰富的东西，而"并不是任何时候美的东西都是好的"（В. П. 金斯塔科夫：《美学史纲》）。以"立面美"著称的古典建筑风格，它的外表有许多"美的东西"，如各种各样的附加装饰物之类。这些东西，在古代特定建筑条件下当然是美的，但是如果把它机械地、任意地照搬到现代建筑中，那么，这也许就像和平时期的现代人硬要穿上古代骑士的盔甲一样，显得臃肿累赘。这样说来，并不是一概反对在"体"的素质美的基础上适当进行"面"的修饰加工，如同人体的美，首先当然要保持体态和线条的匀称、健美，其次也要注意服饰打扮。"倾国宜通体，谁来独赏眉？"在这里，"通体"的美显然是第一位的，但是对"眉毛美"的修饰倒也不能忽

图 6.30

图6.31　　　　　　　　　　图6.32

图6.33　　　　　　图6.34　　　　　　图6.35

视。古人形容和赞赏窈窕淑女或英武少年，何曾放过那"弯弯柳叶眉"和"浓眉如剑"之类的描述呢！各类形形色色的建筑物的造型美也是这样，现代建筑虽然注重体形体态和材料结构的素质美，但并不意味着要绝对"净化"形体，砍去一切细节和修饰。

在建筑中，"体"并非孤立地存在着，建筑形体总是由点、线、面、体以及色彩、质感等各种几何元素、构图元素所组成。即便是一个纯净形体的古代金字塔，也是离不开"点"（顶点）、"线"（斜棱，底边）、"面"（三角形的四个面）、"体"（方锥体）及石块质感色泽的有机构成。从几何美学角度看，任何建筑造型美的呈现都可归于"点线面体"的综合效应。离开了点、线、面，所谓"体"也就不存在了。在一般情况下，现代建筑的结构构件和材料自身的形体组合已经具备了"点、线、面、体"的各类造型素材，但有时为了塑造独特的美感形象，完全可以强化其中的某一项造型元素，甚至在原型体之外附加某些纯粹精神性、艺术性和装饰性的造型元素。总之，建筑师们一旦掌握了建筑美的形态规律，就可以调动一切媒介手段去造型（图6.36—图6.42）。而看一看2010年的上海世博会建筑，看一看呈现在人们面前的那些形态各异、异彩纷呈的建筑形象，更可以使我们作如是观（图6.43—图6.47）。

如上所述，讨论建筑的造型美，我们从中引出了"立面"和"体积"、"静态"和"动态"、"修饰"和"素质"几个关键词组和美学概念。应当承认，现代

图6.31 "鸟巢"和"水立方"：一圆一方的形体素质美
图6.32 "水立方"鸟瞰
图6.33 "鸟巢"和"水立方"外表不同的原型素质表现
图6.34 "鸟巢"的自由式架构原型（局部）
图6.35 "水立方"室内的"水分子"式顶棚表皮

建筑确曾有过贬抑前者而张扬后者的倾向，但这绝不是现代建筑的全部。现代建筑之后，一些"后现代"建筑家们反对"非此即彼"，主张"亦此亦彼"，其用意也在于将包括"形体"和"立面"、"外壳"和"表皮"、"素质"和"修饰"（装饰）在内的诸多美学概念及形式运作统一协调起来。问题在于怎样从建筑的"素质美"中去融合、展现其"修饰美"，又从"修饰美"中去体现、增强建筑的"素质美"。

图 6.36　　　　　　　　　　　　　　　　图 6.37

图 6.38　　　　　　　　　　　　　　　　图 6.39

图6.36　巴黎拉维莱特公园中的"点"

图6.37　法国楠泰地区一公寓群外墙上自由分布的大小窗"点"

图6.38　北京三里屯商业街建筑外墙上的凸窗"点"

图6.39　香山饭店规则分布的窗户"点"与墙面装饰"线"

图6.40　弗兰克·盖里作品中的水平窗带"线"（美国纽约协和建筑师事务所（TAC）大厦）

图6.41　弗兰克·盖里作品中规则分布的窗口"点"（德国汉堡盖里塔）

图 6.40　　　　　　　　　　　　　　　　图 6.41

图 6.42

图 6.43

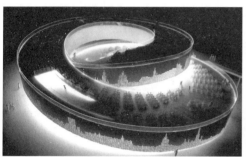

图 6.44

图 6.45

图 6.46

图 6.47

① 以美国现代建筑先驱弗兰克·赖特和意大利建筑理论家布鲁诺·赛维的观点为代表。赖特认为：一个建筑的内部空间便是那个建筑的灵魂，外部形象是由内部空间生长出来的。布鲁诺·赛维认为：建筑空间是建筑的主角。

图6.42　理查德·迈耶作品中曲直有致的"线"与"面"（洛杉矶某教堂）
图6.43　自由体态的上海世博会德国馆
图6.44　螺旋体形的上海世博会丹麦馆
图6.45　"体块+装饰"的上海世博会俄罗斯馆
图6.46　体块单一但富有装饰意味的上海世博会波兰馆
图6.47　上海世博会法国馆外部的网状表皮

二、建筑空间美

空间之与建筑，是一种什么关系呢？请看现代建筑家们的诸种评说①：

空间是建筑的主角；

空间是建筑的灵魂；

空间是建筑的精髓；

空间是建筑的本质；

空间是建筑的核心。

① 布鲁诺·赛维.建筑空间论：如何品评建筑[M]. 张似赞，译. 北京：中国建筑工业出版社，1985：9

"主角"、"灵魂"、"精髓"、"本质"、"核心"……可见空间之与建筑，其关系确是非同寻常。人们动用各种各样的物质材料，采用各种不同的结构和构筑方式，去设计和建造厂房、住宅、商店、学校、医院、电影院、博物馆等各种类型的建筑物，其直接目的是什么呢？不就是为了求得赖以生产、工作、居住、生活、学习和休息等各种功能用途的建筑空间么！然而，对于这样一种普通的常识，有时却易于被为人们所忽略。他们视建筑或如绘画式的"纯粹造型"，或如抽象构图的"趣味游戏"，或如建筑师手中"变幻的魔方"，而不懂得建筑与绘画、雕刻之间的重大区别在于它的空间品格。不错，几乎所有的艺术都涉及"空间"。但绘画只能在二维的平面上形象地描绘空间；雕刻虽是三维的，但它只能从外部"点饰"空间；史诗和音乐，则是借诸人的联想唤起视觉美感的空间意象。唯有建筑才是充满空间的容器，"人们可以进入其中并在行进中来感受它的效果"①。

其实，空间对于建筑的重要意义，早在2000多年前，就已经被中国的老子（图6.48）所道破。《老子》第十一章中指出："三十辐共一毂，当其无，有车之用。埏埴以为器，当其无，有器之用。凿户牖以为室，当其无，有室之用。故有之以为利，无之以为用。"老子这段精辟论说的核心在于阐明世界上万事万物中"无"和"有"的辩证关系。"无"指空间，"有"指器物；前者是目的，后者是手段。"三十辐共一毂"的轮车是这样，"埏埴以为器"的陶罐是这样，"凿户牖以为室"的房屋也是这样。有些现代建筑家，如赖特等人，正是从老子的"有"、"无"哲理中洞悉了建筑的空间本质。

但是，建筑毕竟不是舟车，不是器皿。"建筑就是建筑，建筑有权利按照其本身存在"，建筑上的这个"存在"，本质上就是"空间的存在"。空间不仅具有直接的实用价值，而且有着重大的审美价值。它不仅赋予建筑以"住"的用途，使人得其"功能"之利；而且赋予建筑以"美"的用途，使人得其"观赏"之趣。尊俎盛器，用乎其内、形乎其外，它的美完全是外在的；而建筑则既是用乎其内、形乎其外，又是用乎其外、形乎其内的。它的"用"、它的"美"都离不开建筑的室内外空间。每当我们来到一幢外观美丽的建筑物前，或走走停停观赏，或选择镜头拍照，常会产生不同的美感享受。这就是建筑形态美的空间效应，它表明建筑美感将随其外部空间形态的变化而变化。因为这种现象发生在室外，所以可以称它为建筑形态美的"外部空间效应"。而每当我们进入到一幢饶有变化的建筑物内部时，它那忽小忽大、忽低忽高、忽聚忽敞、忽明忽暗的空间形象及其美感，又常使我们左顾右盼、目不暇接，以至流连忘返、一唱三叹。这也是建筑形态美的空间效应，表明建筑美感将随其内部空间形态的变化而变化。因为这种现象发生在室内，故而可以称它

图6.48

图6.48 老子（约前571—前471年），道家创始人，具有朴素的辩证唯物思想

为建筑形态美的"内部空间效应"。

英国建筑家 D. 拉斯顿曾经生动地描述过建筑空间审美现象：

"空间有自己的语言，它的声音是：啊、啊哈、啊——哈。"①

当我们在"小院深，深几许"的苏州园林中，饱尝那"花影移墙，峰峦叠翠"的空间美感时，是不是曾经发出过这样的"啊、啊哈、啊——哈"之声呢（图6.49）？

当我们跨入北京人民大会堂那高耸的柱廊，踏着宽敞的台阶，穿越层层进厅，最后到达空间浩大、气宇轩昂和"水天一色"②的万人大厅时，是不是曾经发出过这样的"啊、啊哈、啊——哈"的感叹之声呢（图6.50）？

当我们来到上海体育馆、北京工人体育馆乃至北京的奥运体育场（"鸟巢"）去观看精彩纷呈的体育表演，从那低矮的看台下部空间走进巍峨壮观、浑然一体的圆形比赛大厅或看台空间时，是不是也发出过这样的"啊、啊哈、啊——哈"的感叹之声呢（图6.51）？

凡此种种，许多人恐怕都有亲身感受。华盛顿的美国国家美术馆东馆是于20世纪70年代末落成的一座独特的现代化建筑，它的内部有一个高达80英尺的玻璃顶中庭大厅，每当参观者穿越那仅有10英尺（3.048米）高的低矮门廊进入这个生机盎然、极富动感的中庭空间时，不禁感到豁然开朗、心旷神怡，精神为之一振，"啊——哈"的惊叹之声自会兴然而出。建筑空间许多奇妙的戏剧效果就是这样带给人们以独特的美感享受（图6.52—图6.54）。空间，正像赖特所说，它"有着极大的包容性，蕴含着动的潜力和无穷无尽的变化"③。

① D. 拉斯顿舜士. 建筑艺术的延续性和变化[J]. 张钦楠，译. 建筑学报，1983（7）：18-23, 32
② 指大厅天棚和墙壁浑然一体。
③ 弗兰克·芬埃德·赖特. 论建筑艺术[J]. 张良君，译. 世界建筑导报，1981（11）

图6.49

图6.50

图6.51

图6.49 "小院深，深几许"？
图6.50 北京人民大会堂观众大厅
图6.51 北京奥体中心主体育场一角

① 芦原义信. 外部空间设计[M]. 尹培桐, 译. 北京: 中国建筑工业出版社, 1985:1-25

空间之与建筑, 既然有着如此灵通的美感效应, 那么, 究竟什么是建筑上所说的"空间"呢? 广义地说, 凡与建筑有关、供人生活居住和活动使用的场所, 无论其围合的程序如何、开敞的特征如何, 无论是室内还是室外, 都可以统统称之为建筑上所说的"空间"。室内空间自不必说, 就是建筑周围空旷开阔的室外场所也都属建筑空间之列。依照日本建筑学家芦原义信的城市和建筑空间理念, 人类生活环境中的外部空间可分两类①: 一类属围合感、聚合感较强的, 可称之为"积极空间"(PS); 另一类是围合感、聚合感较弱的, 可称之为"消极空间"(NP)。据此, 界定一个空间的形态特征, 主要是由它的"围合"和"聚合"的强弱性质而定。应当看到, 区别空间形态的这种"积极"或"消极"属性, 不但有着"当其无, 有室之用"的实际功利价值, 而且有着"当其无", 有"形"之"美"的艺术鉴赏价值。

的确, 空间形态的美感和其围合程度有着非常密切的相关性。试想, 一个缺乏起码"围合感"的建筑空间, 连三度空间的"积极"形态都难以形成, 何"美"之有? 其建筑美感又如何形成? 然而, 建筑空间的"围合感"和它的"美感"又毕竟不是一回事。一个围合性强的"积极空间", 是否都是"美"的空间呢? 若干幢建筑围成的"周边式"庭院, 是否都是"美"的空间呢? 一个四周封闭的盒子式空间是否都是"美"的空间呢? 这些都不能一概而论。一个真正具有美感形态的建筑空间, 不但要受到围合形态的制约, 而且要受到审美机制的影响和支配。点、线、面、体等"几何美"法则, 多样统一、联系分隔、比例尺度、节奏韵律等"构图美"法则, 色泽质感、纹样肌理等"外饰美"法则, 还有环境、意境、气氛、情调等"情感美"法则, 都将在美的空间中得以体现。室内空间是这样, 室外空间也是这样。欧洲一些情趣盎然的市民广场, 虽有围合、半围合和开敞、半开敞之别, 但其空间处理之得体、空间形式之多样、空间尺度之宜人, 同样经得起某些审美法则的严格推敲(图6.55、图6.56)。

空间, 实际上是其外观形体的某种"反转"现象, 故又称之为"逆形体"。对于一个简单的立方体建筑来说, 从外部看去, 它呈"正"体形; 从内部看去,

图6.52 华盛顿美国国家美术馆东馆入口门廊
图6.53 华盛顿美国国家美术馆东馆入口进厅
图6.54 华盛顿美国国家美术馆东馆中庭

图 6.52　　　　　　　图 6.53　　　　　　　图 6.54

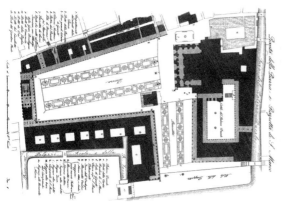
图 6.55

图 6.56

① 布鲁诺·赛维.建筑空间论：如何品评建筑[M].张似赞，译.北京：中国建筑工业出版社，1985：11

则是"负"体形。只要它的长、宽、高三个方向能保持比例和谐、尺度得体，并符合有关形式美的其他法则，都有可能造成美的视觉形象，从而使其呈现于建筑内外（图 6.57—图 6.59）。只是这种体形与空间的美感表现形态并不相同，前者形其"实"、后者形其"虚"，前者呈"凸现"性美感、后者呈"抱合"式美感罢了。总之，形体是空间的外在表现，空间是形体的内部呈现，二者之间犹如"包装外壳"和"所装内容"的关系，它们"往往是相互依存的，正如一座法国教堂或大多数真正的现代建筑那样"①。

图6.55 半开敞式的威尼斯圣马可广场平面
图6.56 英国伦敦贝尔格雷弗广场的围合式空间
图6.57 作为建筑"正形体"的巴黎卢浮宫玻璃金字塔
图6.58 作为建筑"负形体"的卢浮宫玻璃金字塔
图6.59 卢浮宫玻璃金字塔下部的室内空间

　　具体说来，建筑空间一般表现为三种"美"的形态。这就是：单一围合空间的"静态美"；有机复合空间的"动态美"；园林趣味空间的"变幻美"。

　　你到过北京香山饭店吗？在这座建筑的门厅和被称为"溢香厅"的中央大厅之间，有一片带有圆形"景洞"的影壁，透过这似隔非隔、似通非通的遮屏处理，形成欲断又续、若即若离的模糊性和流动性空间格局。这就是某种展现了"动态美"的有机性复合空间。当你信步来到室外，悠然漫步于那命名为"晴云映日"、"松竹杏暖"、"漫空碧透"、"海棠花坞"、"烟雾浩渺"、"报春小院"、"洞天一色"、"清盘敛翠"及"飞云石"、"流花池"、"曲水流觞"等十数个庭院景区时，便又转而分享到建筑园林空间的"变幻美"了。而分散布置在各层楼上的那些充满恬静气氛和家

图 6.57

图 6.58

图 6.59

庭氛围的客房、寓所，则又表现出单一围合空间的"静态美"。以上三种美的空间，在香山饭店这同一建筑中得到了比较完满的结合，它们各自呈现出"静"、"动"、"变"的不同空间形态，使人产生不同的美感享受（图6.60—图6.63）。

以"静态美"为特征的建筑空间，是一种最基本、最普通、最古老的空间形态。它完整、单一、封闭、离散、独立，与其他外在空间缺乏有机联系和贯通，有着较好的"私密感"和"安谧感"。古希腊神庙内部就是这样一种单一的静态空间，它那幽暗而深邃的空间格调会使进入其中的膜拜者不禁要屏住呼吸。这种空间自然也能产生"静态"的美感，但严格地说，它只是供"神"独享的处所，而不是人的"存在空间"（图6.64）。古罗马的万神庙也是一个宏大的单一空间，比起希腊神庙，人们可以从中静静地舒展美感的视觉神经了，但它的"美"同样地属于典型的单一空间的"静态美"（图6.65）。直到今天，建筑上的一个房间、一个厅堂、一个院落，只要自成一隅，处于某种"封围"状态，或者虽有门窗、路径同外界相通但却并未根本改变空间的独立离散特性，那么，这样的空间便都属于单一的围合空间，它的美同样只能是一种静态的空间美。静态空间可以呈现多种形式，或大或小、或高或低、或方或圆、或钝或锐、或规则或自由，然而一个"静"字即已概括了所有这类空间美的形态特征。就空间本体而言，它体现着欧几里德的几何学原理，空间向度呈

图6.60

图6.61

图6.60 北京香山饭店门厅至中庭的"模糊"空间
图6.61 香山饭店客房边的庭园小院
图6.62 香山饭店庭院小径
图6.63 香山饭店外庭景色

图6.62

图6.63

图 6.64

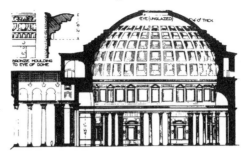

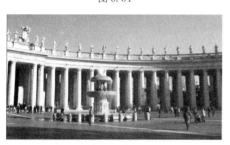
图 6.66

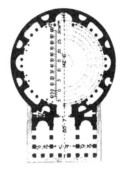
图 6.65

静止的三次元性质，而与"时间"无缘。就空间的审美特征而言，它无须诱使人们在其中到处走动，甚至不必变动视点，就能遍览无遗地进行视觉思维，从而完成对建筑空间的美感欣赏和审美活动。所以，静态美的单一空间只有"空间性"，没有"时间性"；它是"三度"的，而不是"四度"的。实际上它是某种纯粹的三维视觉空间——一种私密、内向、安宁、静穆、沉稳、隐蔽、清晰的空间形态。它的全部出发点，是建立在人的静止不动的视觉基础上。

　　与单一的静态空间相比，有机复合空间则是一种极为活跃而富有生气的空间形态。它的基本特征是公共、共享、外向、连续、流通、渗透、穿插、模糊，表现了独特的动态空间美。我们知道，歌德曾经把建筑当做"凝固的音乐"加以赞美。当他沿着罗马圣彼得大教堂前的椭圆形柱廊散步时，展现在他眼前的空间节奏和序列变化，时而急促，时而舒展，时而起伏跌宕，时而高潮涌起，仿佛使他在建筑空间的变化中感受到了"音乐的旋律"（图 6.66、图 6.67）。歌德的审美体验告诉人们，建筑确是"凝固的音乐"，不，准确地说，它是由建筑"凝固"而成的"空间的音乐"。建筑是空间的艺术，音乐是时间的艺术，但由于人在空间的"流动"中伴随着时间的进程，在建筑的三度空间中加入了"时间"因素，这样便使本来静止的建筑空间呈现出某种"动感"的形态。所以，它又

图 6.67

图6.64　古希腊神庙的内殿空间复原图
图6.65　罗马万神庙平面和剖面
图6.66　罗马圣彼得广场柱廊
图6.67　罗马圣彼得广场柱廊内景

被现代建筑学家们称为"四度空间",或所谓的"流动空间"、"有机空间"。

具有"动态美"的复合空间自古有之,哥特建筑的内部空间是从"水平纵深"和"垂直上升"两个方向作用于人的视线,引导观者情不自禁地变换脚步和视点,从而产生神秘奇妙的运动性美感。巴洛克建筑空间的运动感则是从它每一个凹凸飘忽的曲面中涌现、流荡和渗透出来。但纵观古今各种动态空间美的形态表现,则数"风流"杰作"还看今朝"了。如密斯·凡·德·罗的巴塞罗那展览馆、赖特的"流水别墅"和纽约古根海姆美术馆的中央大厅、约翰·波特曼的旅馆中庭等都是这类现代复合动态空间的典型代表(图6.68—图6.73)。不过,现代建筑中各种呈现动态美的空间,在其复合程度上,在其表现手段和运用手法的丰富上,在技术、技巧和技艺的高超及其所产生的实际效果上,虽是古代所无法相比,但是它们所表达的基本空间概念却是同出一源的。如果说,"静态美"的单一空间是基于静止不动的视觉原理,那么,"动态美"的复合空间则是建立在人的不断运动变化的视觉基础上。"静寓动中,动由静出",正因为通过视点的连续不定性变动,才使人真正领略到这类空间

图6.68　　　　　　　　　　　　　　　图6.70

图6.68　密斯式的
流动空间平面图示
（乡村住宅）
图6.69　巴塞罗那
博览会德国展览馆
鸟瞰
图6.70　巴塞罗那
博览会德国展馆的
流动空间一角

图6.69

图 6.71

图 6.72

图 6.73

① 陈从周.说园[M].上海：同济大学出版社，1984：1-2

的美感情趣来。

　　至于中国古典园林建筑空间，实际上也是"有机复合空间"的一种，不过它的美感形态更加多变、繁复、深邃，因而呈现出更为奇妙多变的动感效果。漫游和观赏中国园林，你会感到空间动静交织、回味无穷。由亭、台、楼、阁、榭、轩、廊、斋、馆、筱等园林建筑，由水、山、石、花、木、草、藤等自然景物复合而成的中国园林空间，其层次之丰富、变幻之美妙，实为一般建筑所难以企及，故而在世界园林史上独树一帜，具有极高的审美、观赏价值。我国著名园林建筑学家陈从周曾指出：园有"静观"和"动观"之分，大园以动观为主，静观为辅；小园以静观为主，动观为辅①。举苏州的三个名园为例，无论是"径缘池转、廊引人随"的拙政园，还是"曲径通幽、庭深小院"的留园，或是"以小胜大、以少胜多"的网师园，都是以这种"动观"和"静观"相结合的趣味空间取胜。人游园中，或小驻凝神，或步移景异，都能获得既"静"又"动"的美感享受。所以，对中国园林建筑来说，与其说它表现了空间形态的"动态美"，毋宁说它表现了空间形态的"变幻美"。就是说，它是一种特殊形态的有机复合空间：建筑中有庭院，庭院中有建筑；"复合"中有"单一"，"单一"中有"复合"；"动态"中有"静态"，"静态"中有"动态"。所谓"园亭楼阁，套室回廊，叠石成山，栽花取势，又在大中见小，小中见大，虚中有实，实中有虚"（沈复：《浮生六记·闲情记趣》），这正是对中国园林空间变幻美的真实写照（图 6.74—图 6.76）。人们对园林空间美的体验，不但要通过眼睛观看，重要的是要通过身体"驱动"，即迈开脚步，行进漫游其间，左顾右盼，方觉奥妙无穷。它的美，是无数视点和视线上的美感"集成"，是全身心空间美感的奇妙"综合"，从而使我们难以用单一静态的三度空间的几何美学去度量。不仅如此，即使是用吉迪安、布鲁诺·赛维等人的"四度空间"理论，也很难对中国园林建筑空间做出确切地评价。以"时间—空间"作为其视觉度量的参照坐标，它或许是"四度"的，或许是"五度"、"六度"的，甚至是"无数"度的——如同中国传统的绘画艺术，没有固定的透视视点，

图6.71　纽约古根海姆美术馆剖视（模型）
图6.72　纽约古根海姆美术馆中庭
图6.73　古根海姆美术馆中庭画廊

而其实是由无数散开的全角透视的"视点"所构成（图6.77）。

①② 查尔斯·詹克斯.中国园林之意义[J].赵冰,夏阳,译.建筑师,1987（27）

我们注意到,中国传统园林建筑及其空间变幻,虽反映了特定时代的生活场景和美感形态,然而它的空间向度与现代建筑理论中的"空间—时间"的新概念可谓不期而遇,理念相通。英国著名后现代建筑理论家查尔斯·詹克斯在《中国园林之意义》一文中,曾经这样描述过中国园林空间的美学特性:

"中国园林是作为一种线性序列而被体验的,使人仿佛进入幻境的画卷,趣味无穷。……内部的边界做成不确定和模糊,使时间凝固,而空间变成无限。显而易见,它远非是复杂性和矛盾性的美学花招,而是取代仕宦生活,有其特殊意义的令人喜爱的别有天地——它是一个神秘自在、隐匿绝俗的场所。"①

难怪中国园林建筑中那表达了"丰富性与无尽极化"、"无限的空间和永恒的时间"的"具有魔力的空间"②,竟然会激起当今西方建筑人士寻幽探胜的兴致呢!看来,詹克斯确实道出了中国园林建筑空间的某些奥秘。

三、建筑环境美

环境,现代建筑学中一个多么美妙而又广为人知的名词!我们不是刚刚

图6.74

图6.75

图6.74 苏州拙政园一角
图6.75 苏州留园一角
图6.76 苏州网师园一角
图6.77 清明上河图局部

图6.76

图6.77

揣摩过千姿百态的"建筑造型美"吗？不是刚刚赞叹过丰富多变的"建筑空间美"吗？而这一切，又都包容在"建筑环境美"的广阔场景之中。现代环境艺术不仅关联着建筑造型及其空间，而且它像一面巨大的长焦聚"广角镜头"，把几乎所有具备物质形态的环境要素，包括建筑、广场、街道、水系、山石、草坪、树木、花坛、雕塑、壁画、小品等各类人工的和自然的、硬质的和软质的、实体的和虚体的环境景观，都"统摄"在自己的视域以内。"夫美也者，上下、内外、大小、远近皆无害焉，故曰美"（《国语•楚语》）。不过，广义的"环境艺术"包罗万象，让我们还是通过这面"广角镜头"，把"焦聚"对准与建筑相关的环境艺术美吧！

怎样认识建筑环境美的形态呢？不妨让我们从以下三个方面来探讨，即：建筑环境的整体美，建筑环境的系统美，建筑环境的综合美。

整体，这也是一个异常古老的美学概念。一个人的体态美，是因为他的躯干完整、四肢匀称；一棵树的形态美，是因为它茎梢齐备、叶茂枝繁；一束花的姿色美，是因为它结瓣成朵、绿叶相扶。那么，一幢建筑物的形态美呢？按照传统的古典美学观念，是因为它有"头"（屋顶）、有"尾"（基座）、有"身"（墙体），即所谓的左右"对称"、上下"三段"。因此，整体的形态美不但是一个古老的美学概念，而且反映一种普遍的美学认知，它始终是人们心目中一种极富魅力的美感特征，似乎谁都不愿意且无法挑战它、撼动它、抛弃它。然而，在现代建筑艺术思潮中，确也出现了一些敢于向传统的整体美学观念挑战的新见解：

"一座建筑也允许在设计和形式上表现得不够完善。"[①]

"对总体的特殊责任是鼓励片断；建筑本身在某个地方是整体，在更大的整体中是片断。"[②]

人们要问：美国后现代建筑家文丘里在这里倡导"不够完善"和"鼓励片断"的建筑形式，究竟是对建筑整体美的抹杀，还是对建筑整体美的提倡呢？显然，他的目的并不是要取消建筑的整体美，而是主张在"更大的整体中"去处理建筑上的"整体"和"片断"之间的微妙关系。这就直接涉及作为"整体"的建筑环境美了。我们知道，历史上各种风格的建筑艺术大都反映了一定的整体美学观念。拿欧洲文艺复兴时的古典建筑来说，不仅在整体的立面处理上惯于运用"上下三段"、"左右对称"，而且往往在建筑局部处理上也力求其完善、对称；不仅正立面如此，侧立面也如此；甚至一墙一柱、一门一窗、一龛一饰，也都表现出个体自身的独立性、完整性和对称性。事实上，古典建筑艺术已经把建筑"整体美"的形态发展到某种极端化、绝对化的地步了。作为特定文化观念和环境条件下的产物，它追求的是一种"整体"性的自我完善、自我封闭

① 罗伯特•文丘里.建筑的复杂性和矛盾性[J].周卜颐，译.建筑师，1981（8）

② 亦为文丘里的观点。引自徐萍.传统的启发性、环境的整体性和空间的不定性（上）[J].建筑师，1982（11）：129

和自我净化。如果说，这种出自个体独立的整体美学思想曾在许多古典建筑，尤其是那些隆重的"纪念碑式"的大型华美建筑中大放光彩；那么，它对于现代城市环境中大量涌现的新建筑已经是难以适应了。

许多事实表明，现代建筑的整体观念往往不在于求得建筑自身形象的"尽善尽美"，而在于求得它在整体环境中的和谐相融。常有这样的情况出现：一幢建筑，孤立地看显得"完美无缺"，但是三幢四幢、十幢八幢建筑摆在一起，由于它们各自为营、自成一体，那么，它们在整体上反而显得不美了。相反，有时一幢建筑物单独看来并不完善乃至平淡无奇，但由于建筑群体的相互作用反而使它在总体环境中显得协调得体。举北京长安大街中段于20世纪50年代出现的一组崭新建筑——民族文化宫、民族饭店和当时的水产部办公楼为例（图6.78、图6.79）：这三幢相互毗邻的建筑，单个说来其外部造型都各有特色，特别是中间那座比例修长、亭亭玉立、绿顶白墙、体态秀美并透出中国古典建筑艺术气息的"民族文化宫"，更显示了经久不衰的审美价值。可惜的是，把它和近旁那一黄一灰、一左一右的另外两幢高楼放在一起，却显得格格不入，难以匹配成"美"的整体。真是"一花虽好，绿叶未扶"！可有一比：三个"高明"的演奏者，他们各自同时奏起三首悠扬动听而又截然不同的乐曲，致使局部的"悦耳声"让整体的"聒噪声"给冲淡、淹没和抵消了。单体建筑的成功、群体关系的相悖，致使这组建筑在与其相去不远的古老紫禁城中那纵横开阔、一气呵成的和谐、整体性美感面前，显得相形见绌。

2000多年前的亚里士多德不是提出过"整体大于它的各部分的总和"这一美学思想吗？近代"完形论"美学家不也提出讨"局部相加不等于整体"吗？其实，整体不仅可以"大于"其各部分之和，而且也还可以"小于"其各部分之和。"美加美"可以等于"美"，"美加美"也可以等于"不美"；前者产生整体美的"正效应"，后者则产生整体美的"负效应"。这种情况，在建筑物与建筑物之间的相互关系中并不少见。可以说，欣赏建筑艺术和欣赏其他

图6.78 民族饭店（20世纪50年代北京十大建筑之一）
图6.79 北京民族文化宫（20世纪50年代北京十大建筑之一）

图6.78

图6.79

艺术品一样，必须善于把握美的整体特性，因为"无论在什么情况下，假如不能把握事物的整体或统一结构，就永远也不能创造和欣赏艺术品"①。只不过对现代建筑来说，这种整体的"统一结构"往往不是首先表现在个体建筑的"自我完善"上，而是首先表现在建筑环境的整体关系上。

　　放眼世界，现代建筑美的创造越来越从建筑个体转向建筑环境。埃罗·萨里宁说："我们正开始不再强调对个体建筑的注意，而更多地考虑各类建筑物相互之间的关系了。"②今天，在建筑艺术创作中，常常出现这样一种有趣的"反比"现象：越是脱离整体去"关注"个体，其结果往往是越"关注"越糟糕。建筑艺术的所谓"个性"、"特色"、"生动"、"鲜明"等美好愿景，都应当纳入建筑美的整体环境之中。对于个体建筑的艺术创造来说，环境需要你担任"主角"，你就得扮演好"主角"，当仁不让；环境需要你做"配角"，你就不能"反宾为主"而应当"自谦"、"自让"，乃至甘于"隐没"。西方建筑史上有这样一个传为佳话的典型范例：在意大利佛罗伦萨的一个广场上，有一幢叫做弃婴医院的古典式建筑，它是 15 世纪文艺复兴时期著名建筑艺术家伯鲁乃列斯基设计的杰作。大约 90 年后，有一位叫做米切罗佐的建筑师在其广场的对面设计了另一幢建筑，它的造型风格和弃婴医院十分匹配，表现了对整体环境的高度尊重（图 6.80、图 6.81）。直到今天，像贝聿铭这样声名显赫的现代建筑家还称赞这样做是"非常文明的，有高度的教养"③呢！

　　当然，提倡尊重整体环境，并不是"颂古非今"，也不是"以新就古"，而是提倡那种积极的整体环境观念。这也并非取消建筑的个体特色和富有表现力的艺术个性，而是主张将这种"特色"和"个性"消融在建筑环境的整体特色之中。因为个体建筑的"特色美"一旦离开环境整体，就会由"美"变丑，那也就等于取消了"特色"。那么，对于现代建筑艺术的惊世之作——坐落在纽约第五街上的那个"大蘑菇"似的古根海姆美术馆，该作如何解释呢？这个仿佛突然从地心窜出来的"怪物"，造型是如此奇特、孤傲，以至同

① 鲁道夫·阿恩海姆.艺术和视知觉[M].腾守尧，朱疆源，译.北京：中国社会科学出版社，1984：5
② 埃罗·萨罗宁.功能、结构和美：在英国建筑学会特别会议上的讲演[J].刘振亚，译.建筑师，1981（7）：175
③ B.戴蒙丝丹.《现在的美国建筑》选载（三）：访贝聿铭（I.M.PEI）[J].黄新苑，译.建筑学报，1985（6）：63

图 6.80　　　　　　　　　　图 6.81

图6.80　意大利佛罗伦萨育婴院广场一角
图6.81　佛罗伦萨育婴院栱廊

① 斯东谈现代建筑思潮[J].张似赞，译.建筑师，1979（1）

这条大街上的"左邻右舍"形成了巨大的形体反差和性格差异（图6.82）。这是设计者赖特缺乏起码的整体环境美的常识吗？抑或是在耍弄城市环境？不，当赖特把这个上大下小层层盘旋的独特圆形体量摆在这里的时候，它已经不同于一般的建筑了。就是说，它事实上成了众目睽睽下的一尊"巨型雕塑品"，从而以另一种方式和手法丰富了街区的整体面貌。这个被称为"神话般的诱人而美丽的建筑物"①，只是在特定条件下、在与环境的强力对比中去企求整体美的一个特例。可想而知，类似这样的建筑在这条街上也只能有一个，假如来它个三个四个，乃至十个八个，那该是怎样一种"刺眼眩目"的环境"艺术效果"呢？

我们看到，建筑及其环境的"整体"概念具有相对性。一幢建筑物的局部和这幢建筑相比，这幢建筑是"整体"；一幢建筑和一群建筑相比，这群建筑是"整体"；一群建筑和其所在的街道、广场相比，这条街道、广场又是"整体"；一条街道、一个广场和整个城市相比，则所在城市又是更大的整体。推而广之，如果建筑处在某个风景优美的自然环境下，则建筑又必须融合于自然环境，因而"建筑"与"自然"共同组成了一个宏观的"整体"。总之，整体环境具有无限可分性。从个体到群体，从群体到街道、广场，从街道、广场到城市整体，从建筑、城市到自然，它们层层相属，共生共存，构成了建筑及其环境美的相关性、依存性和层次性。一言以蔽之，也就是建筑环境美的系统性。从"系统"的观点来考察，建筑环境及其美的成因确是一个复杂、多元、多层面的大系统。"城市—街道、广场—建筑"，"室外—室内外结合部—室内"，"自然—半自然、半人工—人工"，等等，它们各自组成了建筑环境系统中从宏观、中观到微观的不同层次。在城市和建筑中，从室外的一场一院、一草一木，到室内的一桌一几、一器一物，都是建筑环境美的系统构成要素。所谓"片石多致，寸草生情"，可以用来说明这个道理（图6.83—图6.87）。

指明建筑环境美的系统性，其实质还在于强调建筑与环境的有机结合。建

图6.82（a）纽约古根海姆美术馆透视图
图6.82（b）纽约古根海姆美术馆及其后部扩建部分

图 6.82（a） 图 6.82（b）

筑与建筑、建筑与自然、建筑与各种环境中的物态化要素，都在环境艺术美
的系统秩序中相济互补、和谐共存。但是，建筑与环境的塑造手段及其所呈
现的美感形态，却是极其生动变化、多种多样，而不是僵化呆板、一成不变
的。在建筑与环境的结合上，既有像拉萨布达拉宫那种与山势浑然一体的"雄
伟壮观美"，又有像"流水别墅"那样与山石水瀑打成一片的"错落多姿美"；
既可以像威廉·莫盖设计的海滨住宅"绿色之丘"那样，使建筑外表布满植被，
以求得建筑与自然环境的有机协调，也可以像理查得·迈耶设计的道格拉斯
住宅那样，使建筑全身洁白如洗，与浓荫覆郁的深色背景形成强烈色泽反差
和鲜明对比（图6.88—图6.92）。

　　由此可见，建筑环境美的奥妙在于"结合"。建筑与环境要素的"协调"
是一种结合，建筑与环境要素的"对比"也是一种结合，二者都可以取得统
一和谐的美学效果。无论是建筑环境中的自然要素、人工要素或文脉要素，
都应当区别情况，采取不同的结合方式。在当代建筑艺术思潮与流派中，出
现了所谓"灰色派"、"白色派"与"银色派"（又称"光亮派"），其实它们
就是各以其独特的方式和周围环境进行关联性、"对话"，以便求得不同格调、
不同追求和不同审美表现的建筑环境美。"灰色派"以其经过变异的历史性或
世俗性建筑造型语汇，通过"文脉协调"求得建筑与环境的结合；"白色派"
以其纯净白洁的几何形体,通过"形态对比"求得建筑与环境的结合；"银色派"

图6.83　巴西利亚巴西外交部大楼外部水庭景色
图6.84　"片石多致"：巴西外交部水庭石雕
图6.85　"寸草生情"：现代居室小景
图6.86　"一木显辉"：加拿大一风景区坐椅
图6.87　"一椅生情"：北京三里屯休闲广场小景

图6.83

图6.84

图6.85

图6.86

图6.87

图6.88

图6.89

图6.90

图6.91

图6.92

则利用建筑表面大片镜面玻璃的特殊光影效果，通过"景物反射"求得建筑与环境的结合。所有这些，尽管它们与环境结合的方式不同，各自所产生的美感效果不同，但都不失为建筑环境美的新探求（图6.93—图6.95）。至于"解构派"建筑师弗兰克·盖里所设计的西班牙毕尔巴鄂古根海姆美术馆，它被人们誉为"用一栋建筑拯救了一座城市"，这又反映了怎样的一种建筑与城市、建筑与环境关系的设计理念呢？是"结合"得好还是"结合"得不好？我们应当赞成它还是反对它？这些，只有把它放到特定城市环境的时空背景下才能做出有意义的回答；当然，最有发言权的还是生活在这里的城市居民和社会大众。而一切所谓"结合"、"协调"、"对比"等建筑与环境美学词汇，在这一"另类"奇异作品面前似乎都显得捉襟见肘、无能为力——姑且把它看作市与建筑环境中的特例吧！（图6.96）。

　　建筑环境艺术的主旨不但要创造和谐统一的"环境建筑"，而且要造成丰富多彩的"建筑环境"。除了建筑物之外，一方面，诸如环境小品、喷泉、水池、山石、花木等园林景观必须成为建筑环境的有机组成部分，同时那些室内外的雕塑、壁画、工艺品、地毯、壁挂、装潢、家具、陈设等，也都直接为建筑环境艺术注入"美"的生机。这就是建筑环境美的综合性（图6.97—图6.100）。

　　建筑，它历来就有"环境艺术之母"的美称。在中国传统建筑艺术中，那些石狮、石马、石人、石象，牌楼、石坊、旗杆、华表等雕塑和标志物，还有书法、铭刻、匾额、楹联以及线描图案等平面性点缀物，不但具有其自

图6.88　拉萨布达拉宫
图6.89　拉萨布达拉宫侧面
图6.90　迈耶设计的道格拉斯住宅
图6.91　迈耶设计的洛杉矶盖蒂中心全貌
图6.92　盖蒂中心内庭

图 6.93　　　　　　　　　　图 6.94

图 6.95　　　　　　　　　　图 6.96

图 6.97　　　　　　　　　　图 6.98

图 6.99　　　　　　　　　　图 6.100

图6.93　罗伯特·文丘里设计的哈佛大学会堂
图6.94　西萨·佩里设计的洛杉矶太平洋设计中心
图6.95　休斯顿汉考克大厦底部
图6.96　西班牙毕尔巴鄂市古根海姆美术馆
图6.97　加拿大卡尔加里市政厅广场与新老市政厅
图6.98　卡尔加里市政厅广场纪念廊
图6.99　卡尔加里市纪念景廊与主题雕塑
图6.100　卡尔加里市政厅中庭的多层交往空间

身的艺术审美价值，而且对建筑起着必不可少的烘托、陪衬作用，渲染和强化了建筑环境艺术的氛围。故宫建筑的美，固然是整体布局、空间气势和建筑本体造型艺术上的成功，但那些华表、石栏、栱桥、御道、龙壁、铜鹤、铜龟、嘉量、日晷等立体或平面的、抽象或具象的艺术小品，亦对丰富和点饰整体建筑环境起了重要作用。就它们与主体建筑的关系而言，犹似音乐上的"小调"之与"大调"，彼此在统一变化的和谐乐章中交相混响（图6.101—图6.102）。在欧洲，像米开朗琪罗、达·芬奇、拉斐尔那样的多才多艺的古代巨匠，他们的某些建筑作品绚丽璀璨，而他们结合建筑环境创作的雕塑或绘画艺术作品同样精彩纷呈，并成为建筑艺术中不可分割的组成部分。可以说，古代的许多雕塑、绘画等艺术作品，事实上成了建筑的"共生体"（图6.103）。十四五世纪建造的意大利米兰大教堂，在它的内外空间环境中竟布置了数以千尊千姿百态、形神各异的精美雕像，从而以"雕像最多的建筑物"著称于世，为建筑增添了引人入胜的艺术光彩（图6.104）。

由此可见，建筑自古就和某些艺术门类结下了亲缘关系。到今天，它们已经相互走近、靠拢和融合，逐渐在学科的边缘地带形成一门新型的综合艺术——"环境艺术"。如果说，古代的雕塑、绘画艺术形式着重是为建筑个体

图6.101   图6.102

图6.101 北京故宫小品"石晷"
图6.102 北京故宫小品"嘉量"（石灯笼）
图6.103 罗马特莱维喷泉雕塑
图6.104 千雕万饰的米兰大教堂

图6.103   图6.104

增辉溢美，那么，现代的雕塑、绘画等各种艺术形式则着眼于整体建筑环境的美化和创造。以现代环境雕塑为例，它们之中有抽象的或写实的，有规则的或自由的，有动态的或静态的，有石头的或金属的，有色调鲜明的或质朴无华的，有硬质的（实体材料）或软质的（水雕、绿雕），有单纯视觉的或视听结合的，有大型的或小型的，等等。所有这些雕塑品，都在城市和建筑环境中起着艺术点缀、活跃气氛和美化生活的作用。美国芝加哥联邦政府中心广场上的命名为"火烈鸟"的大型金属雕塑，洛杉矶阿克广场上的"双螺旋梯"雕塑，二者均以艳红夺目的色调，弯曲、轻盈、自由、通透的形体，与它们周围高大沉重的灰色"火柴盒"建筑形成了鲜明对比和相互映照。雕塑因建筑的衬托而显其生机勃勃、情趣盎然，建筑因雕塑的点饰而减弱其一本正经、刻板单调。这些城雕的巧妙构思和设置，好比"一棋投下，全局皆活"。这个"全局"，就是城市中的街道、广场、游园、庭院，就是包括建筑在内的整体外部环境。"牡丹虽好，尚须绿叶扶持"，就是说，真正优秀的环境艺术作品，不应该变成可有可无的"摆设"，而应与建筑环境一起"生长"（图6.105—图6.109）。

黑格尔指出："雕塑毕竟还是和它的环境有重要的联系"；"艺术家不应该先把雕塑作品完全雕好，然后再考虑把它摆在什么地方，而是在构思时就要联系到一定的外在世界和它的空间形式和地方部位。在这一点上雕刻仍应经

图6.105　芝加哥"火烈鸟"雕塑
图6.106　美国哥伦布市罗杰斯纪念图书馆前的棋形雕塑
图6.107　加拿大多伦多市中心公共广场上的情趣雕塑
图6.108　加拿大卡尔加里教育广场上的巨型群雕
图6.109　北京798艺术区的室内环境雕塑："对弈"

图 6.105

图 6.106

图 6.107

图 6.108

图 6.109

①② 黑格尔.美学
（第三卷上册）
[M].朱光潜,
译.北京：商务印
书馆，1979：111
③ 鲁道夫·阿恩
海姆.艺术和视知
觉[M].腾守尧，朱
疆源，译.北京：
中国社会科学出版
社，1984：193

常联系建筑空间"。①他又说："雕塑作品也可以用来点缀厅堂、台阶、花园、公共场所、门楼、个别的石柱、凯旋门之类建筑，使气氛显得更活跃些。"②各种环境艺术品之所以成为"环境艺术"的组成部分，就是因为它们总是联系着一定的"外在世界"，联系着建筑的"空间形式"、"地方部位"和"总的环境"。雕刻是这样，壁画是这样，其他各种环境艺术品也都是这样。它们和建筑艺术一起，共同体现出建筑环境美的整体性、系统性和综合性。也正如阿恩海姆所说的那样：

"一幅画和一件雕塑品也可以程度不同地成为一个更大环境的一个组成部分，而它们在这个总的环境中的位置，便可以决定它们所必须具备的内容的种类和数量。"③

说白了，就一切建筑和城市中的环境艺术而言："环境"决定"艺术"，"艺术"丰富"环境"。一件绘画品如此，一件雕塑品如此，一切形式的环境艺术作品莫不如此。

第七章　建筑美的机制

① 劳承万.审美中介论[M].上海：上海文艺出版社，1986：45
② 古代希腊神话传说中的青年歌手。
③ 此式说明"审美效应"是"审美主体"、"审美对象"的函数，前者随着后者的变化而变化。

我国著名美学家朱光潜先生曾援引苏轼一首《琴诗》①，形象地说明美及美感的生成机制问题：

若言琴上有琴声，放在匣中何不鸣？

若言声在指头上，何不于君指上听？

这里的所谓"琴声"是指审美对象；"指头"是指审美器官，即用来比喻审美主体的美感经验和审美能力。它提出一个问题：一首美妙动听的乐曲，之所以产生美并引起美感，究竟是作为客体的"琴上"所固有，还是作为主体的"指头"所赋予？联系到建筑，我们不妨引申地设问一下：作为"凝固的音乐"的建筑美，是奥尔菲斯②的"七弦琴"的琴声"凝固"在砖瓦木石及建筑形体空间上的固有产物，还是感受者那懂得"凝固的音乐"的"指头"和"耳朵"所赐予、所创造？这就提出了建筑美的生成机制问题，即建筑美感之于人们是如何产生的问题。

我们认为：建筑的美及其美感之所以发生，既不能脱离建筑审美对象，也不能单纯地归结于审美主体，而在于建筑与人、反映与被反映之间所构成的某种生动、复杂的交互关系。只有二者的协同作用，才能产生建筑审美效应，建筑的美感才得以发生。正如"审美效应 =f（审美主体·审美对象）"③一式所表述的那样一种审美主体和审美客体之间的"函数"关系。

当代建筑的中心命题是"人·建筑·环境"。讨论建筑美的生成机制，归根结底，要顾及人和建筑两个方面。这就需要把它"当作人的感性活动，当作实践去理解"，而不只是"从客体的或者直观的形式去理解"（马克思，恩格斯：《马克思恩格斯选集》第1卷）。

一、建筑美感心理

文学家们在描写山川秀丽的自然风光时，常爱使用一句成语，叫"美不胜收"。我们在欣赏建筑的外在形象美及其环境景观美时，也常有"美不胜收"的美感体验。就是说，被观赏的客体在"美"，观赏的主体在"收"，这一"美"一"收"也是对建筑美感心理活动的恰意表述。

那么，什么是建筑美感心理？简单地说，建筑美感心理是指人们在观赏建筑美时所引起的特殊心理活动。美在客体，美感则是主体对美的能动反映。作为美的三种普遍形态的自然美、社会美和艺术美是这样，作为综合形态的建筑美也不例外。建筑美的信息发送在于其客体自身，但建筑美的信息接收即"美感"，则有赖于主体的建筑审美能力，有赖于审美主体对建筑客体的反映程度和反映状况。

狄德罗曾以著名的巴黎卢浮宫的"门面美"（即立面美）为例（图7.1），说明建筑美感的客观性："我的悟性不往物体里加进任何东西，也不从它那里取走任何东西。不论我想到还是没想到卢浮宫的门面，其一切组成部分依然具有原来的这种或那种形状，其各部分之间依然是原有的这种或那种形状，其各部分之间依然是原有的这种或那种安排；不管有人还是没有人，它并不因此而减其美。"[1]

狄德罗是个客观主义者。卢浮宫的美、巴黎圣母院的美、圣彼得大教堂的美或是任何一件古代或现代建筑艺术作品的美，的确是由它们自身的艺术形象及其造型比例所决定，而不依人的观赏意志为转移，不因人的喜恶而"减其美"或"增其美"。狄德罗对于建筑美的描述是客观的。不过，如果认为人的主观"悟性"（美感）对它完全消极被动，只是"镜式映像"似的复现，在建筑美感生成中"不加进"也"不取走"任何东西，那就不真实、不"客观"了。显而易见，人们在观赏卢浮宫这类建筑美时，完全可能产生不同的美感享受，从而表现出大小之别、强弱之分，甚而出现极大的美感"反差"——有人认为美，有人认为不美。因为所谓"悟性"，即是对于建筑美的感应性和感受力，它会因人的欣赏水平、欣赏习惯和欣赏心境而显出差异，也因时代、社会、民族、阶级、阶层而发生更替变化。像马克思所说的，欣赏音乐要有懂得"音乐的耳朵"，同理，欣赏绘画要有懂得线条色彩的眼睛，欣赏雕塑要有懂得立体造型的眼睛。自然，欣赏建筑也要有懂得空间艺术的"建筑的眼睛"。把卢浮宫这类建筑美的客观存在和人们对它的"悟性"感应混为一谈，或是用后者去否定、排斥前者，都是难以解释建筑的美感生成及其美的心理机制的。

现实地说，建筑美感乃是一种复杂的心理活动。这种复杂性是由建筑自身及其美的本体的特殊品格所决定。其中，既有使用功能、冷暖舒适之类的"合目的性"问题，又有物质材料、结构受力方面的"合规律性"问题，当然也还有建筑造型、赏心悦目方面的"符合目的而无目的的纯形式美"[2]问题，乃至思考、情感、联想和想象方面的"道德观念的象征"[3]问题。按照康德的说法，美感是一种"不涉及概念而普遍使人愉快"的快感。那么，建筑的美感呢？它却不能简单地归结为所谓普遍性"快感"了。由于建筑美的特殊功能活动，建筑美感既不是单一的生理性快感，也不是单纯化的心理愉悦，也不是朦胧迷茫的"移情"作用。广义地说，建筑美感是一种与生理性"快感"相联系，

① 朱光潜.西方美学史（下卷）[M].北京：人民文学出版社，1963：89

② 朱光潜.西方美学史（下卷）[M].北京：人民文学出版社，1963 康德认为"美是一个对象的符合目的性的形式，但感觉到这形式美时并不凭对于某一目的的表现"。

③ 朱光潜.西方美学史（下卷）[M].北京：人民文学出版社，1963：375

图7.1

图7.1 巴黎卢浮宫的"门面美"

并由心理性审美"快感"和情思性审美"快感"相集而成的多层次心理结构，由此而形成一种特殊的美感机制。它与人对一般自然、艺术（雕塑、绘画、戏剧等）的那种美感表现明显不同。

什么是建筑的生理性快感呢？它是人为了自身生存，适应外界气候变化和其他自然环境条件的一种本能性反应。一个温度、湿度适宜的房间使人感到舒适，一个光线充足、敞亮的房间使人感到明快，一个隔绝噪声干扰的房间使人感到宁静。人在这类室内环境条件下，由身、眼、耳等器官所直接获得的触觉、视觉和听觉性快感，都属于生理官能性快感。以上算是直接性快感，此外还有间接性官能快感，它借助于生理上的条件反射而获得，类似于"望梅止渴"那种生理上乃至情绪上的反应。例如，人们经过长途跋涉，饥肠辘辘、身心疲惫，突然间发现前方的农家村舍、烟囱壁炉及袅袅炊烟，便即刻会联想到温暖、饮茶、进餐，从而激起愉快情绪，疲乏的身体似乎也变得轻松起来。甚至置身沙漠而奇遇绿洲美景（图7.2）乃至"海市蜃楼"，也能使人联想到人间烟火，从而激起一阵兴奋。现实生活中的间接性生理快感在建筑上有许多表现：室内的木质装修会引起温暖感，坚硬的石块会引起寒冷感，建筑的不同色调能引起从视觉冷暖向触觉冷暖，乃至听觉"闹静"的转化，从而诱发出生理情绪上的快适感或不快感（图7.3—图7.5）。如此等等，说明建筑

图7.2 　　　　　　　　　　　　　图7.3

图7.2　沙漠中的绿洲奇景：甘肃月牙泉

图7.3　加拿大蒙特利尔市郊某汽车旅馆：石、木、金属、玻璃等材料的质感表现

图7.4　加拿大温哥华英属哥伦比亚大学（UBC大学）森林学院中庭：木材构件的质感表现

图7.5　北京某会所内小院门的木构披棚

图7.4　　　　　　　　　　　　　图7.5

上的间接性生理快感事实上已经与人的心理机制发生着某种联系，并具备了建筑心理快感的某些外在特征。然而，总的说来，这种间接性快感也还没有真正跨入建筑美感的心理领域。

既然如此，能不能说建筑的生理性快感（直接的、间接的）与建筑美感心理不相联系呢？不是。恰恰相反，除了作为单纯艺术造型表现的纪念碑之类，只要多少具有某种实用价值的建筑物（事实上几乎包括所有各类建筑），人们对它们的建筑美感总是和生理性快感联系在一起的。试想，一幢形象生动、精雕细刻、装饰豪华和富丽堂皇的建筑物，尽管"美"不可言，但如人们使用它时发现其隔热性能很差、防寒效果不好、冬凉夏暖，那会引起何种感觉呢？正如美国美学家桑塔耶纳所指出：虽然美感并不仰仗用途，但这类生理上的"不适不快"之感，"必然就会妨碍任何欣赏，结果把美也赶跑了"，因为"想到明明白白不合用，这一念之间就足以破坏我们对任何形式的喜爱，不论它在本质上是多么的美"（乔治·桑塔耶纳：《美感》）。极其关注建筑艺术造型美的著名现代派建筑大师勒·柯布西耶，他虽然倡导"建筑是对在阳光下的各种体量的正确的和卓越的处理"，鼓吹"我们的眼睛天生来就是为观看光照中的形象而构成的"[①]（图7.6、图7.7），但是他也不得不承认：对现代建筑来说，"如果房顶坍下来，如果暖气不热，如果墙壁裂缝，建筑的愉快感就会大大地减少了；同样的，一个人坐在针毡上吹着冷风听交响乐也是不愉快的"[②]。人们之所以喜爱阳光，阳光于建筑之所以重要，首先是因为它能带给建筑和人以"温暖"、以"生命"，其次才是"阳光下的各种体量"所显示的明暗对比、光影变化和黑白分明的"雕刻般"的生动效果。所以，人对建筑的生理性快感虽不能视同美感，但它常常巧妙地介入美感机制之中，甚而成为建筑美感发生的一个必不可少的外在条件。休谟说："看到便利就起了快感，因为便利就是一种美。"[③]如果从快感与美感之间的联系去看建筑，休谟的"便利＝快感＝美"的推论，不能说没有一定道理。

按照瓦拉的说法——"快感是美的最高标准"[④]。这里的所谓"快感"，显然并非仅仅是生理上的快感。尽管如此，就美感发生学而言，人类最初建造房屋是从生理快感而获得"美"感的。房

① 勒·柯布西耶.走向新建筑[M].吴景祥，译.北京：中国建筑工业出版社，1981：17
② 勒·柯布西耶.走向新建筑[M].吴景祥，译.北京：中国建筑工业出版社，1981：169
③ 朱光潜.西方美学史（下卷）[M].北京：人民文学出版社，1963：229
④ В.П.金斯塔科夫.美学史纲[M].樊辛森，等，译.上海：上海译文出版社，1986：87

图 7.6   图 7.7

图7.6 勒·柯布西耶与其建筑作品中的光影感浮雕
图7.7 法国朗香教堂局部：勒·柯布西耶建筑作品中的阳光和阴影

屋能使人们免受风霜雨雪、严寒酷暑之苦，这不是很大的"快适美乐"之事吗？但是这种快适感的有无只是和生理上的"苦"与"乐"相联系，而并未诉诸建筑外在的美感形式和艺术形象。只有当某种"形式"和"形象"引起视觉上的快感时，或者说，只有当人们把建筑形式和建筑形象当作精神上、艺术上的审美对象观照时，建筑上的美感才会真正产生。这种形象性美感的最大表现是心理上的惬意，而不是生理上的快适。这就是所谓"愉悦性"建筑美感。在建筑审美中，它一般表现为三种美感形态，即抽象几何性美感、景物联觉性美感和艺术类比性美感。

"抽象几何性"美感反映了建筑上的点、线、面、体的性格特征。以"线"为例，水平方向的建筑线条，其特点是延伸、舒展，会引起视线的无阻碍追逐，具有"轻快性"美感，诸如现代建筑中的水平带形窗即属此类；垂直方向的建筑线，其特点是挺拔、向上，能引起视线向空中消失，具有"崇高性"美感，诸如哥特建筑及某些现代建筑中的垂直线条即属此类（图7.8、图7.9）；梯形的建筑线条，其特点是倾斜、滑移，能引起视线向前驱进，具有"前冲性"的运动感，诸如某些梯形广场即属此类（图7.10）；建筑曲线，其特点是活跃、流动，可引起视觉的柔滑变化，具有"生动性"美感，诸如巴洛克、洛可可曲线以及现代建筑中的各类曲线均属此类（图7.11—图7.14）；建筑上的蛇形曲线，其特点是起伏、跳跃，可引起视线飘忽不定的追逐，具有"游动性"美感，诸如某些复杂地段条件下的自由曲线型的建筑平面即属此类，当然，其中也包括某些极富个性追求的建筑构图表现（图7.15、图7.16）。此外，在各种柏拉图体中，诸如立方体的"整一感"、球形体的

图7.8　　　　　　图7.9

图7.8　米兰大教堂塔柱上部
图7.9　巴西利亚国会大厦的双肢塔楼
图7.10　圣马可广场的梯形视觉效应
图7.11　巴塞罗那米拉公寓外部的波浪形曲线

图7.10　　　　　　　　　　　　　　図7.11

图 7.12　　　　　　　　　　图 7.13　　　　　　　　　　图 7.14

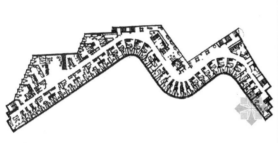

图 7.15　　　　　　　　　　　　　　　图 7.16

"圆满感"以及方锥体的"稳重感",等等,都能在建筑艺术的欣赏和创造中起着广泛的作用,引起各种独特的美感心理活动。

　　"景物联觉性"美感,反映了建筑美感心理的转换机能。表现在建筑欣赏的美感心理活动中,由建筑的人工美而联想到自然美;在建筑创造的美感心理活动中,由景物的自然美而联想到建筑的人工美。蓝天、白云、大海、山石、流泉、瀑布、迅驶的帆船、奔驰的骏马、天空的飞鸟、盛开的花朵、繁茂的林木,乃至大地上各种生灵的可爱形象,都能在建筑艺术欣赏和创造中激起人们对建筑的联觉性美感。苏州沧浪亭的"大出挑"、"大起翘"飞檐使人联想到鸟儿的比翼双飞;波浪形"云墙"得形和得名于天空中的片片浮云;圆形之门洞使人联想到玉兔银盘,故有"月亮门"之称;舫形水榭宛如轻舟荡漾,或泊岸扁舟。著名的西班牙浪漫派建筑师高迪,善以波涛浪花、尖冠怪兽等景物作为他创造建筑艺术形象的原型依据,以唤起人们对充满生命力的自然景观的美感联想(图 7.17—图 7.21)。在"联觉"美感上,建筑与书法艺术倒有几分相似。中国古代不是有"王羲之看鹅掌拨水,张旭看公孙大娘舞剑器"而有益于书法的故事吗?所谓"笔走龙蛇"、"骨力雄健"、"气韵生动"、"阳刚阴柔",都是书法艺术创造和欣赏中美感联想的生动体现(图 7.22—图 7.24)。当然,无论在建筑艺术还是书法艺术中,对自然景物的美感联想并非只是模仿自然,而是任自然媒介去触发人们心中的艺术意象。也就是说,以自然美

图7.12　巴西利亚大教堂外观的曲线集成
图7.13　巴西利亚大教堂内景
图7.14　巴西利亚总统府的升腾式曲线
图7.15　美国麻省理工学院(MIT)贝克大楼平面的蛇形曲线
图7.16　柏林犹太纪念馆的蛇形折线构图

① 朱光潜.西方美学史（下卷）[M].北京：人民文学出版社，1963：451
② 彭立勋.美感心理研究[M].长沙：湖南人民出版社，1985：76

图 7.17　　　　　　　　　　　　　图 7.18

图 7.19　　　　　　　　图 7.20　　　　　　　　图 7.21

图 7.22　　　　　　　　图 7.23　　　　　　　　图 7.24

图7.17　苏州沧浪亭飞檐翘角
图7.18　苏州拙政园中的"云墙"和"月亮门"
图7.19　北京颐和园石舫
图7.20　苏州拙政园中"香洲"船舫
图7.21　米拉公寓阳台细部
图7.22　王羲之（约303—361年），东晋书法家
图7.23　浙江绍兴王羲之故地"鹅池"畔的纪念雕塑
图7.24　绍兴王羲之书法纪念亭内的"鹅池"石碑

的方式去感知美的建筑，以美的建筑去观照美的自然。

　　"艺术类比性"美感，反映了建筑美感心理的另一种转换机能。它主要是指建筑审美中所表现出来的"音乐性"、"雕塑性"和"绘画性"美感。各门艺术都和音乐相通，建筑艺术尤甚。建筑空间和形象中的抑扬顿挫、比例结构及和谐变化体现了音乐的节律。席勒说过："造型艺术到了最高度完美时，就必须成为音乐，以直观感性的生动性来感动我们。"①建筑正是这样一种造型艺术。"流动的建筑"——音乐，"凝固的音乐"——建筑。人们对这两种艺术的欣赏，很自然地诉诸美感比拟，并产生心理上的美感联系，从而达到听觉美和视觉美的相互转化。像朱自清的优美散文中所描述的："光与影有着和谐的旋律，如梵婀玲上奏着的名曲。"②（图7.25、图7.26）建筑的"雕

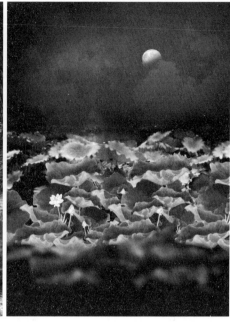

图 7.25   图 7.26

塑性"美感，主要借助于建筑的立体感、体积感和光影感而获得，特别是几何体的抽象性常使现代建筑和现代雕塑的美感形象得以沟通；而建筑的"绘画性"美感，则借助于建筑二维立面的形式、图案、色彩和比例等而产生。中国古典园林犹似人在"画中游"的长幅立体画卷，又如电影中的"蒙太奇"，使人在时间的延续中不断接受建筑空间中的"画面性"美感体验。

    "生理"、"心理"、"情思"，是建筑美感活动中的三部曲。如果说生理性机能快感是诉诸建筑的"物理形式"而获得，心理性审美快感是借助建筑的"愉悦形式"而获得；那么，情思性审美快感则是借助于更高级的美感形式——建筑的有意味的"艺术形式"——而获得。建筑上的形体、线条、色彩等，不仅呈形于外、寓形以"乐"，而且寓形以"情"，寓形以"思"。简言之，既能"悦目"，又能"赏心"，这就是建筑美感的情思性，它往往通过对建筑的某种"移情"活动而产生。现实世界和建筑审美中确有许多由物及人和由人及物，由物及心和由心及物，以及由物及情和由情及物的所谓"移情现象"。西方美学中有所谓"一片自然风景就是一种心境"（里普斯）之说，这和中国传统美学中的"触景生情"、"寓情于景"何其相似。这得"情"之"景"并不只限于自然风景，其实建筑及其环境艺术之"景"亦莫不如此。值得指出的是，以往对建筑"移情性"美感的研究多局限于对"自然人"的生理和心理感官的被动反映论解释，而忽视或有意避开了由物及情或由情及物中所蕴含的丰富的社会意识。譬如，人们对陶立克柱式的粗壮有力、挺立向上及其"男

图7.25 北京清华大学校园内朱自清雕像
图7.26 朱自清的"荷塘月色"夜境

图 7.27

图 7.28

① 朱光潜. 西方
美学史（下卷）
［M］. 北京：人
民文学出版社，
1963：594
② 劳承万. 审美中
介论 ［M］. 上海：
上海文艺出版社，
1986：34

性"气质的美感体验，被解释为是由于肌肉和人体生理器官的"运动的冲动"和"生命的冲动"，由于"移入"到外物中的人类情感作用，才把作为"一堆死物"的建筑变成一种"活的物体"，如同人的"四肢和躯干"①，等等。而实际上，建筑美感心理活动中的移情现象，更多、更重要的表现还在于它所凝聚的社会内容。一幢优雅漂亮的住宅不仅使人愉悦，而且它的建筑形式体现着"家"的内容，使人一看到自己的住所便想起"家庭亲情"的温暖、"阖家团聚"的欢愉。新中国成立后，经过重新修饰的天安门城楼，红墙黄瓦、歇山重檐，建筑气势巍峨壮美，人们在其面前或观赏瞻仰，或摄影留念，早已超出了一般建筑形式上的美感享受，而是借此抒发和寄托着某种爱国主义的理想、情思和民族自豪感。新的天安门城楼已作为象征新中国诞生的最庄严而又可敬的情感符号，被历史地肯定下来了（图 7.27）。北京人民大会堂观众大厅内那"水天一色"、"群星荟萃"的天花顶棚是一个独具匠心的艺术构思，它来自"落霞与孤鹜齐飞，秋水共长天一色"的诗意启迪，而实际上人们从中获得的情思美感早已超出这个巨大物质空间的限定，从而达到了更高远、更深邃的精神境界（图 7.28）。

　　朱光潜说："美感不是别的，它就是人在外在世界中体现了自己的本质力量时所感到的快感和欣喜。"（朱光潜：《朱光潜美学文集》第 3 卷）归根结底，美感是人的理想、本质和本质力量的感性显现。建筑美感亦然。如果说，人们对建筑及其感性形式的"愉悦性"心理反应，是这种"本质力量"的初级形态；那么，他们对建筑及其感性形式的"情思性"心理反应，则属于这种"本质力量"的高级形态。而人们对建筑的"生理性"、"官能性"快感，则构成了这种"本质力量"的物质基础。

图7.27　作为国人"情怀符号"的天安门城楼
图7.28　"水天一色"的北京人民大会堂观众大厅顶棚

二、建筑审美中介

① 劳承万.审美中介论［M］.上海：上海文艺出版社，1986：15
② 劳承万.审美中介论［M］.上海：上海文艺出版社，1986：107

美感反映对象的美，并非简单、直接地进行，而是要通过美的观念的中介②，这就是通常所说的"审美中介"。在建筑美感活动过程中，为使建筑对象的"美"转化和过渡到建筑主体的"美感"，也必须通过建筑审美的中介联系。

什么叫"中介"？中介就是事物的中间阶段、中间地带和中间环节。恩格斯指出，世界上一切事物的对立双方"都在中间环节融合，通过中介过渡到对方"①。瑞士心理学家皮亚杰提出的认识反映论公式"$S \rightleftarrows AT \rightleftarrows R$"也表明，从对象的"刺激"（S）到主体的"反映"（R），其间要经过主体对客体的"认知同构"（AT）的中介作用才能够完成②。同样，任何一个建筑审美活动的过程，从发生到结束，也有赖于主体和客体之间能动的交互作用，故此才能使建筑客体形象被主体感知而成为具体的表象。这种"感知"、"表象"，就是建筑审美活动过程的中介。

实验表明，动物感官在外界条件刺激下，只能实现简单的直接的生理反应："$S \rightarrow R$"。人类一般的生理机能，如饥渴、冷暖等反映，也与动物的这种反映相似。然而，艺术欣赏和艺术创造中的审美机能却与此大不相同，二者呈现出本质的区别。为什么？原因就在于从"对象"（S）到"反映"（R），其间存在着一个中间领域——审美中介。在文学艺术作品的欣赏中，有所谓"一千个读者就有一千部《红楼梦》"、"一千个读者就有一千个哈姆雷特"的说法。郑板桥画竹，有所谓"眼中之竹"、"胸中之竹"和"手中之竹"之说（图7.29、图7.30）。其源盖出于不同审美中间环节的介入，故而使客体投射到主体感官上的映象虽然大同小异，却也经常出现千差万别。

图 7.29

图 7.30

图7.29　郑板桥（1693—1765年），扬州八怪之一，清代书画家、文学家
图7.30　郑板桥画竹

图 7.31

我们发现，审美中介也是导致建筑美感差异的直接原因。对同一幢建筑物，由于人们"感知"、"表象"的不同，有人认为它"美"，有人认为它"不美"或"丑"；有的反应强烈，有的反应迟钝；有的着眼其"外表"，有的着重其内涵。甚至同是一人，在不同时间、条件和心境下对同一建筑的美感心理反应也不完全相同。在建筑创作中，同样可以窥见审美中介作用之一斑。一样的设计任务，一样的创作对象，甚至一样的创作题材，在不同建筑师的笔下也会出现迥然不同的建筑美感形象。比如，在北京毛主席纪念堂设计之初，聚集了来自全国建筑学界的数十位精英，短暂间荟萃了各种建筑构思方案：有一般建筑表现式，也有茔锥陵寝式；有湘情民居式，也有延安窑洞式；有飞檐宫殿式，也有西洋列柱式；有古典构图式，也有现代建筑式。有的方案质朴浑厚、端庄严谨，有的方案壮丽辉煌、气势宏大，如此等等。究其原因固然不一而足，然而同一创作对象在审美主体中唤起各种不同的感知、表象，掺入各种各样的审美中介，无疑是其中的一个重要原因。而现已建成的毛主席纪念堂，作为一种建筑美感形象，只不过是其中"审美中介"联系的一种（图 7.31）。

可以这样说，由主体感知而获得的美感表象，是建筑审美过程中的一个最活跃、最生动、最重要的中介环节。它具有直觉性，但伴随着理解；它具有愉悦性，但伴随着认知；它具有情感性，但伴随着联想。如果说，作为"独立"和"纯粹"艺术的雕塑、绘画、音乐等的美感表象，是感觉、思考、理解、想象、联想和情感等诸种心理因素相互联系、相互作用的结果；那么，作为"实用"、"依存"和"羁绊"艺术的建筑美感表象，则是上述诸因素所组成的特殊心理结构的总和。

建筑上到底有没有克罗齐所说的"美感和艺术即等于直觉"的反映呢？从某种意义上是有的，而且比较普遍地存在着。人们对万里长城的美感是如何发生的呢？人们对金字塔的美感是如何发生的呢？人们对埃菲尔铁塔的美感是如何发生的呢？人们对莽莽黄土高原上那层层叠叠的窑洞，对风光绮丽的皖南山区那粉墙黛瓦的传统民居，对西双版纳那郁郁葱葱的丛林深处的傣家竹楼……对许许多多新颖别致和古朴典雅的新老建筑的美感，是如何发生的呢（图 7.32—图 7.40）？难道不是通过直接观赏而获得的心理感受么！建筑审美心理虽不同于异性之间被"丘比特之箭"射中的那种传奇般的"一见

图7.31 北京毛主席纪念堂

图 7.32 图 7.33

图 7.34 图 7.35

图 7.36 图 7.37

图7.32 逶迤长城
图7.33 长城雄姿
图7.34 游人与金字塔
图7.35 埃菲尔铁塔——19世纪世界建筑之最高
图7.36 周力群画作：延安窑洞
图7.37 陕北窑洞近景
图7.38 宏村月塘美景
图7.39 山清水秀的皖南民居
图7.40 傣家竹楼

图 7.38 图 7.39 图 7.40

钟情"，但确是到处存在着"一触即发"的美感直觉，这就构成了建筑美感的直观性、瞬间性。既然如此，这种"直观性"美感是不是一种简单的心理反应呢？不，它至少在两层意义上包含着相当复杂的心理机制。

其一，在对建筑的直觉性美感中已经凝聚了观念表象。长城之美在于其"长"，金字塔之美在于其"大"，埃菲尔铁塔之美在于其"高"，陕北窑洞之美在于其"土"，江南民居之美在于其"素"，即素洁、清丽和明快……所有这些，都是人们对建筑这一审美客体的直觉性感受，并伴随着观念表象而同时发生。

其二，在建筑的直觉性美感中，潜藏、诱发和延续着理性的思考。长城、金字塔和埃菲尔铁塔之美，其表象在"长"、在"大"、在"高"，而在其表象的背后却蕴含着人类征服自然、改造世界的奇迹般的智慧和创造，令人可赞可叹、可歌可颂！当我们赞美着这些雄伟巨构的震撼人心的身影时，不是已经包含和延续着某种理性的思考吗？

直觉和理性思考的统一，不仅表现在对那些非同凡响的宏大建筑的美感上，而且对一些看似平凡、实则壮美的建筑也同样适应。著名的莫斯科红场上的列宁墓即为一例：这个由红色花岗石构筑的"阶锥体"，平平矮矮、敦敦实实，外部造型显得异常简洁、质朴而浑厚。你对它的"第一眼印象"也许颇觉一般，但是当人们把这种简朴得近乎"平淡"的建筑形象和陵墓主人伟大而平凡的品格结合起来，当人们把这种"锥式"几何构成的建筑体量和陵墓主人作为苏维埃"奠基人"的崇高形象联系起来，进行寓意深沉的理性思考的时候，难道不是越发加深人们对这件建筑艺术杰作的美感体验和审美兴趣么（图7.41、图7.42）！

愉悦性和认知性的统一，也是建筑审美中介这一复杂心理结构的表现形式。通过感知美的建筑而产生的愉悦性表象，是建筑审美活动中最普遍、最有意义的中介环节。建筑艺术中那新颖的造型、和谐的比例、美丽的色彩、

图7.41 列宁墓正面
图7.42 列宁墓外观

图7.41

图7.42

变化的光影、生动的对比以及种种有趣的细节装饰等，都会使人感到惬意、愉快和恬适。车尔尼雪夫斯基说："美的事物在人心中所唤起的感觉，是类似我们当着亲爱的人面前时洋溢于我们心中的那种愉悦。"（车尔尼雪夫斯基：《生活与美学》）许多建筑师对自己设计作品的欣赏，有时也表现出这种拟人化的愉悦感。他们深情地凝视它、亲抚它，在心中唤起了如同亲手创造了一个"活着的生命"那样美好的感觉。有的人对他喜爱的建筑，从向它投上第一瞥时就为之吸引、倾倒，表现了很大的审美愉快；继而跟踪探寻，溶入认知活动，从而获得更大的审美满足。事实表明，建筑的审美愉悦和审美认知是密切结合、相互联系和互为补充的。由"愉悦"走向"认知"，由"认知"又回到"愉悦"；在"认知"中增强"愉悦"，又在"愉悦"中完成认知。这或许可以称为建筑审美中介思维活动中的"寓乐于教"和"寓教于乐"吧！下面举两个建筑实例，以说明"认知"和"愉悦"在建筑审美活动中的统一。

一是日本铜山采矿纪念博物馆[①]。这座建筑建立在一处被废弃的铜矿遗址之上，其整体格局半凸半穴、半露半掩。室外保留着昔日矿区的露天场景，室内墙面以岩石砌筑，空间低矮。整个建筑布局，反映出矿场、坑道等遗迹，并展示有关矿床、技术和生活风俗等历史性实物资料。建筑体量低平，匍匐大地，邻近地势高低起伏，杉木成林，建筑的人工美与环境的自然美融为一体。这种别出心裁的建筑格局，不但使观者获得由自然美和人工美所引起的审美愉快，而且借此可以了解古代铜矿开采的历史知识，完成建筑审美的认知功能。

另一例是我国南开大学东方艺术馆的设计创作（图7.43、图7.44）。它由两个相反方向的螺旋形曲面体所构成，建筑轮廓丰富、线条流畅、神态洒脱，其整体形象犹如两幅打开的中国"立轴画卷"。它的总体平面构图则如同"太极图"的变位，在其南北入口广场的中轴线上，一前一后地分别布置两个对应的"圆形设施"，一为水池，一为"下沉式"小广场。这一建筑艺术构思，

① 梁鸣文，朱纯华.博览建筑〔M〕.北京：中国建筑工业出版社，1981：112

图 7.43

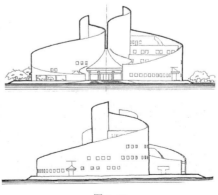

图 7.44

图7.43　南开大学东方艺术馆模型
图7.44　南开大学东方艺术馆立面

① 罗健敏.东方艺术馆建筑设计构思〔J〕.建筑学报,1988（11）:33-36
② 根据康德关于"鉴赏判断是审美"观点所做的引申.彭立勋.西方美学名著引论〔M〕.武汉:华中工学院出版社,1987:106
③ 黄为隽.凝神结想,神与物游——谈齐白石美术纪念馆设计的形象思维〔J〕.建筑学报1986（1）:48-53

不仅以它飘逸洒脱的外观造型博得人们极大的审美兴趣,而且它还使人在愉悦性美感中,探寻、追索和领悟着它的富有哲理性深层内涵。画家范曾这样对它做出了评析:

"这个方案很有意思,平面看上去像一幅经过错动的太极图,东西两块楼房,南北两院,一南一北,一阴一阳,一日一月,这里包含着中国道家的哲学思想。"①

艺术总是相通的,在此,画家的审美活动与建筑师的审美创造可算是达到了心心相印,所谓"心有灵犀一点通"。

由此可见,建筑的审美愉悦和审美认知是有机的统一,它们相互区别又相互联系,进而构成建筑审美中介活动的又一内容。有一种说法:"我们欣赏一座建筑物的美仅因其形式而产生快感,由此判别建筑物的美,而和'合乎法则和合乎目的'的认识即客体的认识是毫无关系的。"②这一论断符合不符合建筑审美的实际情况呢?可以认为,"由形式而产生快感"即获得审美愉悦是无可置疑的,但由此而判定建筑物的美和"客体的认识"之间"毫无关系",则导致以偏概全了。事实上,凡建筑艺术的创新之作,总是吸引人们"一面在看、一面在求知"的。

"情感和联想"的统一,也是建筑审美活动过程中的一对"中介"。我们在上节中曾提到"触景生情"的美感体验:"情"由"景"得,"景"在"情"中。建筑审美中的"情"与"景",它们彼此之间是由何种方式、依靠何种媒介去联系沟通呢?简言之,二者之间是靠由此及彼的"联觉想象"去沟通,它在其间起着某种中介作用。这样,"景"（建筑）⇌"联想"（中介）⇌"情"（审美主体）,又组成了一个动态的审美心理结构,从而激发着主体的"感知",产生着情景交融的美感"表象"。让我们以坐落在湘江之畔的湖南齐白石纪念美术馆为例③（图7.45）,看一看建筑师在创作中是如何通过调动观者的"视觉联想"以激发他们的情感活动吧。

众所周知,齐白石这位在中国大地上"土生土长"的农民艺术大师,其绘画技艺是出于自然,而又回到自然之中的（图7.46、图7.47）。所谓"外师造化,中法心源",是他的艺术信条。"外师"者,首推"自然"也。无论是大自然中的那些山禽走兽、水中浮游,还是枇杷桃李、春华秋实,都能在他的生花妙笔下得以神形兼备的表现。齐白石纪念美术馆的建筑创作者正是紧紧把握了"艺术—自然"这一主题思想,创造了一个极富"联感想象"的诗意环境。且看建筑近旁那波光粼粼的"洗砚塘",且看建筑一隅那种植了桃、李、枇杷、石榴、棠棣、芙蓉的庭院,且看那映在花木丛中的白粉墙面、黛檐青瓦,所有这些,都能触发人们对白石老人绘画艺术形象中所表达的主题、

① 黄为隽.凝神结想，神与物游——谈齐白石美术纪念馆设计的形象思维〔J〕.建筑学报，1986(1)：48-53

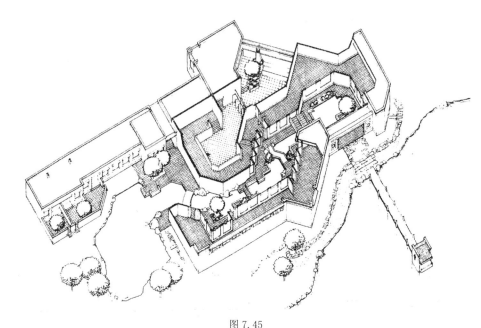

图 7.45

图 7.46

图 7.47

情景、意境和格调的视觉联想。最为别出心裁的，是穿越于展厅内外的那条弯弯曲曲的人工小溪了：水流潺潺，清如碧带，置以散石三五，星星点点；但见"虾群浮游，鱼翔浅底"，不禁使人联想起白石画卷中那些生机盎然、跃然纸上的再造"生灵"①。人们一面沿着展厅参观绘画作品，一面徘徊穿行于溪流之间，通过"艺术"和"自然"的两相映照，那种诗情画意的美感享受怎能不油然而生呢！这一建筑艺术创作仿佛奏出了一首娓娓动听的田园诗歌，真正达到了"凝神结想，神与物游"的境界。它是那么富于畅想，又那样散发出泥土气息，而这一切，又都是"情感与联想"这对建筑审美中介的结晶，是审美主体心理结构的物态化表现。谁说建筑只是"一堆死气沉沉的物质材料"

图7.45 湖南齐白石纪念美术馆轴侧图

图7.46 齐白石 (1864—1957年)

图7.47 白石画作：虾

① 鲁道夫·阿恩海姆.视觉思维[M].滕守尧,译.北京:光明日报出版社,1968:27

② 鲁道夫·阿恩海姆.艺术与视知觉[M].滕守尧,朱疆源,译.北京:中国社会科学出版社,1984:193

呢？在主体对客体的感知、表象的激越下，我们不是从建筑及其环境中得到那充满生命力的美感满足么！——如同齐白石绘画艺术中所描绘的景物，虽静犹动，栩栩如生。

总的来说，建筑美感的发生和发展始终有赖于主客体之间的相互联系。审美中介是二者之间不容忽视的联系纽带，而承认美感机制的主体性，则又是这种建筑审美中介思维的关键所在。许多古典的艺术家、学院派建筑家不懂得这一点，某些片面笃信理性思维的艺术家、建筑家也不懂得这一点，结果只能使建筑的审美中介思维中断；而他们那"美轮美奂"的艺术和建筑作品，便往往成为从客体到客体的"自我表现"。相反，把建筑美的机制如实地放在"主体—客体"之间的生动界域去考察，就会开辟建筑艺术创作和欣赏的广阔天地，迎来和催开一朵又一朵美丽的建筑艺术之花。

三、建筑艺术和视知觉

亚里士多德说："心灵没有意象就永远不能思考。"[①]眼睛是心灵的窗口，建筑是极富视觉性的综合美感艺术，建筑美感机制自始至终离不开视觉机能的牵引。

我们知道，视觉对客观事物的反映可分为"视感觉"和"视知觉"两个层次。前者是视觉对物象的片断的、离散的和现象的映照，后者则是视觉对物象的整体的、综合的和带有本质意义的把握。只有"视知觉"，才是艺术欣赏和艺术创造中比较高级的视觉机能。"一个艺术品必须为世界提供一个整体形象"[②]，而对形象的整体把握则依靠人的视知觉。

人们要问："视知觉"是怎样发挥它在建筑审美中神奇的特有功能呢？

首先，是它的整体性组织功能。

所谓整体性，原是古典建筑艺术的一条重要美学原则。它着眼于建筑物自身造型和各部分比例关系的整体分析，注重对审美客体的完整性描述。可以看出，古典艺术中那种从整体到局部，又从局部到整体的审美分析，始终是根据事先确定的静态视觉原理，循着由"物"到"物"的途径展开着。至于建筑上各种自在物的"整体美"是如何被视觉所感知，这在传统的古典建筑美学中几乎无所涉及，现代建筑美学亦很少问津。而在这方面，完形心理美学可以给我们以有益的启示。

"完形"，又称"格式塔"（Gestalt），是指被视觉感知的通体相关的完整形象。这里的所谓"形"已不同于客体自身的形象，而是经过了视知觉进行积极组织和活动的结果，是一种具有高度组织水平的知觉整体。比如，一个中部升高突起、两翼对称的建筑，当人们选择视点实际观察它时，并不因它的近大远小、近高远低的透视变形而使人曲解它的原有形体。同理，人们通常所见到的那些高高低低、大大小小、长长短短的"方盒子"建筑，几乎总是因水平线的透视"倾斜"和垂直线的透视"缩短"而变形；但在视觉感知下，人们心目中的"方盒子"却依然如故，并没有被曲解为"梯形盒子"、"倾斜盒子"（图7.48）。这就是阿恩海姆所称的"知觉梯度"[①]。在视觉造型艺术的欣赏中，无论是建筑、工艺美术，还是雕塑、绘画，如果没有视知觉的整体思维和积极组织，就不可能把握客观物象的整体结构和整体特性，因而也就不可能实现哪怕最起码的审美认知，美感活动自然也就无从产生。

　　完形心理学所揭示的整体性视觉特征表明：视觉思维并不是感性要素的机械复合，局部相加不等于整体。作为视知觉中的整体物象不但超出组成它的各部分之和，而且知觉整体中的局部也不同于原来意义的"局部"，整体必然赋予其局部以新的含义。由三条棱线相交组成的三角形，已不是原来的三棱线之和，而是由此生出了一个新的形象；一个正方形，当它作为长方形的一部分时，"与它位于一串倾斜排列的正方形组成的整体之中时，看上去迥然相异"[②]。联系到建筑：当四个长方形的建筑体量沿着水平方向围成一个"口"字时，一个低矮的"四合院"建筑形式便以某种具有中国传统建筑意味的整体形象呈现出来（图7.49）；当它们沿着高度方向叠合起来形成"集中式"格局时，便构成一种具有西方现代建筑意味的多层楼房的整体形象（图7.50）。我们知道，中国传统建筑惯于采用体量的水平铺展，堪称"化整为零"；而现代多层或高层建筑则采用体量的竖向集结，算是"积零为整"。二者各自所构成的整体形象已绝不是原来单个体量的"相加"值，就是说，那些单个体量在各自整体中的性质及其所处的位置都发生了重大的乃至本质上的变化。人们的视知觉对这两类不同的建筑形象，总是能够首先把握其整体，然后才见诸其局部的，而不是相反。这在建筑艺术的审美认识上，或许可以叫做"先

① 鲁道夫·阿恩海姆.艺术与视知觉［M］.腾守尧，朱疆源，译.北京：中国社会科学出版社，1984：579
② 鲁道夫·阿恩海姆.视觉思维［M］.腾守尧，译.北京：光明日报出版社，1968：3

图7.48　仰视建筑的"知觉梯度"
图7.49　北京四合院之水平围合图形
图7.50　单一长方体的垂直叠加：杭州钱江花园高层公寓

图 7.48　　　　　　　　　　　　图 7.49　　　　　　　　　　　图 7.50

① 彭立勋.美感心理研究［M］.长沙：湖南人民出版社，1985：62

见森林，后见树木"吧！正是这样一种整体性视觉审美功能，才使得审美主体在中西传统建筑之间、现代和古代建筑之间，以及各种不同的现代建筑之间，能动而瞬息地分辨出各种建筑视觉形象的整体性特征。

如何看待中国传统建筑中的楼、台、殿、阁、门、廊等各自在建筑整体布局中的地位和作用？好有一比：中国象棋！它们正像中国象棋中的帅、车、马、炮、象、士、卒一样，其巧妙之处在于如何布局，又如何布子。它反映了很强的整体观念，主从分明，井然有序，表现出高超的技术与艺术意匠。显然，其"高超"之处，就在于它那气韵通达、一气呵成的全局性和整体性。在这里，作为单个建筑的"楼、台、殿、阁"等所构成的某种整体格局，已不是一"楼"、一"台"、一"殿"、一"阁"的简单并置和机械相加，正像由"车"、"马"、"炮"、"象"组成的整盘棋子一样，它也不是单个棋子的"并置"和"叠加"。不仅如此，整体格局一旦形成，"楼"、"台"、"殿"、"阁"等每个单体建筑的意义都将随其在整体布局中的变化而变化，也正像"车"、"马"、"炮"、"象"等每个棋子都将随其在整盘棋中的位置变化而变化。故宫前的天安门区别于东华门和西华门，故宫中的太和殿区别于中和殿与保和殿，都因其各自在整体中的作用不同、地位不同，从而表达不同的意义，而不仅是单个建筑形式上的差异。再者，中国传统建筑中由每个单体所组成的整体格局，在人的视觉感知下也总是首先以其整体的格局构成和形式结构呈现出来，其次才是单体自身。如同人们观棋对弈，总是首先瞩目于"车、马、炮、象"的整盘棋子，而后才是其一"兵"一"卒"、一"将"一"帅"（图7.51）。印度伟大诗人泰戈尔说过："采着花瓣时，得不到花的美丽。"① （图7.52、图7.53）人们对建筑美的视觉感知也是如此，它的美不是一亭一阁、一门一窗，而是对视觉形象的整体把握——如同花瓣组成了鲜花，但鲜花之美首先在于其"一朵朵"，而不是"一瓣瓣"。

其次，视知觉不但具有整体性的组织功能，而且还具有选择性的分辨功能。人们观赏一幢美丽的建筑时，在以最快的速度把握其整体美的同时，又

图7.51 中国象棋：棋盘、棋局和棋子
图7.52 印度诗圣泰戈尔（1861—1941年）画像
图7.53 花朵观赏："一朵朵"与"一瓣瓣"

图7.51　　　　　　　　　图7.52　　　　　　　　　图7.53

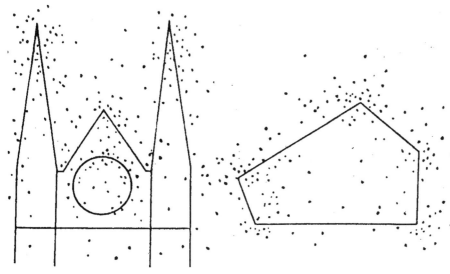

① 马瑟·布劳亚.阳光与阴影——一个建筑师的哲学［J］.张迺苓，宋元谨，译.建筑师，1981（7）:168

图7.54

总是及时地、情不自禁地选择那些最引人注目的部分去进行重点观照。心理实验表明，对于某种规则或不规则的索多边形图像，它的每个"角"总是强烈地吸引着人的眼睛，密密麻麻地分布着一束束视线投下的"扫描点"，其余部分的吸引力则相对较弱，"扫描点"也比较稀疏（图7.54）。这就是为什么一般情况下，建筑物的外部轮廓、高层建筑的"天际线"以及建筑立面上曲折多变、丰富复杂的图形总是受到视觉"优先选择"的原因。此外，在一定条件下，曲线与直线相比，曲线更容易受到视觉的注意和选择；锐角、尖角与直角、钝角相比，锐角、尖角更容易受到视觉的注意和选择；动感的非对称、不规则图形比静态的对称性、规则性图形更容易受到视觉的注意和选择。中国传统大屋顶的优美曲线，哥特建筑矗立向上的锐利尖角，以及现代建筑中那些自由、不规则并具有"运动感"的形体，之所以受到视觉关注，其原因在此。特别是当它们在普通的、平直无奇的几何体建筑衬托下，往往具有更大的视觉引力（图7.55—图7.59）。

上述的视觉选择特性，还表现在人眼对建筑的光影变化、明暗关系及色彩色调的知觉上。著名现代建筑家马瑟·布劳亚曾引用一句西班牙的谚语——"阳光与阴影"——来说明建筑物的黑白和明暗关系。他说："黑色和白色仍然是需要的。西班牙的阳光并没有被西班牙的阴影所冲淡，两者极其清晰地构成同一生活的各部分，都是理想的组成。"①正是由于"阳光和阴影"的对比映衬，才使得希腊建筑明朗而深邃，才使得现代建筑明快而富有生气。如果说，柔和漫射的天然光线赋予建筑以体型轮廓的基本图像，那么，烈艳阳光则不仅赋予建筑以图像，而且赋予建筑以黑白对比和明暗反差，使之形成

图7.54 视线"扫描"投射点分布图

图 7.55

图 7.56

图 7.57

图 7.58

图 7.59

生动强烈的光影变化，产生动人的风采。我们观察建筑时，都有这样的体验：在一片白净的墙面上，一旦出现一个小小的门洞壁龛之类，无论它是方的、圆的、八角的或五星形的、梅花形的，在阳光下总是显出异常清晰的图形，从而受到视觉的优先关注。反之，在大片的建筑阴影面中，只要出现一个闪亮的白色形体，也同样会成为视觉"扫描"的重点。你记得苏州留园吗？你留意过从园门入口到"古木交柯"那段细长空间的明暗变化吗？这段序列空间虽封闭、狭窄和昏暗，却并无沉闷、单调之感，其原因正在于通道两侧那明亮的小天井而不断地吸引着人的注意力，调节着人的视觉机能。中国建筑的"景窗"、"景门"，西洋建筑的古典柱廊，以及现代建筑的"雕塑感"形体，都因其光影明暗变化而产生鲜明、生动的图像效果，从而形成视觉关注的重点（图 7.60—图 7.62）。

视觉对建筑色彩的感知，也具有高度的选择性。在大片灰色、冷色或其他中性色调的建筑背景中，由于光波的长短变化，红、橙色的物象总是灵敏地首先跳入人们的眼帘，优先受到视觉的关注。就是说，任何建筑色彩效果的取得都不是单一物象色彩的作用，而必须在众多物象色彩色调的陪衬对比

图7.55 科隆大教堂塔顶
图7.56 芝加哥中心区西尔斯大楼顶部切面
图7.57 西班牙维勒塞隆小教堂及其上部切角
图7.58 北京奥运村建筑群轮廓
图7.59 北京奥运村天际线局部

中和相互映衬下才
能显示出来。我们
祖先十分谙熟建筑
色彩的视觉规律，
并善于顺应人的视
觉对色彩的感知机
能，在建筑中表现
了许多独具匠心的
用色技巧。红墙、
赤柱、朱门，正是
在白色台基、台阶
的衬映下，才显出
鲜艳夺目；黄灿闪
亮的琉璃屋顶，正
是在檐下蓝绿冷色
为基调的"彩画"
衬映下，才显得

图 7.60

图 7.61

图 7.62

① 埃德蒙·N.
培根.城市设计
［M］.黄富厢，朱
琪，译.北京：中
国建筑工业出版
社，1989：206
② 卡洛琳·M.布
鲁墨.视觉原理
［M］.张功钤，
译.北京：北京大
学出版社，1987：
36

金碧辉煌、雍容华贵。美国学者埃德蒙·N.培根在《城市设计》一书中，把
古老的北京城描述成一个"在色彩中行进"①的城市。试看以果黄、红为基调
的紫禁城角楼，在蓝天白云的映照下显得金碧辉煌、瑰丽夺目，然而，如果
缺少邻近宫墙及其周围大片青瓦灰砖房屋背景的对比衬托，它能显得那么巍
峨、明丽吗？红、蓝基调的天坛祈年殿，如果没有三层汉白玉台基的对比衬
托，它能显得那么华美、雄浑吗？故宫是红、黄两种基色交织而成的壮丽图画，
但如果全北京城的建筑都像故宫那样染成一片"金黄"，那该是怎样一种效果
呢？当然，这只是一种设问，果真如此，那么"故宫"也就不是故宫，"北京"
也就不是北京了。

如上所述，由于人的视知觉对建筑的形体、光影和色彩具有选择性和注意
力，我们便自然地导出了完形心理学所提出的"图—底"概念。视知觉在对图
像的选择和注意中，显示了自己的分辨能力。"分辨"什么呢？归根到底，是
把一定的"图形"从一定的背景（"底"）中分辨剥离出来，通过视知觉实现
"图—底"的生成转换功能。现代视觉心理学中的"彼得—保尔高脚杯"②现象
所揭示的"图底效应"是非常有趣的。人们对"两头像"和"高脚杯"这两个
对立图形的观察（图 7.63）在同一瞬间总是专注其一，而不可能兼而同视的。
建筑观赏亦然，它表现了同样的视觉特征：当你注目天安门城楼下那拱形门洞

图7.60　扬州瘦西
湖之"景窗"与
"窗景"
图7.61　苏州博物
馆的几何规则形景
窗
图7.62　王澍作品
中自由式不规则景
窗

的虚体形状时，你不会同时感知门洞边界处的实体红墙形状；反之亦然。而当你同时看到和感知天安门的城墙、拱洞，乃至上部观礼台及重檐歇山屋顶的时候，它们已经作为一个整体建筑的美好形象进入你的视觉之中了。"图"与"底"就是这样相互对峙、分离，又相互依存、统一，不断地生成着、转换着。人眼天生具有一种从背景中把图像分辨出来的能力。你看那拱门时，拱门是"图"，红墙是"底"；你看那红墙时，红墙是"图"，拱门是"底"；你看那整体的天安门城楼时，其整体形象是"图"，而它的"底"即背景，已经是那湛蓝明澈、天高云淡、浩渺无际或霞光万道的北方天空了。中国江南园林建筑常在小天井中，以白粉墙为背景，或栽插葱篁数杆，或置以石峰一二，构筑天然小景，妙趣横生。此处粉墙即"底"，小景即"图"，二者相互映衬、相得益彰，宛如宣纸上绘制的大幅中国传统的"写意画"（图7.64—图7.66）。

　　视知觉的"图—底"转换原理，也适应于现代建筑的审美分析。美国"白色派"建筑师理查德·迈耶惯于设计纯净的白色建筑物，并将其置于深色的自然背景中，从而使建筑形体之"图"显得明快、清新而悦目。"灰色派"建筑师文丘里则着眼于新建筑同邻近原有建筑的文脉关联，这从视觉的"图—底"关系来说，就是以一己之"图"（前景）融汇于四周环境背景的"底"（背景）中，

图 7.63

图 7.64

图7.63 "高脚杯"与"两头像"的图底转换
图7.64 苏州留园"古木交柯"竹木小景
图7.65 苏州留园"半步小筑"的图底情趣
图7.66 白墙为底，置景成图（美国纽约大都会博物馆内展示的苏州网师园"半亭"小景）

图 7.65

图 7.66

意在求得协调的整体性图像效果。

　　建筑的"图"与"底"，尽管经过视知觉的选择和分辨具有相对的生成转换性，然而"图"的生成并非没有外在条件。就一般建筑及其环境物象的"图、底"关系而言，小与大相比，小的物象易于优先成"图"；凸与凹相比，凸的物象易于成"图"；明与暗相比，明的物象易于成"图"；前与后相比，前面的物象易于成"图"；曲与直相比，曲的物象易于成"图"；红与灰相比，红色物象易于成"图"；动与静相比，动感物象易于成"图"，如此等等。其图像都能为人的视知觉所优先选择，从而分辨出"图"和"底"。从微观到宏观，从局部到整体，小到建筑中的一门一窗，大到建筑与城市环境，莫不因"图形"与"背景"的关联转换而为人们的视觉所感知、所分辨，而高明的建筑师也莫不因此而善于设计出既富个性特征又能融入周围环境背景的建筑作品及其审美形象（图 7.67—图 7.70）。

　　再次，视知觉除了具有上述"整体性的组织功能"、"选择性的分辨功能"而外，还具有"简约性"的调节功能。

　　人们观察建筑物时，常常产生两种审美心理反应：一是单纯、明确、平静、顺畅、松弛、舒展，如遇行云流水、轻风拂面；一是亢奋、激越、紧张、惊讶、迷惑、活跃，如遇波涛涌起，乃至电闪雷鸣。当我们观赏某种"简洁完满"的建筑形象时，其心理反应类似前者；这种"完美型"的建筑格式塔，

图 7.67

图 7.68

图 7.69

图 7.70

图7.67　孟加拉国议会大厦立面构成中的图底关系

图7.68　洛杉矶盖蒂中心庭院中植物配置的图底关系

图7.69　合肥新建的安徽地质博物馆与其背后高层住宅的图底关系

图7.70　合肥大剧院（左）与其周边环境背景的图底关系

可使人产生"满足感"。当我们遇见某些"复杂、奇特"的建筑形象时，其心理反应类似后者；这种"反常型"的建筑格式塔，可使人产生"刺激感"。在古典建筑以至现代建筑艺术中，建筑师们沿用整齐、一律、重复、规则和对称等一般形式美法则所创造的建筑作品，大都属于上述"完美型"格式塔；而那些违反常规和惯例的独创之作，或自由岐变，或新奇诡谲，或比例夸张，或残缺断裂，或弃正取斜等，则常常属于上述"反常型"格式塔。显然，前者由于顺应人的视觉需求，易于被观者接受和认知；而后者则由于违反常规的视觉需求，易于使观者惊诧和排斥，故而引起"刺激"、"紧张"的心理反应（图 7.71—图 7.75）。这样一来，是否意味着笼统地肯定前者而否定后者呢？否！应当看到，前者的视觉反映虽"平稳"、"顺畅"，但也容易流于刻板、平淡，难以激起观者更大的审美兴趣。它能使人获得"低强度"的审美快感，却又可能令人感到枯燥乏味。相比之下，后者的视觉反映虽有刺激性、紧张感，但由于能在观者心中激起波澜振荡、传送新鲜信息，因而常使他们获得更大的"高强度"的审美愉快。尤其是当后者出现在一片司空见惯、"芸芸众

图 7.71　　　　　　　　　　　　图 7.72

图7.71　巴塞罗拉米拉公寓内天井边沿的环形自由曲线
图7.72　里伯斯金设计的多伦多皇家安大略博物馆
图7.73　里伯斯金设计的德国奥斯纳布吕克图书馆
图7.74　柏林犹太纪念馆的"刻痕式"不规则小窗

图 7.73　　　　　　　　　　　图 7.74

生"的平淡建筑之中时，往往
会收到意外的审美功效。其实，
格式塔的所谓"完美"与"非
完美"，只是就视知觉的整体组
织和适应功能而言的，我们不
能由此把"完美"的建筑格式
塔和"完美"的建筑式样混为
一谈。一些富有强烈的、新奇
刺激感的"非完美型"建筑格

图7.75

① 鲁道夫·阿恩
海姆.艺术与视知
觉［M］.滕守尧，
朱疆源，译.北
京：中国社会科学
出版社，1984：
282
②③ 鲁道夫·阿
恩海姆.艺术与
视知觉［M］.滕
守尧，朱疆源，
译.北京：中国社
会科学出版社，
1984：9

式塔，恰因观者在审美过程中的"紧张"、"刺激"乃至"心理完形"而使人
获得独特的美感享受。"山重水复疑无路，柳暗花明又一村"。一些现代建筑
艺术的惊世名作，如纽约古根海姆美术馆、悉尼歌剧院、蓬皮杜文化艺术中
心之类，严格地说，都可划归这类"非完美型"而又产生巨大反常审美效果
的建筑格式塔。就像阿恩海姆所指出的那样："在建筑艺术中，我们就能看出
从简单的图形和长方形的构图向更复杂的构图形式的发展，看到砌块和墙壁
从统一逐渐走向分裂的过程，看到建筑物正面的对称逐渐走向不对称的过程，
看到把倾斜定向和愈来愈高级的曲线引入建筑艺术的过程。"①值得关注的是
美国建筑师弗兰克·盖里，其运用解构主义的独特观念、信息手段和奇异手法，
在一系列以"疯狂曲线"和"夸张造型"为特征的作品中，又把这种"非完美"、
"反常型"的建筑格式塔推向了一个前所未见的新阶段，从而赢得人们的关注
和尊重（图7.76—图7.78）。

　　综合以上建筑艺术和视知觉的关系分析，我们仿佛感到了一个未曾谋面
的"怪影"——"力"的怪影——在建筑审美的"心理—物理"场中游荡。
阿恩海姆的"视觉思维"告诉人们："这些'力'被假定真正存在于心理领域
里和物理领域里。"②同样，用"力"场的观点去分析"物理"空间环境中的
每一个建筑元素，也都是一种"力"的样式的呈现，并能相应地在人的心理
环境中找到"同构同形"的对应关系。这就导出了所谓"心物同构"概念。
一座各向立面对称的建筑之所以显得均衡稳定，是因为它的各种"力"的样
式的自我均衡，并在人的视知觉中相应地唤起"力"的均衡的意象；一个自
由形体的不对称建筑，往往会向物理"场"的四周发出"具有倾向性的张力"③，
从而与其邻近的建筑物或其他自然物象构成"力"的动态平衡，并同样在人
的视知觉中相应地唤起"力"的均衡的意象。按照这种视觉性"力"场原理，
衡量上述三种建筑视知觉的审美特性，我们可以得出如下结论：

　　建筑视知觉的"整体性"的功能把握，实际上可归因于建筑在"物理—心理"

图7.75　命名"欧
洲之门"的西班牙
马德里双斜塔写字
楼

图 7.76   图 7.77   图 7.78

场中"力"的呈现和感知所形成的整体平衡。

　　建筑视知觉的"选择性"的功能把握,实际上可解释为建筑在"物理—心理"场中所产生的"图"与"底"的相互力动作用的结果。正因为环境背景借助于这种视觉"力动"作用才把建筑图形"向前推移",才使得这种"图形"得以清晰地呈现并被视知觉所分辨、所接受。

　　至于对建筑视知觉的"简约性"的功能把握,则有赖于"简单"和"复杂"两种形式的力动作用。简约适宜的"完美型"建筑格式塔,呈现出简单的"力"的平衡式样;而畸异的"反常型"建筑格式塔,则呈现出复杂的"力"的平衡式样。二者都因"力"在"物理—心理"场中的平衡态势而取得不同的视觉审美效果。在特定条件下,后者对视知觉往往具有更大的吸引力和冲击力。

图7.76 弗兰克·盖里(1929—)和他的"反常型"建筑格式塔
图7.77 洛杉矶迪斯尼音乐厅
图7.78 西班牙毕尔巴鄂古根海姆美术馆入口

第八章　建筑作为美的艺术

① 汪坦.评论与创作［J］.世界建筑，1988（1）：8-10

② 中国大百科全书总编辑委员会，《建筑 园林 城市规划》编辑委员会，中国大百科全书出版社编辑部.中国大百科全书：建筑 园林 城市规划［M］.北京：中国大百科全书出版社，1988：1

③ 朱狄.当代西方美学［M］.北京：人民出版社，1984：389

我们的讨论，从建筑的"美"进展到建筑作为"美的艺术"，又跨入了一个新的层次。什么是"美的艺术"呢？毫无疑问，绘画、雕塑、音乐、诗歌、舞蹈、戏剧、电影等，这些都是"美的艺术"。建筑是不是"美的艺术"？这就不像一般艺术门类那样有着明确界定，以至出现了某种概念上的模糊性。历史上曾长时期地把建筑列为"美的艺术"，当然有时也曾对此发生过动摇。正如建筑理论家 G. 司各脱所指出的：对于建筑的界定总是"时而联系科学，时而艺术，时而生活"①。或如当代建筑学界所共识：建筑是"创造人类生活居住环境的综合性科学和艺术"，其内容包括技术和艺术两个方面②。尽管如此，建筑作为一种"艺术"——"美的艺术"——的认识，却代表着一种历史的乃至现实的客观存在，从而不容人们轻易否定。本篇将从建筑作为"艺术家族"中的一员谈起，对建筑美的艺术作一概略描述。

一、建筑——"艺术家族"中的一员

艺术，有着自己的家族系谱。在这个家族系谱中有着一个"游移不定"的特殊成员，那就是"建筑"。为了揭示建筑的艺术属性，探求建筑艺术美的奥秘，有必要首先把它放到"艺术家族"的大系谱中去考察。

"艺术"（Arts）一词，原为"人为"或"人工造作"之意。在古希腊时代，它包罗除了自然以外，一切与自然对立的几乎所有的人工技艺，不仅绘画、雕塑、音乐、诗学、戏剧，而且工程、水利、机具、采矿、农林、医药，乃至军事、体育、烹饪以及各种科技发明等，无一不统辖于"艺（技）术"门下，建筑当然也不例外。这是一种广义的艺术观念，即"大艺术圈"观念。

另一提法是"美的艺术"（Fine Arts）。其概念由来已久，不过真正明确提出这一用词的是法国 18 世纪启蒙主义时期的著名美学家阿贝·巴托。他把音乐、诗、绘画、雕塑和舞蹈等五类艺术列为"美的艺术"，即服务于"使人愉快"的艺术，此外还有服务于实用的"机械的艺术"以及介于这二者之间的建筑艺术——"居中的艺术"③。这里，"美的艺术"一词，集中反映了狭义的艺术观念，即"小艺术圈"观念。

建筑艺术亦有狭义和广义之分，大体上有着与上述艺术观念相类似的对应关系。

就广义而言，建筑（Architecture）一词，源于拉丁文 Architectura，原指"巨大的工艺"。举凡"工艺"而又"巨大"的各种空间物体，如宫殿、庙宇、府邸、住宅、城堡、陵寝以及桥梁、水道等，均可谓之"建筑"。从其产生的过程看，建筑非自然恩赐，而是人工创造；从其产生的结果看，建筑非雕虫小技，而是人造的庞然大物。这是广义性的建筑艺术观念，即建筑的"大艺术圈"观念。只是到后来，"建筑"之称谓才为少数"服务于精神内容"的建筑所专有，而将"服务于物质内容"的建筑称之为"房屋"。如佩夫斯纳所说："一座自行车棚是房屋，而林肯大教堂是建筑……建筑这个词仅着眼于艺术感染力而设计的房屋。"[①]这实际上是"建筑大艺术圈"概念的异化，由"广义的建筑"走向了"狭义的建筑"（图8.1—图8.5）。

　　与广义建筑观念相对应的是作为"美的艺术"的建筑。阿贝·巴托在上述五种"美的艺术"中，没有直接将建筑列入其中，但他并未否认建筑服务于"使人愉快"的目的。黑格尔则更明确地把建筑列为五大艺术门类之首。在他看来，尽管建筑是"一门最不完善的艺术"[②]，且黑格尔和阿贝·巴托的艺术观念也不尽相同，但在他们各自的艺术系谱中，建筑毕竟是逼近乃至跨入了"艺术"——"美的艺术"——行列，进而名正言顺地成为"艺术家族"中的一个成员。这种狭义的"小艺术圈"的建筑艺术观念在历史上长期占据主导地位，至今也并未完全退出历史舞台。

　　不过，建筑毕竟不同于正统的、纯粹的"美的艺术"。它集物质和精神、

① 彼得·柯林斯.建筑理论[J].孙增蕃，译.建筑学报，1983（5）：39-43
② 黑格尔.美学（第三卷上册）[M].北京：商务印书馆，1979：328

图 8.1

图 8.2

图 8.3

图 8.4

图8.1　英国林肯市林肯大教堂及其周边环境
图8.2　林肯大教堂近景
图8.3　林肯大教堂细部
图8.4　林肯大教堂内景

① 彼得·柯林斯.建筑理论[J].孙增蕃,译.建筑学报1983(5):39—43

图 8.5

科学和艺术、工程实用和审美文化于一身，表现了无可置辩的"双重性"。纵观建筑历史，在不同时代和不同条件下，由于人们对建筑"双重"特性的认识倾向不同、强调的侧重点不同，因而也出现了艺术定位的重大差异。概括地说，不外乎有以下三种势态（图8.6）：

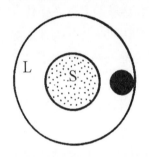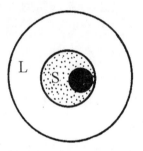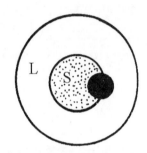

图 8.6

第一种，建筑处在"小艺术"之外的势态。当建筑的物质、科学和实用一面得以强化，而精神、艺术和审美一面受到弱化的时候，就会出现这种势态。在现代建筑发展初期，由于受"实用美学"、"机器美学"、"工业美学"和"技术美学"观念的影响和支配，建筑事实上成了同"机械"、"器具"和"日用品"等量齐观的东西而被排除在"小艺术圈"之外。格罗皮乌斯就主张："对于任何一种设计，无论是椅子、建筑、整个城市或区域规划，其途径应该是基本相同的。"①包豪斯关于建筑与工艺相结合的思想，其实就是古代"巨大的工艺"这一广义建筑艺术观念在现代条件下的反映（图8.7—图8.12）。

第二种，建筑处在"小艺术圈"之内的势态。当建筑的精神、艺术和审美一面得以强化，物质、科学和实用一面受到弱化以至扼制的时候，就会出现这种势态。在哥特建筑、文艺复兴时期的古典建筑和尔后的巴洛克建筑中，在十八九世纪学院派的复古主义、折衷主义和浪漫主义的建筑中，以及在今天的后现代主义多元建筑思潮中，我们都可以看到某种狭义的"小艺术圈"观念在建筑中占据上风。在古代，它尤其见诸于宫殿、庙宇、教堂、陵寝、凯旋门和纪念碑等建筑中；在当代，则集中反映在航空港、博物馆、艺术馆、大剧院、文化中心等建筑中，此外还见之于一些经过精心设计而艺术化了的普通民用建筑中，等等。所有这些，建筑都被当作"美的艺术"而加以表现和强化。

图8.5 台湾一海滨公路旁的等车棚
图8.6 建筑艺术定位"三态势"
L：大艺术圈
S：小艺术圈
黑圈：建筑艺术

① 庄锡昌，顾晓鸣，顾云深.多维视野中的文化理论 [M].杭州：浙江人民出版社，1987

图 8.7 图 8.8

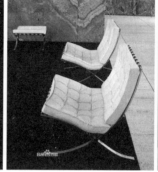

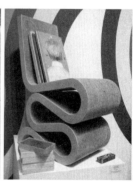

图 8.9 图 8.10 图 8.11 图 8.12

第三种，建筑处在"小艺术圈"的边缘势态。应当说，这是建筑在大小艺术圈中一个比较稳定的位置，具有艺术定位的普遍存在性。根据苏联学者卡冈从文化学角度对黑格尔艺术分类思想所进行的分析，在精神文化、艺术文化和物质文化的三大亚文化层次中，建筑（包括实用美术）"恰好处在从艺术文化到物质文化的过渡地带"①。建筑既是科学又是艺术的"边缘化"思想已经越来越成为建筑界的共识，对建筑艺术创作具有普遍的参照意义。

综上分析，建筑在"艺术家族"中确是扮演了一个不同凡响的角色。它时而在"大艺术圈"中游荡，时而在"小艺术圈"内周旋；而它的"双重"特性更决定了它经常地徘徊于"小艺术圈"的边缘地带，从而成为物质和精神、科学和艺术、实用和审美之间的一个"中介物"。当我们对建筑的"艺术定位"做了以上一些宏观界定以后，便可以把讨论的重心移向建筑"美的艺术"，即从"小艺术圈"的角度来透析建筑。具体地说，可以从建筑在"艺术家族"中的精神品位、存在方式、感知形态和受制程度等方面，综合、系统地考察建筑的艺术定位问题（表 8.1）。

图 8.7 安徽合肥市绿地规划总图
图 8.8 合肥南淝河局部详细规划效果图
图 8.9 中国明代式样的木椅
图 8.10 赖特为其作品——约翰逊制蜡公司建筑中设计的办公桌椅
图 8.11 密斯·凡·德·罗设计的椅子
图 8.12 盖瑞式的曲面椅

① 黑格尔.美学（第三卷上册）[M].朱光潜，译.北京：商务印书馆，1979：27
② 黑格尔.美学（第三卷上册）[M].朱光潜，译.北京：商务印书馆，1979：14
③ 黑格尔.美学（第三卷上册）[M].朱光潜，译.北京：商务印书馆，1979：329
④ 黑格尔.美学（第一卷）[M].朱光潜，译.北京：商务印书馆，1979：113

表 8.1　建筑在"美的艺术"家族中的定位简表

定位依据 ＼ 艺术分类	建筑	绘画、雕刻	音乐、诗歌	戏剧、影视
精神品位	外在—表现 抽象—象征 外在—象征型艺术、表现艺术	客观—再现 客观—古典型艺术、再现艺术	主体表现 抽象—象征 主体—浪漫型艺术	综合—表现 综合—合成型艺术
存在方式	三维—四维空间艺术 空间—时间艺术	二维—三维空间艺术	时间艺术	时间—空间艺术
感知形态	视觉—综合感知 视觉综合艺术	视觉—描绘艺术	听觉—语言艺术	综合—视听艺术
受制程度	依存—羁绊艺术	自由—纯粹艺术	自由—纯粹艺术	自由纯粹艺术

　　根据艺术门类的"精神品位"进行建筑美的艺术定位，黑格尔是其"始作俑者"。他认为："每一专门艺术都应把美和艺术的理念体现于客观存在。"①在这里，"理念"即精神。怎样确定各艺术门类的次第、序列呢？黑格尔从"精神品位"的高低依次列出了五种艺术门类和三种艺术归属，它们是：建筑、绘画、雕塑、音乐和诗。其中，建筑只是些通过"外在自然的形体结构"去达到"精神——某种纯然外在的反映"，故而只能采用外在象征的方式去表达一定的精神内容②。这就决定了建筑是"专靠暗示的象征型"③艺术。雕刻与绘画分别采用不同向量的空间方式，客观地再现或表现"人的形象"及"由精神贯注生气的客观有机体"，使内容和形式、精神和物质达到完满的统一。它们应归于"古典型"美的艺术。音乐和诗，则是"绝对真实的精神的艺术"，即"浪漫型"的美的艺术。可见，同其他艺术门类相比，建筑的"精神品位"最低，它对思想内容和精神意蕴的表达只能间接地诉诸某种"纯然无机"的空间形体的"象征和抽象"表达，而无法直接地、艺术地进行现实形象的"描绘"和生活事件的"描述"。所以，黑格尔又把建筑称为"外在的艺术"，把雕刻和绘画称为"客观的艺术"，而把音乐和诗称为"主体的艺术"④。

　　其次，从艺术门类的"存在方式"进行建筑美的艺术定位，也是一种传统的艺术分类方法。具体说来，即按艺术在时间和空间上的存在方式将其划分为"时间艺术"，如音乐、诗歌；"空间艺术"，如建筑、雕塑、绘画；"时间—空间"艺术，如电影、戏剧。从某种意义上说，建筑确是一种"空间艺术"。巨大的物质实体，多变的人工环境，以及形、线、色、光等各种建筑艺术造型要素，总是依托于建筑的物理性空间而存在。可以说，没有这样的物理空间，也就不可能存在任何形式的建筑艺术。但是，建筑自身的空间属性，并不能将时间因素排除在外；相反，作为"艺术"的建筑形体及其室内外空间，它一经为人们所贴近、所使用、所观赏、所感受，就必然伴随着动态的、不断流变的时间进程，即"需要有时间去把巨大的空间看遍，逐渐把其中丰富多彩的东西认识完"（莱辛：《拉奥孔》）。现代建筑中关于"空间加时间"的提法，实际上已经冲破了传统静态"空间艺术"的观念，而使时间与空间不可分割地联系在一起。这也正像现代"立体派"绘画把时间因素纳入空间一样。在这种情况下，"建筑是凝固的音乐"的古老观念受到了挑战。因为只有把建筑空间单纯当成"物理性"的静态空间，建筑的"音乐性"美感才是"凝固"的；而如果把它当成"人"的四维视觉空间，那么，它必将伴随着人的视点在时间轴上的移动而相对移动。这样，建筑的"音乐感"也就失去原来"凝固"的含义，转而跟随着"空间的流动"而流动了。

　　第三，从艺术门类的"感知形态"看建筑美的艺术定位。一条无法逃遁的艺术共性原则是，各门艺术都要通过某种"感知形态"进行美的艺术的信息传播。音乐通过"听觉"进行传播，文学、诗词通过语言的想象（即"阅读、联想"）进行传播，建筑、雕塑和绘画则通过"视觉"进行传播，故而有"听觉艺术"、"语言艺术"和"视觉艺术"之分。建筑同雕塑、绘画一起，历来被称为视觉造型艺术的"三姊妹"。H. 沃尔夫林从"艺术风格学"角度，对文艺复兴古典艺术和十六七世纪的巴洛克艺术进行比较观察，认为绘画、雕塑和建筑至少在以下"五对概念"上具有相同的或类似的艺术风格，这就是："线描和图绘"性风格、"平面和纵深"性风格、"封闭和开放"性风格、"多样性和同一性"以及"清晰性和模糊性"风格。作为古典艺术的绘画、雕塑和建筑，其视觉造型的共同艺术风格是"线描"的、"平面"的、"封闭"的、"多样性"的和"清晰性"的，而巴洛克艺术则是"图绘"的、"纵深"的、"开放"的、"同一性"的和"模糊性"的[①]。在这里，沃尔夫林具体而严密地揭示了"三姊妹"造型艺术的内在联系，表明建筑也可以像雕塑、绘画那样按照美的规律去造型，以反映人的艺术理想和造型意念。今天，我们应当怎样认识建筑艺术的视觉特性及其与雕塑、绘画的关系呢？大家知道，艺术的特性是和它的造型意义联系在一起的。绘画通过笔墨、颜料所绘制的线条、色彩去造型，雕塑通过大理石、金属和木料等的物质实体去造型，建筑通过砖、石、木、土、金属、玻璃等所组成的空间体系去造型。但是，建筑与绘画、雕塑在视觉造型上又有着重大区别，前者只能采用抽象的表现手段和形态，而后者则可采用具象的表现手段和形态；前者只是"力"的物态化构成，而后者则能摹拟复现活生生的有机形象。因此，同样是视觉造型艺术，建筑可列入"表现艺术"，雕塑和绘画可列入"再现艺术"，三者毕竟不能混为一谈。此外，严格地说，建筑还是一种多觉感知艺术，即除视觉之外，还包括人们在听觉、嗅觉乃至触

① H.沃尔夫林.艺术风格学［M］.潘耀昌，译.沈阳：辽宁人民出版社，1987

① 朱狄.当代西方美学［M］.北京：人民出版社，1984：401
② 黑格尔.美学（第三卷上册）［M］.北京：商务印书馆，1979：13

觉上对建筑的全面感知，亦即作为一种为人们所"全身心"、"全时日（全天候）"感知的实体和空间形态而存在。所有这些，建筑都有别于绘画和雕刻。

最后，是从艺术门类的"受制程度"看建筑艺术美的定位。所谓"受制"，要有先决条件。建筑是"受"什么条件而"制"呢？如果是指"受制"于摹拟对象，那么它对建筑几乎没有任何约束，建筑美的艺术就是最"自由"、最"纯粹"的了，甚至可以称它为"自由艺术"或"纯粹艺术"。如果是指"受制"于物质材料、工程结构和实用功能，则建筑艺术受到的制约最大，它也就是最"不自由"、最"不纯粹"的艺术了。这样，建筑艺术只能算是康德所说的"从属美"的艺术，或可称之为受"他物"限制而纯度较低的"羁绊艺术"。

根据以上分析，建筑美的艺术应属"象征—抽象"艺术、"空间—时间"艺术、"视觉—造型"艺术、"依存—羁绊"艺术。那么，在"艺术家族"中，建筑究竟应当怎样进行艺术属性的确切定位呢？美国美学家托马斯·门罗提出的按"艺术因素"进行"合成"的透析方法，为我们提供了启示。他不主张对艺术进行机械的分类和定位，而是提出了"功能的、再现的、叙述的和主题的"这四种艺术合成因素。他认为："一把椅子就是功利的因素和装饰性主题因素二者的合成，一座大教堂就可能同时包含这四种合成的因素……家具和建筑强调的是功能的因素，非功能性的装饰性因素被看作是附属的。"①门罗对具体的艺术举例及其属性的描述虽然不尽贴切合理，不过，我们从中看到包括建筑在内的复杂的艺术现象，其艺术属性的确难以界定和定位，它取决于多方面的主客观因素。总的趋势，正如黑格尔所预见：

"艺术类型发展到了最后阶段，艺术就不再局限于某一类型的特殊表现方式，而是超然于一切特殊类型之上。"②

我们不是从建筑在"艺术家族"中那种多元不定的艺术定位的状况，看到了艺术分类演化的大趋势么！

二、建筑美的艺术品格

凡"美的艺术"都具有形象性，都要诉诸形象反映现实、反映生活，并在这种"反映"中倾注着艺术家的追求、理想、意志、观念、精神、思想、情感。艺术家通过一定艺术手段塑造的形象越生动、越有力、越感人，也就越能反映现实世界和人类社会生活的本质，从而也就越能表达自己的创作意图。这样，美的艺术的形象性、艺术对外在世界的反映性以及艺术美的主观表现性，就成为所有艺术——美的艺术——的一般品格。舍此，不能称作严格意义上的"美的艺术"。但是，各门艺术对客观现实的反映方式不同，运用的媒介手段不同，主观表现的形式和途径不同，这就形成了它们各自不同的特殊艺术品格。

同其他美的艺术一样，建筑也具有"美的艺术"的一般品格和特殊品格。前者可理解为建筑艺术的形象性及其对自然、社会和人生的可反映性，当然也包括建筑师在这一反映中所表现出来的一般性、普适性的主体适应性；后者可理解为建筑特有的艺术形象及其对上述外在世界的特殊反映，也包括在这一反映中所表现出来的独特的、与众不同即有鲜明创作个性的主体适应性。

什么是建筑艺术的形象性？这里的所谓"形象性"，是指建筑艺术的特殊形式结构。英国学者戴里克·柯克指出："任何一件艺术品的完成都要通过结构或形式。因此，每种艺术都可和建筑比较，因为建筑本身就是一种可见的纯形式的体现。"[①]建筑形式之所以"纯"，就是因为它的外在形象的抽象性。建筑所使用的形式语言是"形式化"了的材料、结构、空间、环境，物态化了的点、线、面、体，是素质化了的色泽、纹理、光影和质感。建筑师通过空间造型手段，结合场所环境条件，将它们结构成空间整体，这就树起了一个具体的、可见可感的建筑形象。就形式的整体"结构性"而言，各门艺术，包括绘画、雕塑、图案乃至音乐、诗歌、文学、戏剧等，都与建筑相通，都存在着某种"建筑性"的形式结构。问题在于如何塑造美的艺术形象，如何艺术地处理它们的形式结构，这就显出建筑与其他艺术门类的差别了。美学家蔡仪将建筑等列为"单象美"的艺术，将雕塑、绘画列为"个体美"的艺术，将文学、戏剧列为"综合美"的艺术，正是基于对各类艺术的形式结构的整体分析[②]。就是说，建筑主要呈现"单象"的要素美，如形体美、空间美、立面美、线条美、色彩美等；雕塑、绘画主要呈现出"个体"的形象美，如人形美、物形美、山形美、花形美、树形美等；文学、戏剧则旨在塑造"综合"的群象美，将各种人物形象及其相互关系结构成一个艺术的整体。可以看出，这种分析抓住了一个正确的前提——以形式结构的整体观念为准绳去区分各类艺术的品格，但却得出了建筑是"单象美的艺术"的结论，这颇使人踌躇。其实，建筑和其他艺术一样，都不可能存在孤立的"单象美"；单象只有纳入整体的形式结构，才能真正见出完美的建筑形象。各类艺术都有自己的"单象"，又都要通过各自的"单象"去结构成整体。只不过建筑通过自己的"单象"结构而成的是一幢或一组房屋、一个建筑群，也可以是整体的城市或建筑环境；绘画、雕塑通过自己的"单象"结构而成的是一个或一群人物形象，也可以是整体的艺术场景；同理，音乐的"单象"结构而成的是一首乐曲，戏剧的"单象"结构而成的是一台戏剧，如此等等。

就整体而言，建筑不但具有形象性，而且这种形象性通常必须是"美"的，进而构成美的建筑艺术形象。建筑的艺术形象美主要反映在它能一般地符合

① 汪坦.现代西方建筑理论动向（续篇）[J].建筑师，1983（16）：50

② 蔡仪.美学论著初编（上）[M].上海：上海文艺出版社，1982：385-395

整齐一律、均衡稳定、多样统一等形式美的原则,激起人的美感兴趣,使人获得审美愉快。但是,将建筑的"形式美"和其"艺术美"相比较,前者毕竟只是建筑美的初级形态,后者才是建筑美的高级形态。现实生活中常见的许多建筑物,从轻盈灵巧的建筑小品到窜入云霄的摩天大楼,从玲珑剔透的亭台楼阁到五光十色的沿街商店,从简朴明快的普通住宅到多彩多姿的公共建筑,尽管它们有着建筑形式美的表象,但它们是否都具备建筑美的艺术品格呢?这就不能一概而论了。问题在于怎样从"形式美"进展到"艺术美",从建筑美的初级形态跨入到建筑美的高级形态。

罗丹说:"没有一件艺术作品,单靠线条或色调的匀称,仅仅为了视觉满足的作品,能够打动人心的。"(罗丹:《罗丹艺术论》)因此,要创造那种"打动人心"的、有意味的建筑作品及其建筑内外的空间形象,就必须着眼于建筑美的艺术,抓住建筑的艺术美的本质特征(图8.13)。

什么是建筑艺术美的本质特征呢?

艺术美的本质特征就在于用美的艺术形象诠释现实生活,反映社会现实。人们发现,建筑在反映社会生活方面同其他艺术相比,丝毫不显逊色。建筑,它是空间化的社会生活,凝固化的历史文化,物质化的精神载体。建筑本身就是生活,是生活的重要组成部分,是人类社会生活最直接、最真实、最生动的写照。在各门艺术中,为了反映一定的时代、社会、民族、阶级和地区的人们的生活习惯、环境风貌、精神需求、伦理意识、审美爱好及行为心理等,除了通过相关艺术作品的形象塑造,剩下的就要算建筑空间形态的艺术表现了。你要认识"贵贱有等,长幼有序"(荀子:《荀子》)、"礼义立则贵贱等矣"(戴圣:《礼记·乐记》)的我国北方士大夫阶层的生活情景吗?那么,从北京旧时的四合院建筑即可以"窥其一斑"(图8.14—图8.16)。它的中堂和居室、正房和厢房乃至仆役杂间的建筑格局,典型地反映了封建社会基层结构的伦理观念和等级制度。一座外表封闭、空间内向的四合院房屋,简直就是当时社会观念和生活意识的一个空间缩影。你要了解我国封建时代江南幕僚、隐士那种闲情逸致、怡然自得,虽向往自然而又贪图安乐的精神生活和内心世界吗?那么,从苏州园林建筑的空间艺术就可以"窥见一斑"而"知其全豹"。那里的倚廊飞虹、小院庭深、通幽曲径、咫尺山林,无一不是他们生活情趣和精神追求的真实反映(图8.17—图8.20)。

当代建筑的一个基本观点是把环境空

图8.13 罗丹雕塑作品:《思想者》

图8.13

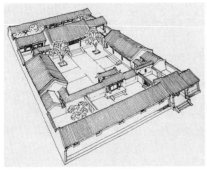

图 8.14

图 8.15

图 8.16

图 8.17

① 布鲁诺·赛维.建筑空间论:如何品评建筑[M].张似赞,译.北京:中国建筑工业出版社,1985:9
② 风景文化名城苏州市内的一个现代式公园。
③ 黑格尔.美学(第一卷)[M].朱光潜,译.北京:商务印书馆,1979:357-358

间看成是建筑的"主角"①,而"人"又是环境空间的"主角"。新旧社会的更替,人的生活习惯、行为心理和审美爱好的变化,必然要在建筑及其美的空间艺术形象中反映出来。君不见,古色古香的北京四合院虽安谧恬雅、幽美宁静、亲近大地、亲和自然,且四合院文化至今仍可传承借鉴、发扬光大,但它毕竟根植于封建伦理观念和传统社会生活的土壤,它的沉沦、衰落并让位于一幢幢拔地而起的新型公寓,难道不是生活进程和社会发展的必然结果吗(图 8.21—图 8.23)?苏州拙政园虽然美得令人神迷陶醉,但却代替不了现代"大公园"②的爽心惬意。当游客们沿着"海棠春坞"的回廊小径漫游、左顾右盼,或立于"枇杷园"透过"翠晚"圆洞门远眺"雪香云蔚"亭的时候,在城市另一角的"大公园"的开阔草坪上,市民们却正在出演着另一幕现代生活的戏剧呢!——孩子们在做着集体游戏,年轻人在轻歌曼舞,老人们在宁神对弈……从四合院的兴衰、两种园林的对比中,我们不难看出,建筑美的艺术品格不但在于它因"形式美"而给人以愉悦,还在于它以"艺术美"的底蕴内涵对人类社会的现实生活做出积极而独特的反映(图 8.24—图 8.26)。

黑格尔指出:"在艺术里不像在哲学里,创造的材料不是思想而是现实的外在形象。"③建筑虽不能像一般文艺作品那样塑造出呼之欲出的形象,"再现典型环境下的典型人物",但却能以独特时空条件下的"典型环境"所应具有

图8.14 北京传统四合院鸟瞰图
图8.15 传统四合院实景
图8.16 北京权贵四合院一角
图8.17 "倚廊飞虹"(拙政园)

图 8.18　　　　　　　　　　　　　图 8.19

图 8.20　　　　　　　　　　　　　图 8.21

图 8.22　　　　　　　　　　　　　图 8.23

图8.18　"小院庭
深"（网师园）
图8.19　"通幽曲
径"（拙政园）
图8.20　"咫尺山
林"（苏州留园）
图8.21　新型并联
式四合院鸟瞰图
图8.22　吴良镛先
生主持规划设计的
北京菊儿胡同
图8.23　北京沿街
高层公寓
图8.24　拙政园
"雪香云蔚"亭
图8.25　较大尺度
的拙政园东园

图 8.24　　　　　　　　　　　　　图 8.25

的建筑形体，以其建筑空间所造成
的情调、意境、气势、氛围去唤起
人们对"典型人物"的艺术联想，
从而折射出生活的影像并反映出生
活的本质和规律。从艺术反映论的
角度观察，建筑对现实世界和社会
人生的反映，它是由物及人、由景
及情、由形及事的间接作用，而不

图 8.26

是"人"、"情"、"事"的直接呈现。在《红楼梦》的小说、戏剧、电影乃至
绘画作品中，其直接呈现在人们面前的艺术形象，可以是宝玉的"面若中秋
之月，色如春晓之花"；可以是黛玉的"两弯似蹙非蹙笼烟眉，一双似喜非喜
含情目"，"闲静似娇花照水，行动如弱柳扶风"，可以是凤姐的"一双丹凤三
角眼，两弯柳叶吊梢眉"，"粉面含春威不露，丹唇未启笑先闻"，如此等等。
而大观园里的建筑呢？呈现在人们面前的只能是"怡红快绿"的怡红院，是
"廊曲庭幽"的潇湘馆，是"田园风光"的稻香村，是"崇阁巍峨，层楼高起，
面面琳宫合抱，迢迢复道萦纡"的省亲别墅。如果说，《红楼梦》这部小说作
品绘声绘色地展现的是封建没落阶级一派富贵荣华、骄奢淫逸的生活场景，
揭示了其走向灭亡的命运，那么，大观园的建筑艺术，则是这种生活和命运
的空间见证。当今天的人们参观北京、上海等地仿造的"大观园"时，凡读
过《红楼梦》者，经过睹物思人、见景触情的跨时空联想，不是都曾产生过
这种身临其境的感受吗（图 8.27—图 8.29）？法国伟大作家雨果在《巴黎圣
母院》中对"典型人物"和"典型环境"的描写，同样证明了文学作品和建
筑作品如何各自以迥然相异的艺术品格反映着一定时代的社会生活。作为小
说作品的《巴黎圣母院》，具体地描写了善良活泼、能歌善舞的吉普赛姑娘爱
斯梅拉达，描写了风度翩翩、玩世不恭的侍卫长法比，还描写了那个相貌奇
丑、心地至诚至善的敲钟人卡西莫多。其众多的人物形象、情节纠葛及生活

图8.26　苏州"大
公园"中健身舞动
的人群
图8.27　北京"大
观园"
图8.28　影视剧中
的大观园设计图景
图8.29　《红楼
梦》人物画

图 8.27

图 8.28

图 8.29

① 《文心雕龙·体性》。
② 《艺术概论》编著组.艺术概论 [M].北京:文化艺术出版社,1983:218

画卷,真是栩栩如生,历历如在眼前。而作为建筑作品的"巴黎圣母院",则以它那宽展高大、升腾向上的中殿空间,两端昂然耸立、插入蓝天的竖直塔体,细长俏丽、大大小小的连续尖券以及建筑内外立面上的各种形态优美的雕像、图案和装饰物等,给人以宗教世界的"神圣的忘我"的感染。在这里,小说和建筑,似乎不约而同、相得益彰地发出了各自的"音符",奏出了各自的"乐曲",只不过一为如椽画笔、语言文字的形象描绘,一为抽象表达的物质实体和建筑空间罢了。难怪雨果热情讴歌巴黎圣母院的建筑艺术是"一个巨大的石头交响乐"呢(《建筑师》编辑部:《外国名建筑》)!可见,建筑与其他文学艺术门类在反映生活的艺术功能上,虽属"同宗"——它们共属一个庞大的"艺术家族",却并非"同种"——后者是"具象"的艺术,而前者则是"具形"的艺术。它们各以不同的方式应合着生活的节拍,揭示着生活的本质(图8.30—图8.33)。

同其他有关艺术门类一样,建筑对社会现实生活的反映不仅具有外在的客观性,同时也是建筑主体意识的能动映照。"各师成心,其异如面"①,"风格就是人","形式是我的精神的个性"②。人在艺术对象中不仅可以窥见社会、窥见人生、窥见自然,而且可以"馈"见自我。建筑艺术创作有没有这种自主性、

图8.30   图8.31

图8.30 《巴黎圣母院》影视剧中的吉普赛姑娘
图8.31 爱斯梅拉达和卡西莫多
图8.32 作为建筑表现的巴黎圣母院
图8.33 巴黎圣母院内景

图8.32   图8.33

主体性呢？回答是肯定的，否则就等于取消了建筑的艺术性。承认建筑的艺术属性、艺术品格而又绝对否定建筑家的主体意识、主观情思和个性表现，并不符合建筑的艺术本质。尽管有的学者认为，"只有极少数的人才会有兴趣把建筑看作是表现建筑家情感的东西"[1]；但另一些人，如弗兰克·劳埃德·赖特则认为"建筑是体现在他自己世界中的自我意识，有什么样的人，就有什么样的建筑"。诚然，建筑艺术并非"大人小孩的游戏场所"，"不是单纯形式的游戏"，[2]然而它却是建筑家们在尊重建筑艺术规律的基础上，一展"情思"乃至体现艺术主体意识的壮阔舞台。"风格如其人"的艺术个性追求和审美形式创造，在建筑这个大舞台上是不乏其例的。差不多于20世纪初同一时期落成的两个著名现代建筑——由安东尼奥·高迪设计的西班牙巴塞罗那的米拉公寓和由奥地利建筑师阿道夫·路斯设计的维也纳斯坦纳住宅，就各自代表了两种截然不同的艺术情调和个性追求（图8.34—图8.38）。前者从大自然汲取创作灵感，充满了浪漫主义幻想：它那波形起伏、凹凸不平的立面，仿佛使人联想到屹立海滨的悬崖峭壁；屋顶上林立的烟囱和尖顶，犹如大海怪诞礁石的形象；外立面上的一个个阳台形体，则好似狂风吹拂的海涛。总之，这幢建筑以大海为主题，塑造了生动有力的建筑艺术形象；它不但表现

① 朱狄当代西方美学［M］.北京：人民出版社，1984：408
② 同济大学，等.外国近现代建筑史［M］.北京：中国建筑工业出版社，1982：173-174

图 8.34　　　　　　图 8.35　　　　　　图 8.37

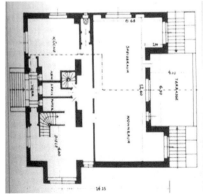 

图 8.36　　　　　　图 8.38

图8.34 阿道夫·路斯(1870—1933年)
图8.35 斯坦纳住宅立面
图8.36 斯坦纳住宅平面
图8.37 安东尼奥·高迪（1852—1926年)
图8.38 米拉公寓

① 彼得·柯林斯.现代建筑设计思想的演变（1750—1950）[M].英若聪，译.北京：中国建筑工业出版社，1987：314
② 同济大学，等.外国近现代建筑史[M].北京：中国建筑工业出版社，1982：98

了建筑家对自然的神奇畅想，而且倾注和迸发出强烈的主观表现欲望。如果说，米拉公寓是一首"由石头和纪念物组成的震颤的交响曲"①，那么，斯坦纳住宅的艺术风格，则如同使我们看到明澈见底、平静如镜的一泓清泉。它那方整整的形体上排列着几个整齐有序的窗户，墙面光溜溜的，色调清淡淡的，整幢建筑干净利索地废弃了一切装饰，其形象几乎是路斯关于"装饰就是罪恶"的观念图解。雨果说过："人类没有任何一种重要的思想不被建筑艺术写在石头上。"米拉公寓的石头上"记录"了高迪追索自然、歌颂自然的浪漫主义思想观念，斯坦纳住宅"记录"了路斯厌恶装饰、追求"纯净"的唯理主义思想观念。其实，建筑艺术不仅因艺术派别不同而反映出不同的主体意识，就是同一思潮流派中的建筑作品，也会因主体意识的导向不同而显出巨大差异；甚至同一位艺术家，有时也因主体意识的变化而直接影响到自己作品的艺术格调。在西方现代建筑运动中，赖特的"流水别墅"和勒·柯布西耶的萨伏伊别墅同具现代建筑艺术品格，但前者的"有机建筑"外形反映了创作主体对自然的"亲驯"，后者的"居住机器"形象则反映了创作主体对自然的"主宰"。至于勒·柯布西耶本人前后期建筑风格的巨大反差，更是其主体艺术观念显著变化的反映。直至其创作出像朗香教堂那样扭曲奇特的可塑性建筑形象，已经是有点儿"随心所欲"而又"不逾矩"了。这幢建筑不是被作者宣称是一个"高度思想集中与沉思的容器"吗？那么，这究竟是建筑本身所反映、所包蕴的"神圣忘我"的"思想"，还是勒·柯布西耶本人所施加给建筑的"思想"呢？抑或两者都有、相互联系，但只有这后者的存在才是建筑作品的真正可贵的艺术品格（图8.39—图8.41）。

需要强调的是，我们肯定建筑艺术的主体意识，但这并不是将它和建筑的客观属性对立起来。就建筑艺术的独特品格而言，主体意识恰恰存在于客体属性之中。正如一些卓有成就的现代建筑家们对建筑艺术和技术的统一所做的深刻阐发：

"建筑是人的想象力驾驭材料和技术的凯歌。"②

图8.39 朗香教堂墙面及其小窗
图8.40 朗香教堂——"思想的容器"？内部广影表现
图8.41 朗香教堂内部光影表现之二

图 8.39   图 8.40   图 8.41

"凡是技术达到最充分发挥的地方，它必然就达到建筑艺术的境地。"①

　　建筑，作为一种特殊品格的艺术，它是物质和精神、主体和客体、技术和艺术、形式和内容、功能和审美、社会和自然、历史和现实、理性和情感的"多元整合"，对建筑及其艺术的任何"一元论"解释都是不可思议的。

① 克诺伯·舒尔茨．与密斯·凡·德·罗的谈话［J］．张似赞，译．建筑师，1979．（1）：173
② H.里德.艺术的真谛［M］.王柯平，译.沈阳：辽宁人民出版社，1987：6

三、建筑艺术的"美"和"丑"

　　美和丑是一对矛盾，它们总是相互比较而存在的。建筑艺术不但关乎着"美"，而且涉及"丑"。因此，对于建筑美的艺术的讨论，只有把它放到美与丑的对比观照中才能得以充分地展开。

　　英国美学家赫伯特·里德在《艺术的真谛》一书中，列举了雕刻、绘画艺术的三件作品，以说明艺术的美丑关系问题。它们是：一尊希腊爱神的雕像，一幅拜占庭圣母的绘画，一具非洲几内亚或象牙海岸的原始偶像木刻。其中，前面两件作品格调高雅、形象优美；而后面那具"原始偶像"则显得狰狞恐怖，甚为丑陋。但在里德看来，"不管其美丑与否，所有这三件东西都是名副其实的艺术品"。他由此而得出结论说："艺术并不一定等于美"，"艺术无论在过去还是现在，常常是一件不美的东西"。②如同人们所见，在艺术画廊中，既有维纳斯雕像的完美表现，令人赞叹欣赏；亦有维纳斯身躯的艺术"丑"形，使人会心品味（图8.42、图8.43）。

　　里德的论断是不是适合于建筑艺术呢？换言之，在建筑及其环境艺术作品中，有没有那种因表象"丑陋"而成为"艺术品"的情况呢？建筑艺术的"美"和"丑"究竟是一种什么样的关系？让我们从一些有关建筑美丑的基本现象谈起。

图 8.42　　　　　　　图 8.43

　　众所周知，古典建筑艺术的一条重要审美准则是美的完善性。凡建筑形象完善者为美，而"破损"、"残缺"者为丑。但有时在建筑中却有意而反常地表现出对某种"不完善"的追求，并以此取得意外的艺术效果（图8.44—图8.46）。一座具有断裂山花式样的巴洛克建筑是"不完善"的；一幢靠杂取、拼合成形的后现代多元建筑也是"不完善"的；更有甚者，像美国休斯顿市一家商品陈列厅那样，明明是完整的墙面，却偏要局部地做成坍塌的"废墟"模样。还有像德国斯图加特州立美术馆那样，竟在整体的石质墙面上故意捣开一个"残破"的豁口，使几片如同"坠落"

图8.42　维纳斯头像
图8.43　威伦道夫的维纳斯

图 8.44

图 8.45

图 8.46

的石块漫不经心、横七竖八地平摊在"豁口"下方的室外地坪上。这种处理，或许是表现了建筑师斯特林对某种艺术之"丑"的偏爱，抑或是通过不完善的"丑陋之形"去表达建筑作品的特定涵义。但不管怎样，有一点是肯定的，那就是它同样证明了"艺术未必等于美"这样一个现代艺术的审美观点。

　　传统建筑艺术的另一条审美准则是美的修饰性。通常，凡精细而善事修饰者为美，粗糙而不事敷饰者为丑。然而，建筑艺术上有时也会出现另一种审美趣味：一幢传统的日本式木屋，它的那些木柱、木桁、木梁、斜杆和木板墙壁等惯于不施油漆粉饰，任其自然袒露，甚而木材表面的节疤裂疵，局部的弯扭原型，也都予以保留。这种做法固然表达了日本民族对自然形的酷爱，但也同时反映了他们对某种自然"丑"的刻意追求。与这种审美观念相类似的是现代建筑思潮中的"粗野主义"，它热衷于粗糙混凝土墙体的不加粉饰，保留其拆除模板后的斑斑痕迹；有时，即使室内墙壁也不着一丝粉饰，让它浑然天成，保持结构材料的原生状态。我们能否一概将这类建筑斥之为"丑陋"呢？不，在 20 世纪 60 年代，"粗野主义"作为一种建筑风格、审美时尚和艺术追求，曾一度风靡于欧美和日本，并以其特有的社会和艺术价值在现代建筑历史上占有重要的一页（图 8.47—图 8.50）。

　　此外，传统建筑艺术还有一条审美准则，叫美的适度性。凡建筑造型及其比例适度者为美，反之曰丑。但是，现代建筑作品乃至某些艺术杰作，却

图8.44　罗马圣卡
罗教堂顶部
图8.45　米兰大教
堂门楣细部
图8.46　美国休斯
顿贝斯特商店外墙
局部
图8.47　巴黎马赛
公寓底部支柱
图8.48　昌迪加尔
市议会大厦顶部

图 8.47

图 8.48

图 8.49

图 8.50

常置这种"适度"于不顾，甚至殚精竭虑地进行比例尺度上的夸张和变异。一个采用古典山花柱廊的后现代建筑作品的立面，却有意将其中的某个科林斯柱子移开，变成一根脱离建筑母体的独立柱子，使原有列柱组合的匀称比例遭到"损害"。一个由两根陶立克柱子组成的"新古典式"的入口门廊，却特地将柱子的下半截沉落地下，只剩下带柱头的上半段。这样，柱的整体比例陡然变粗，与挺拔刚劲的古典柱式原型形成明显的比例反差。还有，文丘里作品中"米老鼠爱奥尼克柱"，其笨拙的比例和诙谐的形象同样让人感到滑稽可笑、忍俊不禁（图 8.51）。至于美国新奥尔良市"意大利广场"上的那些镶着不锈钢"项链"的科林斯柱头，简直是对古典建筑艺术"适度美"的戏逗（图 8.52）。那么，我们能否说这类建筑作品是设计者在有意撒播"丑陋"的种子，摧残着美丽的建筑艺术之花呢？恐怕也不能匆匆下此结论。

显而易见，建筑艺术及其"美"与"丑"的界定并不是人们想象的那样绝对化的一成不变；同任何其他艺术的美丑问题一样，它不可能像演算一道"1+1=2"的数学式那样简单。这是一个复杂的、多元的"艺术方程"，需要我们审慎地做出科学的解答。概括地说，可以从两方面去剖析：一是关于建筑"丑"的艺术特质，二是关于建

图 8.51

图 8.52

图8.49　20世纪60年代粗野主义建筑的代表作——美国耶鲁大学艺术与建筑系大楼
图8.50　20世纪60年代有粗野主义倾向的英国莱斯特大学工程系馆
图8.51　美国奥柏林学院爱伦美术馆"米老鼠爱奥尼克柱"
图8.52　美国新奥尔良市"意大利广场"

① 北京大学哲学系美学教研室.中国美学史资料选编（上册）[M].北京：中华书局出版社，1980：167

图8.53

筑"丑"的艺术作用。关键是要把建筑的美丑问题真正当成某种特殊的艺术现象加以研究。

建筑中的"丑"的艺术特质是什么呢？它集中表现在建筑美丑之间在一定条件下的可转化性，即建筑"美"、"丑"的相对性。早在2000余年以前，老子就以他那段著名的"大音希声，大象无形"（老子：《道德经》第四十一章）、"大巧若拙，大辩若讷"（老子：《老子》第四十五章）的论说，道出了艺术美丑之间某种相互依存、相互转化的辩证关系。依老子所言，"大音"、"大象"、"大巧"、"大辩"之美，可以由"希声"、"无形"、"若拙"、"若讷"之丑转化生发而成；反之亦然。文艺作品中这类美丑转化事例不胜枚举，如《红楼梦》中的刘姥姥、京剧中的俊角丑扮、罗丹的雕塑"欧米哀尔"（即"老娼妇"）、《巴黎圣母院》中的打钟人，等等，其外貌都带有几分乃至十分丑陋，但是，经过艺术家入木三分的精心刻画和细致描绘，这些人物形象都由现实的、自然的"丑"而转化为想象的、艺术的"美"。真所谓"丑得如此精美"，"丑"得令人拍案叫绝！我国古代哲学家葛洪说："贵珠出乎贱蚌，美玉出乎丑璞。"①亨利·摩尔的一尊抽象人体雕塑，其头部看上去不过拳头般大小，大腿好似粗过腰围，躯干上露出若干形状不一、大小不等的空洞，若用真实的人体形象与之相比，真是奇丑异常，甚而与"残疾"之躯并无二致。然而，正是经过这种夸张变异的艺术处理，才焕发出它那生动有趣而又耐人寻味的审美效果（图8.53—图8.56）。中国古典园林建筑中的假山粗石，讲究"瘦、透、漏、皱"，其形态不可谓不"怪"，不可谓不"丑"，但正是那些"如虬如凤，将蹲若动，将翔将踊；如鬼如兽，若行若骤，将攫将斗"（白居易：《太湖石记》）的太湖石，经过园林艺术家、建筑家乃至某些文人墨客的巧妙安排、精心堆叠，却变得"蠹如峰峦、列如屏障"（范成大：《太湖石志》），使它们成为园林立体画卷中充

图8.53 亨利·摩尔（1898—1986年），英国雕塑家
图8.54 雕塑："斜倚的人"
图8.55 雕塑："母与子"
图8.56 巴西利亚中心广场上的双人立雕

图8.54

图8.55

图8.56

满自然情调而备受游人喜爱的审美对象。

其实，建筑艺术的本体也无不存在着这种丑美转化的艺术现象。它们大致有以下五种类型：

一是"外表奇特型"的美丑转化。在欧洲建筑史上，巴洛克建筑自有其"艺术丑"的一面，故而被判为"畸异珍珠"、"怪诞肉瘤"。新艺术运动倡导者高迪建筑作品中那些"屋顶怪物"，其形状之离奇、狰狞以至丑陋，几可与中国园林中那"如鬼如兽，若行若骤"的怪石相媲"美"（图8.57—图8.59）。至于当代建筑的那些让人大吃一惊的"人脸"住宅、"鸭形"食品铺、"鱼形"餐馆、"汉堡包形"售货亭以及"动物形"生物陈列馆之类，也都可以在特定含义和特定条件下，以其"反建筑"、"反抽象"的畸异丑形和美丑转化，显示出独特的艺术效果及其现实存在性。作为一般"优美型"建筑的对立面，外表"奇特型"建筑有时也会成为前者的一个补充，它能使人在"奇特"的强刺激中变得兴奋起来，从而完成由"外形丑"向"艺术美"的转化。本书前面不是提到弗兰克·盖里作品中那"反常"、"奇异"型的格式塔吗？其实就建筑艺术的美丑关系而言，将其部分作品划归"丑"形也不为过，只不过由于其造型新颖而奇特，想常人所非想、做常人所非做，从而实现了艺术美丑的转换和升华，获得人们的特殊青睐和欣赏，并在世界现代建筑发展史上占有独特的一页（图8.60—图8.63）。当然，此类建筑"丑"形，特别是某些真形实感的各类"具象"丑形，不可能也不应该得以滥用——果真如此，我们的此番讨论就适得其反了。

二是"传统变异型"的丑美转化。人们发现，不少丑陋的建筑确也来自对传统形式的歪曲，如"穿靴戴帽"[1]、"生拼杂凑"的仿古复古之类。但是，鉴于艺术的千变万化，我们并不能笼统否定"传统变异型"建筑所具有的审美价值。从静止不变的美学观点看传统建筑形式，忠于"传统"者是美，革新变异者是丑；但从发展变化的美学观点看传统建筑形式，则革新变异者是美，固守"传统"者是丑。回顾历史和现实，一些创新的建筑艺术作品及其风格，在它们出现之初常常因"背离传统"

图8.57 巴塞罗那米拉公寓屋顶上的人造怪石
图8.58 米拉公寓屋顶怪石特写
图8.59 苏州拙政园中"瘦、透、漏、皱"，"如鬼如兽"的假山石

图 8.57

图 8.58

图 8.59

图 8.60   图 8.61

图 8.62   图 8.63

图8.60　弗兰克·
盖里："跳舞的房
子"（捷克布拉
格）
图8.61　"跳舞的
房子"上部
图8.62　弗兰克·
盖里：波士顿麻省
理工学院斯塔塔中
心
图8.63　斯塔塔中
心外观局部

而被强大的审美习见斥为"丑陋"。从古罗马建筑到哥特式建筑，从巴洛克建筑到早期现代派建筑，从包豪斯到"后现代"，从埃菲尔铁塔到蓬皮杜文化艺术中心及卢浮宫的玻璃金字塔等，都曾遭受过这样的厄运和历练。但历史证明，建筑艺术的许多这类"丑形"有时恰恰成为产生新的建筑艺术美的前兆，因为在特定时代和社会条件下，前者是可以向后者转化的。

　　三是"超常破格型"的丑美转化。中外古典建筑艺术大都以对称均衡、整齐一律等为审美标准，顺之者"美"，逆之者"丑"。对于那些不对称建筑构图和不规则建筑形体，如果以僵化的美学法则去衡量，都可以视其为超出常规的丑形丑态。但是，正是这些"丑形丑态"，有时却赋予建筑以鲜明的美感个性，显示出独特的艺术魅力。康德指出："十分端正的面孔是不可能有特征的，但是这样的面孔绝不是美的原型，而只能具有学究派所说的正确性而已。"（王明居：《通俗美学》）墨守成规、机械刻板、四平八稳、千篇一律的建筑形式，确乎具有"正确性"，然而它绝不是建筑"美的原型"；真正"美"的建筑"原型"，必然属于那些既能尊重客观美学法则，又敢于破除陈规旧习的生气勃勃的划时代建筑。对建筑"丑陋"的抱怨常来自某种保守的艺术偏见，需要我们做出客观真实的评价。王澍之所以能获得"建筑界的诺贝尔奖"——普利兹克建筑奖，原因固然很多，但敢于突破常规，不计"美丑"、不畏人言、另辟蹊径、大胆探索，这些无疑是其设计创作的重要秘诀，从而同样可以载入中国乃至世界现代建筑史册，而不管人们怎样评价他的建筑是"美"是"丑"（图8.64—图8.67）。

　　四是"材料本色型"的丑美转化。罗丹说过："在自然中一般人的所谓'丑'，在艺术中能变成非常美。"[①]建筑理论家彼得·柯林斯也指出："人们早已懂得那些在生活现实中丑的东西在艺术中可能是美的。"[②]为什么会有这种由"丑"到"美"的转变呢？这是因为美和丑在很大程度上有赖于人的精神作用，丑不同于假恶，美也不同于真善。一方面，当"瘦、透、漏、皱"的石头，带有"节疤"原型的木材，以及粗糙、裸露的原状混凝土等，当它们出现在建筑及其环境之中时，便已经融入了建筑家、艺术家的主观意志和艺术精神，表现了创作者的审美意趣。这样，自然的和现实的"丑"也就有可能转化为艺术创造和构思手段的"美"。另一方面，建筑家对自然丑和现实丑的主观选择及艺术加工也常常会激起别人的同感和共鸣。而一旦达到这种状

① 罗丹：罗丹艺术论［M］.沈琪，译.北京：人民美术出版社，1978：20

② 彼得·柯林斯.现代建筑设计思想的演变（1750-1950）［M］.英若聪，译.北京：中国建筑工业出版社，1978：290

图8.64

图8.65

图8.66

图8.67

图8.64　王澍：宁波博物馆
图8.65　宁波博物馆局部
图8.66　王澍：宁波滕头案例馆
图8.67　王澍：金华陶瓷屋（咖啡屋）

① 王朝闻.美学概论 [M].北京：人民出版社，1981：60
② 朱光潜.西方美学史（上卷）[M].北京：人民文学出版社，1963：90
③ 彼得·柯林斯.现代建筑设计思想的演变（1750—1950）[M].英若聪，译.北京：中国建筑工业出版社，1987：290
④ 王世仁.理性与浪漫的交织：中国建筑美学论文集 [M].北京：中国建筑工业出版社，1987：2
⑤ 维克多·雨果.克伦威尔·序 [J].世界文学，1961（3）：95

态时，材料本色的"丑"也就不再是原来意义的"丑"了。就是说，当这种丑"以其感性形式进入审美领域作为审美对象的时候，已经具有某种积极的审美价值"①。

五是"尺度夸张型"的丑美转化。原始社会的浩大列石、埃及太阳神庙的粗大密柱、万里长城的绵延不绝，乃至现代建筑的庞大体量、一眼望不到顶的摩天巨厦等，都以"尺度夸张"见称于世。早在亚里士多德时代就已形成这样的美学观念：美就在于体积的大小和秩序，一个太小的动物不美，一个太大的东西也不美，因为不能见出它的统一和完整②。反映在建筑艺术上，巨大的尺度夸张到底是"美"还是"丑"？的确，如果以"正常"的审美尺度去衡量那些"夸张型"建筑，它们或许因体量太高、太长、太大而显出"丑陋"；但如果以"超常"的尺度去审视，则未必见其"丑陋"，相反则表现了某种惊心动魄、气势夺人的美感力量。因此，它们是属于另一美学范畴——"崇高美"——的产物。正如彼得·柯林斯所说："一旦认为美感不单是与美丽有关（如"美术"、"美文学"这些词以前所暗示的），它也可以由崇高或画意所引起，艺术与丑未必是不相容的这个观念就理应迟早被发展为一种明确的理论。"③事实正是这样，建筑艺术的崇高美不但体现了另一种美学尺度，而且以其独特的艺术内涵表达了审美主体的精神欲念。这是一般所谓"美丽"、"优雅"、"恬适"的建筑艺术所难以企及的。

以上我们从五个方面概述了建筑美丑的可转化性。"转化"，要有条件。主观、客观，物质、精神，空间、时间，都会影响建筑的美丑效应。科学地认识建筑艺术中"美"和"丑"的相对性，有助于我们能动地发挥"丑"在建筑艺术中的积极作用。那么，这种"积极作用"主要表现在哪些方面呢？

建筑艺术的"丑"，首先表现为对其"美"的对比衬托作用。一般地说，建筑的美具有"正面性"，即"建筑艺术只能一般地构成正面形象"④。特殊地说，建筑艺术固然以抽象的立体空间的正面性形象为主，但也不能绝对排斥建筑艺术中的美丑衬托。真实地表现"真善美"和"假丑恶"的对比衬托是艺术作品的普遍特性，没有这种"对比"，就没有感人的艺术力量。艺术作品的"丑"表现在哪里？"丑就在美的旁边，畸形靠近着优美，粗俗藏在崇高的背后，恶与善并存，黑暗与光明相共"⑤。以丑衬美、以美写丑，不但对一般艺术门类适用，在一定范围内对建筑艺术也同样适用。美国休斯顿"优质产品陈列厅"那个局部"破损"、"断裂"的立面形象，不就反衬出"BEST"（优质产品）的真实内涵，从而造成强烈、独特的审美效果吗？意大利比萨斜塔和大教堂这一组建筑所形成的鲜明的形体对照，不是意外地取得以"斜"衬"正"、以"丑"映"美"的艺术感染力吗？在实际视觉形象中， 塔的倾斜使

图 8.68   图 8.69

① 罗伯特·文丘里.建筑的复杂性和矛盾性［J］.周卜颐,译.建筑师,1981（8）:200
② 斯坦利·阿巴隆.建筑的幽默感得以恢复［J］.建筑学报,1987（7）:7

人联想到塔的"倾覆",其形态自然不能算美;然而历时八百余年而巍然挺立,不曾坍塌,这确是建筑史上的一个奇迹。由"斜"而"丑",由"斜"而"奇",直至引人入胜、耐人寻味,比萨斜塔的艺术魅力就是这样在建筑美丑的相互衬托和对比中诱发出来,变成名闻遐迩的世界奇观和历史胜迹(图 8.68、图 8.69)。又如,以典雅精巧的亭台楼阁等园林建筑为背景的假山怪石,这实际上也体现了粗与精、丑与美的对比映衬之趣。此外,在一幢几何形体的现代建筑前面,放上一两尊经过扭曲变形和夸张处理的亨利·摩尔式的抽象雕塑,同样由于美丑的对比衬托作用而使环境气氛活跃,收到"一石激浪"的环境艺术效果。还有,利用现代建筑局部部件的变位、变形、变向、变调及变色之类的处理,可在整体上起到以"丑"衬"美"的作用。正如文丘里所说:"一座建筑没有'不完善'的部分就没有完善的部分,因为有对比才有意义。一种艺术上的不协调,能给建筑以活力。"①今天,世界上确有不少新建筑,它们各以其"完善"与"不完善","协调"与"不协调",乃至"美"与"丑"的生动对比而显示出建筑艺术的"活力"。

建筑艺术的"丑",还表现在"丑"对建筑美的增色作用。"色"者特色,"色"者润色。试想,在现实生活中,如果没有朗朗笑声,没有滑稽幽默,缺少喜剧色彩,那该是一个多么枯燥乏味的世界!西方有句谚语:"一个小丑进城,胜过三车药物。"(王明居:《通俗美学》)以巴洛克建筑和古典建筑艺术相比,前者活跃欢快,后者平稳沉静;以隐喻、装饰和历史象征为特点的"后现代"建筑与正统的现代派建筑相比,前者幽默诙谐,后者严谨冷峻。美国建筑师斯坦利·阿巴隆比指出,当今建筑"可贵的发展之一,是建筑的幽默感得以恢复"②。查尔斯·穆尔在美国新奥尔良市的一个广场设计中,不但大量运用经过变异的古典柱廊,而且在"栱券石"的位置上竟置以作者本人

图8.68 比萨大教堂和斜塔
图8.69 比萨斜塔

图 8.70

的浮雕头像——几个嘴部变成"喷泉"的喜剧头像，真是滑稽得要在建筑立面上演出一幕"荒诞剧"。这当然是一种极端化做法，未必可取。然而，将艺术的喜剧色彩及某种幽默滑稽的"丑感"输入建筑艺术，则颇耐人品味。它至少可以打破现代建筑的刻板沉闷状态，好似在今天的建筑艺术舞台上敲响了一阵欢快的锣鼓，从而激起人们某种新的审美情趣。

建筑艺术的"丑"，还表现在它对建筑的表意作用。艺术作品中的以丑衬美，其主要作用不是别的，正是为了从美与丑、正与反两方面更好地塑造艺术形象，渲染和强化艺术作品的主题思想和社会意义。在达·芬奇的名画《最后的晚餐》中，叛徒尤大那出卖耶稣之后显出的惊恐丑形，既反衬出耶稣的正直和愤懑，也反衬出众多弟子的忠实善良，从而在画面上造成了紧张浓重的气氛，强化了歌颂善良、鞭笞丑恶的艺术主题（图8.70）。建筑艺术当然不可能像绘画、小说、戏剧作品那样运用"丑"与"美"的映照去再现生活，但它同样能以自身的空间形体为媒介，运用以"丑"衬"美"的环境艺术手段，去渲染气氛、创造意境、激发情绪和传达意义。齐康等人主持设计的优秀建筑艺术作品——南京日军侵华大屠杀遇难同胞纪念馆，其主体建筑端庄严肃，内院场地环境却是一片白茫茫的漫铺卵石，它象征着死难同胞的累累白骨；还有那一两株立于院中的"枯萎树干"，犹似超级写实主义的雕刻，对近旁的《母与子》的"主题雕塑"起了烘托作用，同时也加强了整体纪念环境的悲剧气氛。在这里，建筑艺术家通过以丑衬美的环境创造，使人联想到当年侵略者的野蛮暴行，从而表达了"生与死"的创作主题。而其扩建部分的残垣断壁，则在一定意义上再现了战争的残酷性，表现出揭露侵略战争罪行的艺术效果（图8.71、图8.72）。

由此可见，建筑家和其他艺术家一样，为了表情达意，固然主要通过"以美写美"塑造"正面性"的美的艺术形象，但必要时也可以"借丑写美"塑造"反衬性"的"丑"的艺术形象。"见美而后悟丑"，见丑然后悟美。"美"与"丑"是一对矛盾，是辩证的统一。"聆《白雪》之九成，然后悟《巴人》之极鄙"（葛洪：《抱朴子·外篇广譬》）①，反之亦然。所谓"雅俗共赏、双重译码"的建筑主张，从某种意义上说，也正是基于"白雪"与"巴人"、"雅"与"俗"乃至"美"与"丑"的对比映照，以取得建筑含义的多元表达。

图8.70 达·芬奇名画：《最后的晚餐》

在建筑艺术中，美与丑相比，"美"毕竟占据主导地位，"丑"只能处于次要位置。以丑衬美，是为了美；以美衬丑，也是为了美。美与丑，在建筑艺术中都应当为创造人类美好的生活环境及塑造优美的建筑形象服务。即使像南京大屠杀遇难同胞纪念馆这类表达生命主题的建筑，也还要着眼于美好纪念环境和正面形象的创造，让人看到未来，看到光明，看到力量（图8.73、图8.74）。

图8.71 图8.72

图8.73 图8.74

图8.71 南京日军大屠杀遇难同胞纪念馆庭院及其场景
图8.72 南京日军大屠杀遇难同胞纪念馆的残破"主题墙"处理
图8.73 南京大屠杀遇难同胞纪念馆的《号角》雕塑
图8.74 南京大屠杀遇难同胞纪念馆的《和平》雕塑

附录

如何拨好艺术的钟摆[①]

郭因　读汪正章《建筑美学》

当我在我的非非斋北窗下读完汪正章教授所著的《建筑美学》一书，抬首眺望窗外矗立着的一幢幢出自当代人之手的工业化初期的建筑时，缅怀过去、展望未来，我惆怅不已，感慨良多。

《建筑美学》展示了一幅多么丰富多彩的建筑美的画卷——"敬畏时代"的"埃及式"建筑美，"优美时代"的"希腊式"建筑美，"武力与豪华时代"的"罗马式"建筑美，"渴慕时代"的"早期基督式"建筑美，"雅致时代"的"文艺复兴式"建筑美，"回忆时代"的"古典复兴式"建筑美，新的工业革命和技术革命时代的"现代式"建筑美，还有与"信息时代"息息相关的"后现代"建筑美。同样的中国式大屋顶，汉魏质朴，唐辽雄浑，两宋舒展，明清稳健。同样的檐下斗栱构件，明清以前，硕大、粗豪、自然，表现了特有的结构美；明清时期，纤细、繁密，表现了一种装饰美。西方那一边，是长长的"石头的史诗"，中国这一边，是更长的"木头的诗歌"。

汪正章教授说得对，就人们对建筑的需要来说，可以认为实用的动机先于审美的动机，而就建筑及其美产生的过程而言，却只能认为是同步发生的。

是的，建筑固然重在实用功能，但人们对于建筑还必然要求有它的审美功能。诚如汪正章教授所说，中外建筑史上的一些杰作之所以具有经久不衰的魅力，主要就因为有极高的审美价值。

因此，建筑不仅需要技术，而且需要艺术；建筑师不仅需要有技术知识，而且需要有美学素养。

建筑的美是怎样形成的呢？什么是建筑的美呢？《建筑美学》的作者对历史上各家各派的观点进行了仔细的剖析和评述，同时提出和阐明了自己的观点。

让我们跟着作者的思路前进吧！

建筑美形成的关键，不在于珍贵的材料和繁琐的装饰，而在于人的意匠、人的加工、人的创作。"无生命的物质堆"是不会自然地把建筑美奉献到人们面前的。

---

① 该文原载《建筑学报》1992年第7期

中国晚清时期某些古典建筑的繁文缛节和故作扭捏，欧洲十八世纪某些洛可可建筑的装饰堆砌和珠光宝气，金钱、材料和技术加在一起，只不过换来建筑的"败笔"。而某些建筑，由于建筑设计者的匠心独运，尽管物质手段和技术条件都极其有限，但却有很高的审美价值和很强的艺术魅力。

建筑的美首先在于它显示了一种民族精神，民族集体无意识的愿望和欲求。如西方哥特建筑似乎升腾向上的、指向苍穹的尖屋顶，显示了人们追求精神的崇高；而中国古典建筑"如翚斯飞"似乎拥抱大地的大屋顶，则显示了人们对自然的亲和。

统治者也常常以建筑显示他的权威。埃及金字塔是奴隶主用来显示其精神力量，以惊天地而慑臣民的。苏秦要齐湣王"高宫室，大园囿，以鸣得意"。萧何要刘邦建未央宫，说是"非壮丽无以重威"。高尔拜曾建议路易十四以壮丽的建筑"表现君王之伟大与气概"。

赋予建筑以不同的精神烙印，也就使建筑有了不同的美。法国的原始"巨石建筑"表现了一种崇拜自然的神秘美，埃及的金字塔表现了一种崇拜法老的宏大美，中国的天坛、故宫表现了一种崇拜天地的超脱美，而现代与未来的建筑所应表现的是显示人类既改造自然，又亲和自然的精神力量的一种崇高美。

建筑的美，主要在于完整。美的建筑，无论从什么角度去看，都应该是一个完全的整体。建筑或者可以追求"断裂美"、"奇诞诡谲的美"，但就整个环境来说，建筑美仍为整体美的一个因素。因此，决不能只顾创造美的单体建筑，却忽视了整个美的城市、美的大环境的形成。建筑师就应该通过比例、韵律、材料、色彩等等的运用，为人类创造一种健康、文明的生活环境，一种有机的社会艺术形式，并且应该让个体的建筑交融于整体环境之中。古希腊人决不会脱离建筑地点以及它周围的其他建筑物去构思一幢建筑，而中世纪的人所创建的城市就像是一幢大建筑，中国姑苏的美就在于把单个房屋建筑的美汇于城市环境美的整体局面之中。今人应该从古人那里吸收这方面的营养并得到启发，建立一个建筑美的完整概念。建筑美应该是一个由建筑的美"因"（物质功能的"因"和科学技术的"因"）、美"形"（审美形式和艺术样式）、美"意"（精神的意蕴）、美"境"（自然环境和人文环境）、美"感"（审美主体和审美客体）等要素所构成的"开放式索多边形网络"。建筑美应该是物质和精神、技术和艺术、材料和造型的统一体。建筑的美需要差异、变化，需要千姿百态，需要"亲时"，需要"跨时"，需要抽象，需要象征，还可以有不同的体量和容积、线条和骨架、色彩和质地。但一个环境中千姿百态的建筑总须相互协调、整体和谐。

应该有跨时代的美。真正不朽的艺术作品总为一切时代与民族所共赏。但是，社会在变，观念在变，人们的审美意识在变，建筑的功能、建筑的材料、建筑的技术也在变。因此，建筑也就必须有亲时性的美。与环境和时代不相协调、与审美主体的审美观念不相契合的随意搬用歇山、庑殿、盝顶、十字脊、攒尖式的古代大屋顶之类的假古董，总是难以为人们所欣赏。

同一个环境中，建筑祖孙三代搞合家欢是可以的。威尼斯圣马可广场的各种建筑分别建成于 12 世纪到 17 世纪的不同年代，跨越 500 余年。建筑有拜占庭式、哥特式、文艺复兴式，等等，因此被称为欧洲最美丽的"城市客厅"。之所以如此，就因为它有一个多元表达、多元整合的整体和谐。

当前以及未来，由于整个世界都趋向于多元互补，建筑美的趋同性即使不断有所强化，但决不会出现什么"世界大同"。因为这种趋同的基础还是多元，趋同只是表现为多个本体吸取了各个异体之长，但本体总不失本体的特点。因此，缺乏个性的建筑美和缺乏共性的建筑美同样是不可思议的。

建筑史走了一个"之"字路，古典建筑美学的精华是"和谐论"、"完整论"、"整一论"，而在工业革命之后，美指挥了机器的铁臂，铁臂创造了新的建筑美。新建筑与新功能、新技术、新城市、新的雕塑与绘画艺术相结合，建筑也有了古典建筑所没有的抽象主义所创造的立体、平面、线条与色彩的"抽象美"，立体主义所创造的"空间与时间"的"变换美"，构成主义所创造的金属、玻璃材料构件的"结合美"，风格主义所创造的对形体作的二维分解的"流动美"。但是，古典建筑美学还有一般现代技术美学所不能企及和替代的作用。因此，现代建筑已被人们批评其"单调"、"冷漠"、"乏情"、"功能主义"、"割断历史"、"艺术虚无"。

现代建筑美学思潮到了一个新的"十字路口"，建筑艺术已出现了一个新的"摆动"。于是"复杂论"、"不定论"、"多元论"出现了。人们以"复杂"对"纯粹"，以"折衷"对"干净"，以"曲折"对"直率"，以"含糊"对"分明"，以"丰富"对"简单"，以"两者兼顾"对"非此即彼"，以"体现兼容的困难与统一"对"排斥其他的容易的统一"。

是的，"任何艺术都不存在什么法规，更没有什么必然性。有的只是奇妙的自由感"。

人们在批评现代派建筑艺术和美学思想的"功能"论、单一的"形式"论、冷峻的"乏情"论、机械的"技术"论、排它的"历史"论时，人们还批评现代建筑艺术及美学思想的孤立的"个体"论、虚无的"装饰"论以及空想的"社会"论，等等。

人们在肯定现代派少数建筑师能创作出"流水别墅"那样融入自然环境的建筑作品的同时，更批评现代派多数建筑师在具体创作中往往强调个体而忽视群体，忽视建筑和环境的联系以及过分排斥装饰。

当然，人们也不一概否定现代派建筑艺术的其他历史功绩。

今天，世界的建筑艺术"钟摆"具体在向哪里摆呢？可以说，总的趋势是由"功能技术美学"摆向"多元美学"。这里，有古典式，有古典主义与现代派的典型交融，有对"新乡土"和"新民间"风格的探求，有对"象征"手法的采用，等等。就建筑的审美价值而言，是对情理兼容的新的人文主义或称激进的折衷主义的向往；就建筑的审美理想而言，是从客体（建筑审美对象）转向主体（建筑鉴赏者）的新的主体审美意识的出现；就审美经验而言，是从建筑师的自我意识转向社会公众群体意识的新的大众主义建筑艺术的兴起。

但是，又有人反对，他们抨击这类建筑是复古主义的"老调重弹"，是形式主义的"自我表现"，是亵渎现代文明的"玩世不恭"。

建筑美学今后到底应该走向何方呢？

不管怎样，建筑美的一些原则，如对偶互补，如有法无"法"，如理情耦合，这些总是任何建筑师所不能掉首不顾的。"回归传统"的"寻根意识"，"回归自然"的环境意识，"回归人情"的多元意识，这种通向未来的时代思潮也毕竟将不可避免地要支配建筑师的头脑和双手。高技术总需要高艺术去平衡，高理性总需要高情感去补偿。

不管怎样，建筑美的三种基本形态是任何建筑师所不能漠然视之的。建筑造型的"形体美"和"立面美"，建筑造型的"静态美"和"动态美"，建筑造型的"外饰美"和"素质美"，建筑单一围合空间的"表态美"和有机复台空间的"动态美"，园林趣味空间的"变幻美"，建筑环境的整体美，建筑环境的系统美，建筑环境的综合美，哪一个建筑师在进行建筑设计时，能不一一地去考虑这一切呢？

我是很赞同汪正章教授的观点的。

汪正章教授关于建筑美生成机制的看法似乎使人觉得他对于美在哪里这一有关美的本质问题恍惚有一种微微不定的摇摆。他说，建筑的美及其美感之所以发生，在于人与建筑之间的协同作用。他同意审美从对象的刺激到主体的反映要经过主体对客体的"认知同构"的中介作用才能完成，这似是赞同"美在主客观统一论"。他又说，美在客体，美感则是主体对美的能动反映，这又显然是赞同"美在客观论"。不过，他指出反映是能动的反映，这又似乎不同于一般的"美在客观论"，而仍倾向于"美在主客观统一论"。

关于生理、心理、情思这类美感活动中的三部曲，汪正章教授也进行了相当详明的论述。非常可贵的是，他运用建筑艺术的材料来论证了他所赞同的一些前人的美学观点。

汪正章教授的《建筑美学》的最后一章论述了建筑作为美的艺术。他肯定建筑是"艺术家族"中的一员。它不同于纯粹的美的艺术的特点在于它集物质与精神、科学与艺术、实用与审美于一身，表现了无可置辩的"双重性"。它是"象征一抽象"艺术,"空间—时间"艺术,"视觉—造型"艺术,"依存—羁绊"艺术。建筑,它是空间文化的社会生活,凝固化的历史文化,物质化的精神载体。建筑美的艺术品格不但在于以"形式美"给人以愉快,而且以"艺术美"的底蕴内涵对人类的社会生活做出积极而独特的反映。建筑,作为一种特殊品格的艺术,它是物质和精神、主体和客体、技术和艺术、形式和内容、自然和社会、历史和现实的"多元整合"。

如何理解建筑艺术中对不完善的追求,对丑的追求,对"粗野主义"的追求以及对美的适度性的违反呢?汪正章教授指出,建筑中的"丑"的艺术特质集中表现在建筑的美丑之间在一定条件下的可转化性,即建筑美丑的相对性。如老子所说,"大音"、"大象"、"大巧"、"大辩"之美可以由"希声"、"无形"、"若拙"、"若讷"之丑转化发生而成,也如瘦、透、漏、皱的假山石竟能"丑得如此精美"。他认为,建筑艺术固然以抽象的立体空间的正面性形象为主,但也不能绝对排斥建筑艺术中的美丑衬托。世界上也确有不少新建筑以其"完善"与"不完善"、"协调"与"不协调"乃至"美"与"丑"的生动对比而显示出建筑艺术的"活力"。而且正如"一个小丑进城,胜过三车药物",将艺术的喜剧色彩及某种幽默滑稽的"丑感"输入建筑艺术是颇耐人品味的。同时,以丑衬美也可更好地塑造艺术形象,渲染与强化艺术作品的主题思想和社会意义。

总而言之,建筑艺术的美应该是多元表达、多元整合,最终实现多元互补、多样统一的整体和谐的美。

其实,在我看来,这岂止是建筑艺术应该如此,又岂止是艺术应该如此。人类的主观欲求与自然、社会的客观发展规律总是有一定的普遍性的。

《建筑美学》全书紧扣"建筑美"这一中心论题,就建筑美的产生、意义、特性、进展、原则、形态、机制及其艺术品位,展开了多侧面、多层次、多角度的论述,建构起了一个明晰的建筑美学理论框架。它既非一般的直线式的历史演绎,也非一味抽象思辨式的逻辑论证,更非各流派观点的简单罗列,而是遵循历史唯物主义的原则和运用辩证的方法,着重于揭示建筑美的普遍规律和探求建筑美的内在奥秘。在我国尚缺乏当代人自己的建筑美学专著时,既熟悉建筑艺术、精通建筑科学,又很有美学素养与文学素养的汪正章教授,纵览古今、横跨中外,在汲取与消化前人与当代人有关建筑学、哲学、美学、社会学、心理学的学术成果与最新信息的基础上,写出了这样一部结构严整、内容翔实、观点鲜明、说理透彻、文笔优美清新、内行不觉其肤浅、外行不觉其深奥的力作,我们实在应该对作者,对出版者致以深切的谢意。

我对此书微感不足的是汪正章教授对建筑的一个大趋势——生态建筑——没有给予一定的篇幅来论述,而只是点出了一个回归自然的环境意识。希望汪正章教授的下一本书是专谈生态建筑以至生态村镇、生态城市的。

我希望，我们迅速拨好艺术的钟摆，使北窗下的工业化初期的建筑很快为多元表达、多元互补、多元整合、多样统一、整体和谐的建筑群所代替，而且为越来越多的生态建筑所代替。

形式的背后①

沈中伟　读汪正章教授《建筑美学》所感

建筑创作的实践使我们认识到：灵感的勃发、新的设计方法和手法的运用以及建筑环境美的创造和表现，不唯少数天才的建筑大师所独有。一般建筑师在创作过程中也常有灵感产生，使得设计作品见诸个性，然而其中不少作品经不起严格的推敲，更经不起时间的考验，"来亦匆匆、去亦匆匆"；而一些素质和造诣较高、功底较深的建筑师设计的作品则往往凝练厚重、耐人寻味。在我们试图考究这种创作现象的同时，汪正章教授的新著《建筑美学》(人民出版社 1991 年 9 月第一版)一书，给我们以有益的启迪。

建筑创作是审美经验的客观化过程。但审美经验的表现是"潜在性"的，审美经验的积累悄悄地提高着建筑师的鉴赏力，慢慢地熏陶着创作者的"悟"性，以至在一定程度上出现了建筑创作中"信手拈来"的现象。这种审美经验的内容实质上正是建筑师对建筑美的原则、形态、特性以及审美机制的认识、积淀和掌握的结果。因此，建立一套较为完整的建筑美学体系，总结建筑审美经验，揭示建筑美、环境美的创作规律，是十分必要的。但到目前为止，由我国建筑师自撰的系统理论著述尚不多见，成册的则更少。汪先生这本《建筑美学》的问世，为我国建筑理论园地平添了一朵新葩。它以纵深的历史画卷和广阔的现实生活舞台为背景，探寻了建筑美的奥秘，对建筑创作和作品鉴赏必将起到应有的理论指导作用。

总结和建构建筑美学的本体理论，是一个从个别到一般的抽象过程。在当前流派纷繁，对建筑本体认识的极端主义倾向还占有显著地位的情况下，研究建筑审美意识，揭示建筑美的本质，回答什么样的建筑是美的，建筑美是什么以及探寻这种美的规律、方法等基础理论问题，无疑是一项艰辛而复杂的工作。作者在占有大量材料的基础上，从分析历史、现象和作品着手，围绕建筑美的本质、建筑美的机制以及建筑与社会生活的广泛联系等问题，客观、辩证地展现了建筑美学的基本体系，构成了一个系统而精练、明晰而独特的理论框架。

作者花了大量篇幅在"建筑美的产生"、"建筑美的意义"、"建筑美的特性"、"建筑美的进展"、"建筑美的原则"以及 "建筑美的形态"等章节中，多层面、多角度地阐明了建筑美的基本规律，着力而具体地揭示了建筑美的本质。《建筑美学》一书通过研究建筑表现特征的几个方面，由表及里、由此及彼分析、研究艺术与美的关系、建筑与艺术的关系、建筑与美的关系，指明建筑美的起源在于实用和

① 该文原载《新建筑》1992年第4期

意识形态方面的需求，同时把建筑美的意义从单独的房屋个体扩展到广阔的环境意义上去理解和把握。诚如书中所指出，"广义建筑美"将"跨越单体，走向群体；跨越房屋自身，走向整体环境；跨越建筑，走向城市"，这是对传统狭义建筑美学观念的突破。

传统与现代问题是创作与评论的一个永恒话题。我们高兴地读到作者对当前中国建筑创作中的某些消极倾向（如偏爱传统、憎恶传统等）进行的一针见血的批评，创造性地把"协调性"的概念置于"时空坐标体系"中来考察，指出"空间协调"和"时间协调"必须保持统一，这是现代建筑思想的精髓。这里，作者把建筑与时间的协调诠释成为"跨时性"的美（如天坛）和"亲时性"的美（如体现当代美学观念）两个方面，而对建筑在空间中的协调性则提出了"亲地性"和"跨地性"等概念与之对应，使我们对建筑美的异同特性的认识向前深化了一步。此外，作者把建筑美的进展中所蕴含的"否定之否定"规律形象地以"钟摆"理论加以阐明，把创作中的非理性成分与理性成分也放到"钟摆"的位置来考察，这种观点、方法深入浅出，极富启发性。

汪正章先生不仅置自己于学者的位置，同时作为一位具有丰富创作实践的建筑师，以其特有的敏锐目光和切身经验对建筑美学的诸多问题进行了审慎的透析和匠心独运的解释。作者在揭示建筑美本质特征的同时，对建筑美感的生理、心理、视知觉及审美中介等建筑美的机制问题所展开的生动描述，也颇令人信服，并能激起读者的共鸣。这种美感机制直接影响和支配着建筑创作的审美构思过程，因而显得十分重要。他把建筑美扩展到社会生活范畴去观看、定位、考察，这也是难能可贵的。作者认为，建筑是一种特殊品格的艺术，是物质和精神、主体和客体、形式和内容、技术和艺术、自然和社会、历史和现实的"多元整合"，这种理论概括较为系统、整体、全面，显然不同于某些人对建筑这一复杂事物的简单化和一般化解释。值得讨论的是，作者在书中以一定篇幅描述了"建筑作为美的艺术"这一内容，把建筑体现时代特征、时代要求的物质特性视作建筑美的初级形态，而把建筑表达意义、情感等精神因素的"艺术美"特征作为建筑美的高级形态，这种论断虽别开生面，但似乎易将建筑学的目标从社会生活引向单纯"美的艺术"，从而表现了作者的建筑美学观念带有一定的古典主义色彩。

建筑的造就在本质上是因其功能而不是形式，功能牵动着形式；而作为构成物质世界的有形实体，它又离不开美。随着人类文明进一步发展，人们对美的要求和口味也在不断地提高和变化，社会需要建筑师赋予建筑以美的形式，创造一个满足人们生活要求的美的环境和城市。与此同时，我们也要认识到，美学现象为非艺术和艺术所共有，只不过艺术是审美因素较为集中、较为典型的表现形态。因此，在建筑创作中，我们不能限制自己于艺术之门内外的定位上，这给建筑的真、美套上了形式主义的枷锁。我们需要针对国情分析环境，用系统论的方法权衡与斟酌建筑中"用"与"美"的关系。既要反对片面地一提建筑便冠之以"艺术"的形式主义倾向，也要反对片面强调建筑的功利方面从而摒弃提高建筑审美层的可能性的倾向。即使是住宅、厂房，其单体和群体也时时呼唤着，体现着，渗透着秩序、技术、现代文明的美。建筑离不开美，建筑创作离不开美学观念和美学方法。我想，这也正是《建筑美学》一书的主旨和贡献所在。

中国社会科学院哲学所叶秀山先生在该书"前言"中指出："这套小丛书（指人民出版社新出版的'袖珍美学丛书'）可以称得上青年读者在美学上的益友良师。"作为这套丛书之一的《建筑美学》，应当而且也能够从一个方面担负起这样的学术使命，相信它将使读者，尤其是建筑界的青年读者朋友们获益匪浅。

我们期待着更多的由中国人自己撰写的高水平建筑理论著述问世。

主要参考文献

[1] 彼得·柯林斯.现代建筑设计思想的演变（1750—1950）[M].英若聪,译.北京:中国建筑工业出版社,1987

[2] 布鲁诺·赛维.现代建筑语言[M].席云平,王虹,译.北京:中国建筑工业出版社,1986

[3] 布鲁诺·赛维.建筑空间论:如何品评建筑[M].张似赞,译.北京:中国建筑工业出版社,1985

[4] 蔡仪.美学论著初编[M].上海:上海文艺出版社,1982

[5] 陈志华.外国建筑史[M].北京:中国建筑工业出版社,1979

[6] 查尔斯·詹克斯.后现代建筑语言[M].李大夏,译.北京:中国建筑工业出版社,1986

[7] 陈从同.说园[M].上海:同济大学出版社,1984

[8] 格罗比斯.新建筑与包豪斯[M].张似赞,译.北京:中国建筑工业出版社,1979

[9] 黑格尔.美学（第一卷,第三卷上册）[M].朱光潜,译.北京:商务印书馆,1979

[10] H.沃尔夫林.艺术风格学[M].潘耀昌,译.沈阳:辽宁人民出版社,1987

[11] 计成.园冶注释[M].陈值,注释.北京:中国建筑工业出版社,1988

[12] 李泽厚.美的历程[M].北京:中国社会科学出版社,1984

[13] 鲁道夫·阿恩海姆.艺术与视知觉[M].滕守尧,朱疆源,译.北京:中国社会科学出版社,1984

[14] 刘敦桢.中国古代建筑史[M].北京:中国建筑工业出版社,1980

[15] 梁思成.梁思成文集（四）[M].北京:中国建筑工业出版社,1986

[16] 李允鉌.华夏意匠:中国古典建筑设计原理分析[M].北京:中国建筑工业出版社,1985

[17] 勒·柯布西耶.走向新建筑[M].吴景祥,译.北京:中国建筑工业出版社,1981

[18] 尼古拉斯·佩夫斯纳.现代设计的先驱者:从威廉·莫里斯到格罗皮乌斯[M].王申祐,王晓京,译.北京:中国建筑工业出版社,1987

[19] 芦原义信.街道与美学[M].尹培桐,译.武汉:华中理工大学出版社,1989

[20] P.L.奈尔维.建筑的艺术与技术[M].黄运昇,译.北京:中国建筑工业出版社,1981

[21] 托伯特·哈姆林 . 建筑形式美的原则 [M]. 邹德侬，译 . 北京：中国建筑工业出版社，1982

[22] 同济大学，等 . 外国近现代建筑史 [M]. 北京：中国建筑工业出版社，1982

[23] 王朝闻 . 美学概论 [M]. 北京：人民文学出版社，1981

[24] 瓦·康定斯基 . 论艺术的精神 [M]. 查立，译 . 北京：中国社会科学出版社，1987

[25] 维特鲁威 . 建筑十书 [M]. 高履泰，译 . 北京：中国建筑工业出版社，1986

[26] 伊利尔·沙里宁 . 城市：它的发展、衰败与未来 [M]. 顾启源，译 . 北京：中国建筑工业出版社，1986

[27] 朱光潜 . 西方美学史 [M]. 北京：人民文学出版社，1963

[28] 朱狄 . 当代西方美学 [M]. 北京：人民出版社，1984

图片来源

来自相关文献及作者自摄、自制：

[1] 汪正章. 建筑美学 [M]. 北京：人民出版社，1991

[2] 中国建筑科学研究院. 中国古建筑 [M]. 北京：中国建筑工业出版社，1983

[3] 罗小未，蔡琬英. 外国建筑历史图说 [M]. 上海：同济大学出版社，1986

[4] 上海同济大学建筑理论与历史教研组. 外国建筑史参考图集，近现代资本主义国家建筑史附册（讲义）[Z]. 1961

[5] 张祖刚. 世界园林发展概论：走向自然的世界园林史图说 [M]. 北京：中国建筑工业出版社，2003

[6] 唐玉恩，张皆正. 旅馆建筑设计 [M]. 北京：中国建筑工业出版社，1993

[7] 伊利尔·沙里宁. 城市：它的发展、衰败和未来 [M]. 顾启源，译. 北京：中国建筑工业出版社，1986

[8] 刘先觉. 密斯·凡·德·罗 [M]. 北京：中国建筑工业出版社，1992

[9] 项秉仁. 赖特 [M]. 北京：中国建筑工业出版社，1992

[10] 李大夏. 路易·康 [M]. 北京：中国建筑工业出版社，1993

[11] 吴焕加. 20 世纪西方建筑史 [M]. 郑州：河南科学技术出版社，1998

[12] 李泽厚. 美学四讲 [M]. 天津：天津社会科学出版社，2002

[13] 黄为隽. 凝神结想，神与物游——谈齐白石美术纪念馆设计的形象思维 [J]. 建筑学报，1986（1）：48-53

[14] 罗健敏. 东方艺术馆建筑设计构思 [J]. 建筑学报，1988（11）：33-36

[15] 秦光. 火炬、红旗与建筑造型 [J]. 建筑师，1979（1）：83

[16] 张饮哲. 建筑创作漫话并漫画 [J]. 建筑师，1979（1）：79

[17] 张饮哲. 建筑创作漫话并漫画（之二）[J]. 建筑师，1980（2）：78

[18] 作者自摄、自制

其他图片来自互联网：

[1] http://liyiem.blog.163.com/blog/static/827310620119285278155

[2] http://www.baidu.com/s?word=%E7%BD%91%E5%B8%88%E5%9B%AD%E5%9B%BE%E7%

[3] http://image.baidu.com/i?tn=baiduimage&ct=201326592&lm=-

1&cl=2&fr=ala1&word=%B3%D

[4] http://image.baidu.com/i?tn=baiduimage&ct=201326592&lm=-1&cl=2&fr=ala1&word=%C3%C

[5] http://image.baidu.com/i?ct=503316480&z=&tn=baiduimagedetail&word=%E8%A5%BF%E5%

[6] http://www.baidu.com/s?wd=%E6%88%90%E9%83%BD%E6%9D%9C%E7%94%AB%%89%E

[7] http://image.baidu.com/i?ct=503316480&z=&tn=baiduimagedetail&word=%E6%B5%99%E6%B

[8] http://image.baidu.com/i?tn=baiduimage&ct=201326592&lm=-1&cl=2&fr=alal&word=%BF%A

[9] http://baike.baidu.com/view/4270864.htm

[10] http://image.baidu.com/i?ct=503316480&z=&tn=baiduimagedetail&word=%E5%B1%B1%E8%

[11] http://www.baidu.com/s?wd=%E5%B7%B4%E8%A5%BF%E5%88%A9%E4%BA%9A%E6%9

[12] http://image.baidu.com/i?ct=503316480&z=0&tn=baiduimagedetail&cl=2&cm=1&sc=0&lm=-1

[13] http://image.baidu.com/i?tn=baiduimage&ct=201326592&lm=-1&cl=2&fr=ala1&word=%B1%B

[14] http://www.baidu.com/s?word=%E8%8B%8F%E5%B7%9E%E5%9B%AD%E6%9E%97%E5%

[15] http://www.baidu.com/s?wd=%E9%9B%85%E5%85%B8%E5%B8%95%E6%8F%90%E5%86%

[16] http://baike.baidu.com/view/3049171.htm

[17] http://image.baidu.com/i?tn=baiduimage&ct=201326592&lm=-1&cl=2&fr=alal&word=%CE%F

[18] http://image.baidu.com/i?tn=baiduimage&ct=201326592&lm=-1&cl=2&fr=ala1&word=%BF%C

[19] http://www.baidu.com/s?wd=%E5%B7%B4%E9%BB%8E%E5%9C%A3%E6%AF

%8D%E9%9&ie=utf-8&rsv_sug3=6&rsv_sug=0&rsv_sugl=6&rsv_sug4=327&inputT=28218

［20］ http://image.baidu.com/i?tn=baiduimage&ct=201326592&lm=-1&cl=2&fr=ala0&word=%D3%A

［21］ http://image.baidu.com/i?tn=baiduimage&ct=201326592&lm=-1&cl=2&fr=alal&word=%B1%B

［22］ http://baike.baidu.com/view/2232.htm

［23］ http://www.baidu.com/s?word=%E5%8C%97%E4%BA%AC%E5%8C%97%E6%B5%B7%E4%

［24］ http:/www.baidu.com/s?wd=%E5%9F%83%E5%8F%8A%E6%96%B9%E5%B0%96%E7%A2

［25］ http://www.baidu.com/s?word=%E8%A5%BF%E5%AE%89%E5%B0%8F%E9%9B%81%E5%

［26］ http://image.baidu.com/i?tn=baiduimage&ct=201326592&cl=2&lm=-1&st=-1&fm=result&fr=ala

［27］ http://www.baidu.com/s?word=%E5%9F%83%E5%8F%8A%E9%87%91%E5%AD%97%E5%A

［28］ http://www.baidu.com/s?word=%E5%B7%B4%E9%BB%8E%E5%8D%A2%E6%B5%AE%E5

［29］ http://image.baidu.com/i?ct=503316480&z=0&tn=baiduimagedetail&c1=2&cm=1&sc=0&lm=-1

［30］ http://www.baidu.com/s?word=%E7%BD%97%E9%A9%AC%E5%90%9B%E5%A3%AB%E5

［31］ http://image.baidu.com/i?tn=baiduimage&ct=201326592&lm=-1&cl=2&fr=ala1&word=%B0%C

［32］ http://image.baidu.com/i?tn=baiduimage&ct=201326592&lm=-1&cl=2&fr=ala1&word=%C2%D

［33］ http://baike.baidu.com/view/1019214.htm?fromId=1221803

［34］ http://www.photofans.cn/article/showarticle.php?threadyear=2013&articleid=11968

［35］ http://image.baidu.com/i?ct=503316480&z=&tn=baiduimagedetail&word=%E5%B7%B4%E9%

［36］ http://image.baidu.com/i?tn=baiduimage&ct=201326592&lm=-1&cl=2&fr=alal&word=%C9%C

［37］ http://www.quanjing.com/imginfo/251-0451.html

［38］ http://www.baidu.com/s?word=%E8%BF%AA%E6%8B%9C%E5%A1%94%E5%9B%BE%E7%

［39］ http://www.baidu.com/s?word=%E8%80%B6%E9%B2%81%E5%A4%A7%E5%AD%A6%E5%

［40］ http://image.baidu.com/i?tn=baiduimage&ct=201326592&cl=2&fm=&lm=-1&st=-1&sf=2&fmq=

［41］ http://image.baidu.com/i?ct=503316480&z=&tn=baiduimagedetail&word=%E5%8D%B0%E5%

［42］ http://www.nipic.com/show/1/73/935afadf609bacdb.html

［43］ http://image.baidu.com/i?ct=503316480&z=0&tn=baiduimagedetail&cl=2&cm=1&sc=0&lm=-1

［44］ http://image.baidu.com/i?ct=503316480&z=&tn=baiduimagedetail&word=%E4%BC%A6%E6%

［45］ http://www.baidu.com/s?word=%E9%9B%85%E5%85%B8%E5%8D%AB%E5%9F%8E%E5%9

［46］ http://image.baidu.com/i?ct=503316480&z=&tn=baiduimagedetail&word=%E9%9B%85%E5%8

［47］ http://image.baidu.com/i?tn=baiduimage&ct=201326592&lm=-1&cl=2&fr=alal&word=%B7%F

［48］ http://tupian.baike.com/a0_26_59_01300000176284121734596127077_jpg.html

［49］ http://www.doc88.com/p-049654056625.html

［50］ http://www.daodao.com/LocationPhotos-g35805-d103476-w5-Robie_House-Chicago_IIinois.htm

［51］ http://image.baidu.com/i?tn=baiduimage&ct=201326592&lm=-1&cl=2&fr=ala0&word=%BF%C

［52］ http://blog.artintern.net/article/6325

［53］ http://info.tgnet.com/lnfo/lmages/2007/10/09/1684071673_752656.JPG

［54］http://image.baidu.com/i?ct=503316480&z=&tn=baiduimagedetail&word=%E9%BB
%84%E9%8

［55］http://tupian.baike.com/al_50_13_20300001318522131182136913420_jpg.html

［56］http://image.baidu.com/i?tn=baiduimage&ct=201326592&lm=-
1&cl=2&fr=ala1&word=%B0%C

［57］http://www.jzwhys.com/news/13155332.html

［58］http://www.nipic.com/show/1/48/5941426k822136f8.html

［59］http://image.baidu.com/i?m=baiduimage&ct=201326592&lm=-1&cl=2&fr=
ala1&word=%CE%C

［60］http://image.baidu.com/i?ct=503316480&z=&tn=baiduimagedetail&word=%E9%A6
%99%E6%B

［61］http://image.baidu.com/i?tn=baiduimage&ct=201326592&lm=-1&cl=2&fr=
ala1&word=%CF%E

［62］http://image.baidu.com/i?tn=baiduimage&ct=201326592&lm=1&cl=2&fr=ala1&wor
d=%C5%EE%C6%A4%B6%C5%CE%C4%BB%AF%D6%D0%D0%C4%CD%BC%C6%AC

［63］http://image.baidu.com/i?ct=503316480&z=&tn=baiduimagedetail&word=%E8%93
%AC%E7%9

［64］http://image.baidu.com/i?ct=503316480&z=0&tn=baiduimagedetail&cl=2&cm=1&s
c=0&lm=-1

［65］http://image.baidu.com/i?ct=503316480&z=&tn=baiduimagedetail&word=%E7%BA
%BD%E7%

［66］http://www.baidu.com/s?word=%E6%9F%8F%E6%8B%89%E5%9B%BE&
tn=29065018_59_hao_pg&ie=utf-8

［67］http://image.baidu.com/i?tn=baiduimage&ct=201326592&lm=1&cl=2&fr=ala1&wo
rd=%C3%DC%CB%B9%D7%F7%C6%B7%CD%BC%C6%AC

［68］http://image.baidu.com/i?tn=baiduimage&ct=201326592&lm=1&cl=2&fr=ala1&wor
d=%C0%B5%CC%D8%D7%F7%C6%B7%CD%BC%C6%AC

［69］http://image.baidu.com/i?tn=baiduimage&ct=201326592&lm=1&cl=2&fr=ala1&wor
d=%C8%F8%B7%FC%D2%C0%B1%F0%CA%FB%CD%BC%C6%AC

［70］http://www.baidu.com/s?word=%E8%92%99%E7%89%B9%E5%88%A9%E5%B0

%9467%E5%

［71］http://www.baidu.com/s?word=%E7%8E%8B%E6%BE%8D%E4%BD%9C%E5%9
3%81%E5%9B%BE%E7%89%87&tn=29065018_59_hao_pg&ie=utf-8

［72］http://image.baidu.com/i?tn=baiduimage&ct=201326592&lm=1&cl=2&fr=alal&wor
d=%B9%C5%C2%DE%C2%ED%BD%A8%D6%FE%CD%BC%C6%AC%CD%BC%C6%AC

［73］http://image.baidu.com/i?tn=baiduimage&ct=201326592&lm=1&cl=2&fr=alal&wor
d=%B9%C5%C2%DE%C2%ED%BD%A8%D6%FE%CD%BC%C6%AC%CD%BC%C6%AC

［74］http://www.baidu.com/s?word=%E9%BB%91%E6%A0%BC%E5%B0%94&
tn=29065018_59_hao_pg&ie=utf-8

［75］http://image.baidu.com/i?tn=baiduimage&ct=201326592&lm=1&cl=2&fr=alal&wor
d=%C0%CA%CF%E3%BD%CC%CC%C3%CD%BC%C6%AC

［76］http://image.baidu.com/i?tn=baiduimage&ct=201326592&lm=1&cl=2&fr=alal&wor
d=%B0%A3%BC%B0%C3%ED%C9%F1%CD%BC%C6%AC

［77］http://www.baidu.com/s?word=%E5%9F%83%E8%8F%B2%E5%B0%94%E9%93
%81%E5%A1%94%E5%9B%BE%E7%89%87&tn=29065018_59_hao_pg&ie=utf-8

［78］http://www.douban.com/note/253952809/

［79］http://image.baidu.com/i?tn=baiduimage&ct=201326592&lm=1&c1=2&fr=alal&wo
rd=%C2%B7%D2%D7%A1%A4%BF%B5%BD%A8%D6%FE%D7%F7%C6%B7%CD%BC%
C6%AC

［80］http://www.baidu.com/s?word=%E5%BA%B7%E5%AE%9A%E6%96%AF%E
5%9F%BA%E4%BD%9C%E5%93%81%E5%9B%BE%E7%89%87&tn=29065018_59_hao_
pg&ie=utf-8

［81］http://www.baidu.com/s?word=%E5%8C%97%E4%BA%AC%E5%A4%A9%E5%9
D%9B%E5%9B%BE%E7%89%87&tn=29065018_59_hao_pg&ie=utf-8

［82］http://image.baidu.com/i?tn=baiduimage&ct=201326592&lm=1&c1=2&fr=alal&wor
d=%C0%AD%CB%B9%CE%AC%BC%D3%CB%B9%CD%BC%C6%AC

［83］http://www.baidu.com/s?word=%E8%B4%9D%E8%81%BF%E9%93%AD%E4%B
D%9C%E5%93%81%E5%9B%BE%E7%89%87&m=29065018_59_hao_pg&ie=utf-8

［84］http://image.baidu.com/i?tn=baiduimage&ct=201326592&lm=1&cl=2&fr=alal&wor
d=%B0%B2%CC%D9%D6%D2%D0%DB%D7%F7%C6%B7%CD%BC%C6%AC

［85］http://image.baidu.com/i?tn=baiduimage&ct=201326592&lm=1&cl=2&fr=alal&word=%B8%A5%C0%BC%BF%CB%A1%A4%B8%C7%C8%F0%D7%F7%C6%B7%CD%BC%C6%AC

［86］http://image.baidu.com/i?tn=baiduimage&ct=201326592&lm=1&cl=2&fr=alal&word=%B1%B1%BE%A9%B9%FA%BC%D2%CD%BC%CA%E9%B9%DD%CD%BC%C6%AC

［87］http://www.baidu.com/s?word=%E6%97%A5%E6%9C%AC%E5%94%90%E6%8B%9B%E6%8

［88］http://blog.artintern.net/article/249429

［89］http://www.baidu.com/s/word=%E4%BC%A6%E6%95%A6%E6%B0%B4%E6%99%B6%E5%AE%AB%E5%9B%BE%E7%89%87&tn=29065018_59_hao_pg&ie=utf-8

［90］http://image.baidu.com/i?tn=baiduimage&ct=201326592&lm=1&c1=2&fr=alal&word=%C4%AA%C0%EF%CB%B9%3A%BA%EC%CE%DD%CD%BC%C6%AC

［91］http://image.baidu.com/i?tn=baiduimage&ct=201326592&lm=1&cl=2&fr=alal&word=%B0%FC%BA%C0%CB%B9%CD%BC%C6%AC

［92］http://image.baidu.com/i?tn=baiduimage&ct=201326592&lm=1&c1=2&fr=alal&word=%B8%F1%C2%DE%C6%A4%CE%DA%CB%B9%CD%BC%C6%AC

［93］http://image.baidu.com/i?tn=baiduimage&ct=201326592&lm=1&c1=2&fr=alal&word=%C0%EF%EF%CC%D8%CE%AC%B5%C2%CD%BC%C6%AC

［94］http://image.baidu.com/i?tn=baiduimage&ct=201326592&lm=1&cl=2&fr=ala0&word=%C5%A6%D4%BC%CE%F7%B8%F1%C0%AD%C4%B7%B4%F3%CF%C3

［95］http://baike.baidu.com/view/287907.htm

［96］http://baike.baidu.com/view/1590554.htm

［97］http://image.baidu.com/i?tn=baiduimage&ct=201326592&lm=1&cl=2&fr=alal&word=%C2%D7%B6%D8%CC%A9%CE%EE%CA%BF%BA%D3%C5%CF%D0%C2%BD%A8%D6%FE%CD%BC%C6%AC

［98］http://image.baidu.com/i?m=baiduimage&ct=201326592&lm=1&c1=2&fr=alal&word=%B7%C6%C0%FB%C6%D5%A1%A4%D4%BC%BA%B2%D1%B7

［99］http://www.17u.com/blog/article/1784376.html

［100］http://baike.baidu.com/picview/26657/26657/0/d009b3de9c82d158648c6cf5800a19d8bc3e4263.html#albumindex=0&picindex=0

［101］http://jz.zhulong.com/topic_JohnPortman.html

［102］http://image.baidu.com/i?m=baiduimage&ct=201326592&lm=1&c1=2&fr=alal&word=%D4%BC%BA%B2%A1%A4%B2%A8%CC%D8%C2%FC%D7%F7%C6%B7%CD%BC%C6%AC

［103］http://image.baidu.com/i?tn=baiduimage&ct=201326592&lm=1&cl=2&fr=alal&word=%B2%A8%CC%D8%C0%BC%CA%D0%D5%FE%CC%FC%CD%BC%C6%AC

［104］http://image.baidu.com/i?tn=baiduimage&ct=201326592&lm=1&cl=2&fr=alal&word=%C0%AD%CB%B9%CE%AC%BC%D3%CB%B9%CD%BC%C6%AC

［105］http://image.baidu.com/i?tn=baiduimage&ct=201326592&cl=2&lm=-1&st=1&fm=result&fr=ala1&sf=1&fmq=1369795731531_R&pv=&ic=0&nc=1&z=&se=1&showtab=0&fb=0&widthhttp://

［106］http://image.baidu.com/i?ct=503316480&z=&tn=baiduimagedetail&word=%E7%9A%96%E5%8

［107］http://image.baidu.com/i?tn=baiduimage&ct=201326592&lm=-1&c1=2&fr=alal&word=%B2%A8%CA%BF%B6%D9%BA%BA%BF%BC%BF%CB%B4%F3%CF%C3%CD%BC%C6%AC

［108］http://baike.baidu.com/view/23031.htm

［109］http://www.quanjing.com/wiki/%E4%BD%9B%E7%BD%97%E4%BC%A6%E8%90%A8%E5%A4%A7%E6%95%99%E5%A0%82

［110］http://www.quanjing.com/wiki%E4%BD%9B%E7%BD%97%E4%BC%A6%E8%90%A8%E5%A4%A7%E6%95%99%E5%A0%82

［111］http://image.baidu.com/i?ct=503316480&z=&tn=baiduimagedetail&word=%E5%8D%97%E4

［112］http://image.baidu.com/i?tn=baiduimage&ct=201326592&lm=-l&cl=2&fr=ala0&word=%B1%B1%BE%A9%CF%E3%C9%BD%B7%B9%B5%EA%CD%BC%C6%AC

［113］http://photo.zhulong.com/detail203.htm

［114］http://image.baidu.com/i?ct=503316480&z=&tn=baiduimagedetail&word=%E5%8C%97%E4%B

［115］http://image.baidu.com/i?tn=baiduimage&et=201326592&lm=-1&cl=2&fr=alal&word=%B2%A

［116］http://baike.baidu.com/view/1911393.htm

［117］http://www.baidu.com/s?word=%E7%8B%84%E5%BE%B7%E7%BD%97&tn=29065018_59_hao_pg&ie=utf-8

［118］http://image.baidu.com/i?tn=baiduimage&ct=201326592&lm=1&cl=2&fr=ala0&word=%C9%CF%BA%A3%CA%C0%B2%A9%BB%E1%D5%B9%B9%DD

［119］http://book.jd.com/10020024.html

［120］http://www.mafengwo.cn/photo/15548/scenery_1256001_1.html

［121］http://image.baidu.com/i?tn=baiduimage&ct=201326592&lm=1&cl=2&fr=alal&word=%B3%D0%B5%C2%B1%DC%CA%EE%C9%BD%D7%AF

［122］http://image.baidu.com/i?ct=503316480&z=&tn=baiduimagedetail&word=%E8%A5%BF%E6%96%B9%E5%8F%A4%E5%85%B8%E6%9F%B1%E5%BC%8F%

［123］http://image.baidu.com/i?ct==503316480&z=0&tn=baiduimagedetail&cl=2&cm=1&sc=0&lm=-1

［124］http://www.baidu.com/s?word=%E7%A6%8F%E5%BB%BA%E5%9C%9F%E6%A5%BC%E5%9B%BE%E7%89%87&tn=29065018_59_hao_pg&ie=utf-8

［125］http://www.baidu.com/s?word=%E6%9F%8F%E6%9E%97%E5%9B%BD%E4%BC%9A%E5%A4%A7%E5%8E%A6%E5%9B%BE%E7%89%87&tn=29065018_59_hao_pg&ie=utf-8

［126］http://image.baidu.com/i?tn=baiduimage&ct=201326592&lm=1&cl=2&fr=alal&word=%B0%A2%B6%FB%CD%DF%Al%A4%B0%A2%B6%FB%CD%D0%CD%BC%C6%AC

［127］http://image.baidu.com/i?tn=baiduimage&ct=201326592&lm=-1&cl=2&fr=alal&word=%D4%B

［128］http://image.baidu.com/i?tn=baiduimage&ct=201326592&lm=1&cl=2&fr=alal&word=%BF%A8%B1%C8%B6%E0%B9%E3%B3%A1%CD%BC%C6%AC

［129］http://image.baidu.com/i?tn=baiduimage&ct=201326592&lm=1&cl=2&fr=alal&word=%B0%CD%CE%F7%C0%FB%D1%C7%B9%FA%BB%E1%B4%F3%CF%C3%CD%BC%C6%AC

［130］http://image.baidu.com/i?tn=baiduimage&ct=201326592&lm=1&cl=2&fr=alal&word=%CA%A5%C2%ED%BF%C9%B9%E3%B3%A1%CD%BC%C6%AC

［131］http://hotels.ctrip.com/pic/34.html

［132］http://image.baidu.com/i?tn=baiduimage&ct=201326592&lm=-1&c1=2&fr=alal&word=%B0%A2%B6%FB%CD%DF%A1%A4%B0%A2%B6%FB%CD%D0%CD%BC%C6%AC

［133］http://www.baidu.com/s?wd=%E7%BA%BD%E7%BA%A6%E5%8F%A4%E6%A0%B9%E6%

［134］http://image.baidu.com/i?tn=baiduimage&ct=201326592&lm=1&cl=2&fr=alal&word=%C3%DC%CB%B9%A1%A4%B7%B2%B5%C4%C2%DE%CD%BC%C6%AC

［135］http://image.baidu.com/i?tn=baiduimage&ct=201326592&lm=-1&c1=2&fr=alal&word=%CE%F7%B2%D8%B2%BC%B4%EF%C0%AD%B9%AC%CD%BC%C6%AC

［136］http://image.baidu.com/i?tn=baiduimage&ct=201326592&lm=-1&c1=2&fr=alal&word=%C0%ED%B2%E9%B5%C3%A1%A4%C2%F5%D2%AE%CD%BC%C6%AC

［137］http://image.baidu.com/i?ct=503316480&z=&tn=baiduimagedetail&word=%E8%A5%BF%E8%

［138］http://image.baidu.com/i?tn=baiduimage&ct=201326592&lm=-1&c1=2&fr=alal&word=%C3%D7%C0%BC%B4%F3%BD%CC%CC%C3%CD%BC%C6%AC

［139］http://image.baidu.com/i?tn=baiduimage&ct=201326592&lm=-1&cl=2&fr=alal&word=%C3%D7%C0%AD%B9%AB%D4%A2%CD%BC%C6%AC

［140］http://image.baidu.com/i?tn=baiduimage&ct=201326592&lm=-1&cl=2&fr=alal&word=%C3%D7%C0%AD%B9%AB%D4%A2%CD%BC%C6%AC

［141］http://www.baidu.com/s?wd=%E4%B8%B9%E5%B0%BC%E5%B0%94%C2%B7%E9%87%8C

［142］http://image.baidu.com/i?tn=baiduimage&ct=201326592&lm=-1&cl=2&fr=alal&word=%CD%F5%F4%CB%D6%AE%CD%BC%C6%AC

［143］http://image.baidu.com/i?tn=baiduimage&ct=201326592&lm=-1&cl=2&fr=alal&word=%D7%BE%D5%FE%D4%B0%CD%BC%C6%AC

［144］http://www.baidu.com/s?word=%E9%83%91%E6%9D%BF%E6%A1%A5&tn=29065018_59_hao_ph&ie=utf-8

［145］http://www.baidu.com/s?word=%E9%99%95%E5%8C%97%E7%AA%91%E6%B4%9E%E5%9B%BE%E7%89%87&tn=29065018_59_hao_pg&ie=utf-8

［146］http://www.baidu.com/s?word=%E5%88%97%E5%AE%81%E5%A2%93%E5%9B

%BE%E7%89%87&tn=29065018_59_hao_pg&ie=utf-8

[147] http://image.baidu.com/i?tn=baiduimage&ct=201326592&lm=-1&cl=2&fr=alal&word=%B1%B1%BE%A9%CB%C4%BA%CF%D4%BA%CD%BC%C6%AC

[148] http://image.baidu.com/i?tn=baiduimage&ct=201326592&lm=-1&cl=2&fr=alal&word=%CD%F5%E4%F8%D7%F7%C6%B7%CD%BC%C6%AC

[149] http://image.baidu.com/i?ct=503316480&z=&tn=baiduimagedetail&word=%E5%BC%97%E5%8

[150] http://image.baidu.com/i?tn=baiduimage&ct=201326592&lm=-1&cl=2&fr=alal&word=%D3%A2%B9%FA%C1%D6%BF%CF%B4%F3%BD%CC%CC%C3%CD%BC%C6%AC

[151] http://image.baidu.com/i?tn=baiduimage&ct=201326592&lm=-1&c1=2&fr=alal&word=%BA%EC%C2%A5%C3%CE%B4%F3%B9%DB%D4%B0%CD%BC%C6%AC

[152] http://image.baidu.com/i?tn=baiduimage&ct=201326592&hn=1&c1=2&fr=alal&word=%B0%CD%C0%E8%CA%A5%C4%B8%D4%BA%CD%BC%C6%AC

[153] http://image.baidu.com/i?ct=503316480&z=&tn=baiduimagedetail&word=%E9%98%BF%E9%8

[154] http://image.baidu.com/i?tn=baiduimage&ct=201326592&lm=-1&c1=2&fr=alal&word=%B8%DF%B5%CF%CD%BC%C6%AC

[155] http://www.culturalink.gov.cn/portal/pubinfo/103/20120320/58f8685f9ble4f17913186278641603d.html#

作者申明：

上述来自百度、筑龙、建筑、园林等互联网各网站的图像资料均为可下载图片，如遇版权纠纷，概由本书作者全权负责而与出版社无关，在此谨向各相关图片的原作者表示由衷谢意！特此申明。

后记：跨时空的再对话

拙著《建筑美学》再版，写罢"前言"，言犹未尽，还觉得有些"后话"要说，现简要记叙如下：

1. 关于原"丛书"和现书名

拙著初版从酝酿、写作成稿到正式出版，还是 20 世纪 80 年代后期至 90 年代初期的事。它是人民出版社"袖珍美学丛书"1991 年版中的一本，除《建筑美学》外，尚有《美的哲学》、《审美心理学》、《审美社会学》、《电影美学》、《戏剧美学》、《音乐美学》、《绘画美学》等；该"丛书"的实际主编是中国社会科学院哲学研究所资深研究员、西方现代美学史专家叶秀山先生。此后，拙著于 1993 年、1997 年又分别由台湾台北五南图书出版有限公司和北京东方出版社再次印行（前者为精美的繁体本）。如今"再版"，拙著不再受原"丛书"的篇幅限制，并根据文字内容和例证需要，大幅度增加插图数量（书中插图由原书的十余幅扩展到现在的数百幅），故而书的容量已非原著可比；与此同时，书的文字亦有所修订、增补，拙著实际上已由原美学丛书的"一分子"变成了独立成书的"大本本"，由此适当变更书名似觉顺理成章。

2. 关于文字和插图

拙著第二版虽对文字内容作了局部调整和补充修订，在各章节中结合行文叙事增加了大量图片，但其理论体系、章节构成和文字叙述的基本内容仍是原封未动。我始终认为，拙著得以在 20 世纪八九十年代成书出版，从一个侧面多少表达了那个历史时期的一段现代中国建筑情结，从艺术思潮、理论观点、思考问题到实证例举等，无一不是那股"美学热"、"建筑热"年代的历史见证；另外，贯穿在全书中的论述内容，以建筑"美"为主线，讲的都是古往今来建筑美学方面的基本史实、知识和原理，从而体现了一定的实用性和可持续性。这两点都是本书得以再版的主要价值之所在。但同任何事物一样，书中的"不变"是相对的，"变化"是绝对的。拙著第二版的最大变化，不但是插图数量的增加，而且通过图文并茂，以图"实"文、以图"释"文、以图"证"文，也重新强化和具化了一些建筑美学观点和实证方法。增补例证及插图的过程，实际上也是一次重新进行"实证思维"、"图像思维"的过程，书中若干文字段落的增补，也正是在这种形象化思维手段的激越下得以完成的。我不敢讲拙著第二版是否比原版"面目一新"，但就图文结合这点而言，它的知识性和可读性理应有所增强，且利于拙著原有学术性的发挥。总之，插图不是可有可无的摆饰，而是全书内容的有机组成部分。

3. 关于两个"跨越"

阐述建筑美学原理，纵览古今、横跨中外，亦古亦今、亦中亦西，这既是拙著原版所坚持的基本叙事方法，也是其所显现的基本理论特色和学术风格。在建筑事例安排上，它讲现代，但又不拘泥于现代；它讲传统，但又不拘泥于传统。突出现代建筑美学精神的传递，追求传统和现代、中国本土和外来建筑审美文化的结合，这正是拙著写作的初衷。现在，拙著第二版除延续了老版书中的这种"跨时空"特点，又增加了一层"跨越"——"世纪跨越"（1991—2013 年），它实际上构成了新、老版本之间的一次"跨时空"和"跨世纪"对话。这种"对话"本身，无疑在一定程度上丰富了第二版书的内容，活跃了第二版书的形式，但这是否也带来某种审美尺度的差异、审美距离的产生乃至文字风格的歧变等，亦未可知。就算是一次新的尝试吧！

4. 关于"美"与"美学"

美学界对"什么是美学"向来有一种趋向性看法，认为美学主要应涵盖"什么是美"、"什么是美感和审美"和"什么是艺术"等三大类议题。拙著《建筑美学》及其再版《建筑美学（第二版）——跨时空的再对话》，尽管全面论述了"建筑美"的产生、意义、特性、进展、原则、形态、机制及作为美的艺术等八个系列问题，但这是否是以"美"混同"美学"、以"建筑美"混同"建筑美学"，从而犯了"以偏概全"之忌？对此，我只想简要说明：尽管"美学"一词首次由德国理性主义哲学家、美学家鲍姆加登（1714—1762 年）正式提出至今已有两个多世纪，但对究竟"什么是美学"，学界至今并无定论。今日世界，"已经没有任何统一的美，统一的美学或单一的美学。美学已成为一张不断增生、相互牵制的游戏之网，它是一个开放的家族"（李泽厚：《美学四讲》）。因此，是否可以这样说：一千个审美者就有一千种"美"，一百个美学作者就有一百种"美学"。据此，"建筑美学"究竟是个什么样子，恐怕谁也说不清。本书也只是一家之言，此其一。

此外，作者虽以"建筑美"为主线架构"建筑美学"全书的理论框架和话语体系，但这只是一种表述方式，实际上作者在全书各章节中，特别是在第七章"建筑美的机制"和第八章"建筑作为美的艺术"中，已对建筑上的有关"美感"、"审美"和"艺术"问题，作了不同程度的融贯性乃至专题性论述，这多少得以为拙著的书名"正名"，从而也避免美学研究上的一次"李代桃僵"。究竟什么是"建筑美学"呢？"美学"者，"美"的学问也，"建筑美学"亦然——其实它就是某种"工程美学"、"技术美学"的现代别称，更是某种"生活美学"、"居住美学"乃至如何"诗意地栖居"之人类美学的发扬光大。美，建筑之美，关系到每个人的现实感受，何必要弄得那般故作艰深呢！……

"后记"末尾，谨表谢忱：拙著《建筑美学》得以初版，我要追忆感谢人民出版社编审田士章先生，感谢中国社会科学哲学研究所叶秀山先生；拙著《建筑美学（第二版）——跨时空的再对话》得以问世，我要感谢东南大学出版社及徐步政先生；我还要特别感谢当下这个信息化时代，其互联网中丰富多彩的图库宝藏，致使拙著图片选择如鱼得水、游刃有余，当然选图功夫浩繁，要做到有的放矢、好中选优、优中选精并不容易，还冀读者明鉴和不吝指正。年老出书，也有家人、朋友的鼓励支持，一并致谢！

作者于 2014 年 5 月